国家林业和草原局研究生教育"十四五" 重点规划教材

中国研究生乡村振兴科技强农 + 创新大赛牛精英挑战赛指定参考书

# 牧场管理与评估手册
## ——奶牛

曹志军　主编

中国林业出版社
China Forestry Publishing House

# 内 容 简 介

　　奶业是我国战略支柱性产业，是我国畜牧业结构调整中优先发展的领域。牧场管理与评估的知识点涉及奶业养殖环节的核心内容，关系着我国奶业人才培养的视野和质量。作为一本新编教材，《牧场管理与评估手册——奶牛》主要围绕奶牛场饲养管理各方面的基本理论与实践专业知识，从牧场规划、遗传繁育、饲养与健康、奶厅与舒适度、数据解读与案例等方面帮助读者构建牧场评估框架与体系，适用于普通高等教育研究生的专业基础和核心课程。同时，本教材极具实践指导意义，有利于提升牧场经营者生产管理能力。通过本教材，了解奶业发展所面临的实际问题，以及该问题背后的科学解释及解决方案，增强学生与牧场管理人员发现实际问题、提出科学问题和使用科学思维方法解决问题的能力，同时培养学生的畜牧业情怀和大国工匠精神。

**图书在版编目（CIP）数据**

牧场管理与评估手册 ：奶牛 / 曹志军主编.

北京 ： 中国林业出版社，2025. 3. -- （国家林业和草原局研究生教育"十四五"重点规划教材）（中国研究生乡村振兴科技强农+创新大赛牛精英挑战赛指定参考书）.

ISBN 978-7-5219-3113-6

Ⅰ. S823.9

中国国家版本馆CIP数据核字第2025F489R2号

策划编辑：高红岩　李树梅
责任编辑：李树梅
责任校对：苏　梅
封面设计：睿思视界视觉设计

出版发行　中国林业出版社
　　　　　（100009，北京市西城区刘海胡同 7 号，电话 010-83143531）
电子邮箱　jiaocaipublic@163.com
网　　址　https://www.cfph.net
印　　刷　北京盛通印刷股份有限公司
版　　次　2025 年 3 月第 1 版
印　　次　2025 年 3 月第 1 次印刷
开　　本　787mm×1092mm　1/16
印　　张　16.5
字　　数　430 千字　　　视频：6 个
定　　价　119.00 元

# 《牧场管理与评估手册——奶牛》编写人员

主　编　曹志军

副主编　肖鉴鑫　刘　帅　马佳莹　马　媚

编　者　毕研亮　（中国农业科学院饲料研究所）

　　　　曹志军　（中国农业大学）

　　　　陈天宇　（中国农业大学）

　　　　崔　安　（北京京鹏环宇畜牧科技股份有限公司）

　　　　杜广庭　（北京东石北美牧场科技有限公司）

　　　　杜海峰　（上海康臣生物科技有限公司）

　　　　高　铎　（中国农业大学）

　　　　高继伟　（北京京鹏环宇畜牧科技股份有限公司）

　　　　高　健　（中国农业大学）

　　　　高艳霞　（河北农业大学）

　　　　郭望山　［嘉吉投资（中国）有限公司］

　　　　郭文丽　（中国农业大学）

　　　　郭勇庆　（华南农业大学）

　　　　郭志刚　［动康（南京）生命科学技术有限公司］

　　　　胡志勇　（山东农业大学）

　　　　李翠宇　（北京京鹏环宇畜牧科技股份有限公司）

　　　　李曼菲　（西北农林科技大学）

　　　　李锡智　（云南海牧牧业有限责任公司）

　　　　李元晓　（河南科技大学）

　　　　刘红云　（浙江大学）

　　　　刘　凯　（中国农业大学）

　　　　刘　林　（北京首农畜牧发展有限公司奶牛中心）

　　　　刘　帅　（中国农业大学）

　　　　马　翀　（中国农业大学）

　　　　马佳莹　（北京中农动科技有限公司）

　　　　马　媚　（中国农业大学）

彭　容（中国农业大学）

史海涛（西南民族大学）

史伟娜（嘉吉达农威）

苏　昊（北京东石北美牧场科技有限公司）

田雨佳（天津农学院）

王封霞（光明牧业有限公司）

王富伟（北京首农畜牧发展有限公司）

王靖俊（中国农业大学）

王少华（新希望六和股份有限公司）

王雅春（中国农业大学）

王艳明［建明（中国）科技有限公司］

魏家琳（中国农业大学）

吴兆海（中国农业科学院北京畜牧兽医研究所）

肖鉴鑫（四川农业大学）

徐　明（内蒙古农业大学）

徐一洺（内蒙古优然牧业有限责任公司）

杨宏军（山东省农业科学院奶牛研究中心）

张海亮（中国农业大学）

张志宏（河北乐源牧业有限公司）

赵善江（中国农业科学院北京畜牧兽医研究所）

赵欣婕（中国农业大学）

赵遵阳［现代牧业（集团）有限公司］

甄玉国（吉林农业大学）

周　娟（天津嘉立荷牧业集团有限公司）

朱化彬（中国农业科学院北京畜牧兽医研究所）

庄一民（中国农业大学）

宗　杨［利拉伐（天津）有限公司］

邹　杨（北京首农畜牧发展有限公司奶牛中心）

主　审　李胜利（中国农业大学）

# 前　言

党的二十大报告指出："我们要坚持教育优先发展、科技自立自强、人才引领驱动，加快建设教育强国、科技强国、人才强国……"如何建立完善的农业育人体系和育人理念，为农业的发展留住人才，是农业教育的重点内容。

党的二十大报告同时指出："全面推进乡村振兴……树立大食物观，发展设施农业，构建多元化食物供给体系。"畜牧业是我国农业的重要组成部分，占农业总产值的40%，对于促进我国经济发展起到了重要的推动作用。奶牛生产学是畜禽生产学的重要组成部分，是多元化食物供给体系中的关键一环，是基于奶牛生产而建立起来的一门集奶牛营养、健康和管理的系统科学。

本教材以国内外奶业发展现状和基本养殖理论及实践为切入点，涵盖了奶牛养殖各环节专业知识及饲养管理要点。通过本教材的学习，希望学生不仅掌握奶牛相关的基本理论知识，并且学会如何运用理论知识及相关评估手段解决实际生产问题，培养学生对行业的认同感，激发学生树立成为"未来畜牧业领军人才"的信念，为行业发展培养后备军。

本教材编写分工：第1章由苏昊、崔安、杜广庭、李翠宇、高继伟、徐一洺编写；第2章由王雅春、刘林、张海亮、庄一民编写；第3章由朱化彬、赵善江、王少华、魏家琳编写；第4章由曹志军、李元晓、王封霞、高艳霞、徐明、胡志勇、郭勇庆、吴兆海、郭望山、赵遵阳、张志宏、周娟、甄玉国、陈天宇编写；第5章由高健、马翀、杨宏军、毕研亮、李锡智、郭志刚、郭文丽编写；第6章由田雨佳、史伟娜、宗杨、杜海峰、高铎编写；第7章由刘凯、肖鉴鑫、刘红云、王艳明、赵欣婕编写；第8章由史海涛、邹杨、王富伟、彭容、李曼菲编写；第9章由刘帅、王靖俊、马佳莹、马媚编写。由于本教材各章内容多、编者多，每位编者的写作用词和表达风格各异，最后的名词术语统一、规范表达和统稿工作由主编曹志军、副主编肖鉴鑫完成。

本教材的出版，是中国农业大学、四川农业大学、中国农业科学院北京畜牧兽医研究所、中国农业科学院饲料研究所、浙江大学、河南科技大学、山东农业大学、河北农业大学、华南农业大学、内蒙古农业大学、西北农林科技大学、吉林农业大学、天津农学院、西南民族大学、山东省农业科学院奶牛研究中心、现代牧业（集团）有限公司、北京首农畜牧发展有限公司、北京首农畜牧发展有限公司奶牛中心、光明牧业有限公司、河北乐源牧业有限公司、天津嘉立荷牧业集团有限公司、云南海牧牧业有限责任公司、北京中农动科技有限公司、嘉吉投资（中国）有限公司、嘉吉达农威、利拉伐（天津）有限公司、北京东石北美牧场科技有限公司、上海康臣生物科技有限公司、建明（中国）科技有限公司、北京京鹏环宇畜牧科技股份有限公司、新希望六和股份有限公司等多家开展反刍动物研究和生产的科研及企事业单位的多位老师、专家共同努力的结晶，并承蒙中国林业出版社的大力支持。在此，我们表示诚挚的谢意。

本教材是国家林业和草原局研究生教育"十四五"重点规划教材、中国研究生乡村振兴科技强农+创新大赛牛精英挑战赛指定参考书，可作为牧场管理者和技术人员的重要工具书。

然百密一疏，加之编者水平有限，有不当或错误之处，敬请读者批评指正。

编　者

2024年6月13日

# 目　录

牧场规划设计是现代化牧场建设、牧场运营安全、鲜乳高效生产的核心，合理的牧场规划设计不仅能够帮助牧场节省前期的建设资金投入，还能够节省牧场运营成本。

牧场规划设计的原则主要有以下四点：

①必须以获得经济利益为目标。近年来国内乳业蓬勃发展，全国各地已有多座大型牧场开始建设并投入运营，而经济盈亏是考核牧场规划设计合理性的因素之一，只有合理的规划设计与科学的管理理念相结合，牧场才能获得更多的经济利益。

②必须以当地的气候条件为依据，采用科学的生产工艺和理念，设计出最适宜牧场建设所在地的工艺布局。

③必须要保证奶牛在生理、心理、行为和健康等方面的需求。数据表明，提高奶牛的舒适度和福利水平能够有效提高产奶量，增加牧场的经济效益。

④必须设置安全、合乎法律法规的环境保护措施，保障运营过程中不出现违反国家法律法规的事件。近年来，随着国内环保政策的收紧，很多牧场或多或少地出现了需要整改的环保问题，这些问题的出现既影响牧场的正常运营，又会让牧场在整改时增加二次资金投入。如果在设计规划阶段有前瞻性地考虑到这些问题，并辅以必要合格的解决措施，就可避免牧场在运营时期可能出现的二次资金投入。

## 1.1 牧场规划设计中的重要参数

在建设牧场之前，首先要进行场址的选择和关键参数的沟通，见表1-1所列。

表1-1 关于牧场规划设计中的重要参数

| 项目 | 评估内容 | 推荐参数或重要指标 |
| --- | --- | --- |
| 选址 | 位置 | 自然环境良好，远离洪涝等自然灾害威胁地段，符合当地土地利用总体规划和草原保护建设利用规划 |
| | 气候 | 要综合考虑当地的气候因素，如极限最高温度、极限最低温度、常年冬夏季平均温度、相对湿度、年降水量和降雪量、历史最高洪水位、常年主导风向、风力等 |
| | 地形 | 地势高燥、背风向阳、地下水位较低，具有一定缓坡而总体平坦（坡度不超过20°），不宜建在低凹、风口处，以免汛期积水及冬季防寒困难 |
| | 土质 | 砂壤土、砂土较适宜，黏土不适宜 |
| | 水源 | 水源充足，取用方便，能够保证生产、生活用水，水质符合《生活饮用水卫生标准》（GB 5749—2022）要求 |

（续）

| 项目 | 评估内容 | 推荐参数或重要指标 |
|---|---|---|
| 选址 | 防疫 | 距村庄居民点宜≥500 m，且在下风处；距主要交通要道（高速公路、铁路）宜≥500 m；距离城镇居民区、文化教育科研等人口集中区域宜≥1 000 m；距同类型的养殖场≥1 000 m；距离其他畜禽养殖场、化工厂、动物屠宰加工场所、动物和动物产品集贸市场宜≥1 500 m；距离种畜场、生活水源地宜≥2 000 m；距离动物隔离所、无害化处理场所≥3 000 m |
| | 交通 | 靠近公路，方便运输，有硬化路面直通到场，或具备修建硬化道路进场的条件 |
| | 电力 | 牧场周边需要有充足的供电系统 |
| | 面积 | 不占或少占耕地，禁止占用基本农田、基本草原，养殖场总用地面积应科学合理地满足动物生长和生产的需求，按照奶牛存栏数量计算，每头牛用地标准≤60 m² |
| | 还田地 | 在牧场周边宜配套土地用于种植青贮玉米和优良牧草，满足牧场奶牛对青贮饲料的需要，同时也满足粪污还田的需要，且运输距离应较近；集约化牧场每头牛推荐配套土地面积0.10~0.13 hm² |
| 功能区布局 | 生活区 | 应在牧场上风处地势较高地段，并与生产区严格分开，保证50 m以上距离，并设有隔离设施 |
| | 生产区 | 设在场区下风处，入口处设人员消毒室、更衣室和车辆消毒池，各牛舍出入口设置消毒池或者消毒垫等设施；生产区内分设清洁道、污染道，不得交叉混用或者回流 |
| | 粪水区 | 设在生产区外围下风处的地势低处，与生产区保持50 m以上的间距；粪尿污水处理、病畜隔离区应设有单独通道，便于病牛隔离、消毒和污物处理 |
| | 饲料区 | 应布置在生产区附近，且应布置在相对高处，防止雨季积水污染饲料，有独立通畅道路直通场外，并做好人车分隔路线引导 |
| 单体防火与防疫间距 | 牛舍与牛舍间 | 二者间距宜≥15 m |
| | 牛舍与生活区建筑 | 二者间距宜≥30 m，且设置隔墙 |
| | 牛舍与挤奶厅 | 二者间距≥15 m |
| | 饲料区建筑之间 | 各建筑间距≥15 m |
| | 饲料区与生活区 | 二者间距宜≥30 m，且设置隔墙 |
| 牛舍设施与设备 | 过牛体风速 | 夏季≥3 m/s，冬季≥0.5 m/s |
| | 屋面坡度 | 开放式牛舍屋面坡度≥25%（高度与半个跨度比值1∶4） |
| | 檐口高度 | 成母牛舍4~6 m；犊牛舍一般3.6 m左右 |
| | 饲喂通道宽度 | 成母牛≥5 m；后备牛舍≥4.5 m；犊牛舍宜≥2.5 m |
| | 采食通道宽度 | 4.0~4.5 m |
| | 清粪通道宽度 | 3.0~3.5 m |
| | 饮水挡墙 | 一般≥1.2 m |
| | 牛舍坡度 | 宜<2% |
| | 饮水通道坡度 | 1%~3% |
| | 风机间隔 | 板式风机建议6 m；循环风机最大18 m |
| | 喷淋系统 | 喷头流量1.9~3.8 L/min，角度135°，覆盖半径0.9 m，喷头高度距采食道地面1.5~1.6 m，喷头间距1.5 m |

（续）

| 项目 | 评估内容 | 推荐参数或重要指标 |
|---|---|---|
| 牛舍设施与设备 | 刮板系统 | 单套最佳运行距离100~200 m |
| | 成母牛颈夹（24月龄以上） | 牛位宽度：660 mm、750 mm、800 mm；挡墙高度：420~450 mm；饲喂与采食地面高差：100~150 mm |
| | 青年牛颈夹（16~24月龄） | 牛位宽度：600 mm、660 mm；挡墙高度：420~450 mm；饲喂与采食地面高差：100~150 mm |
| | 大育成牛颈夹（12~16月龄） | 牛位宽度：500~600 mm；挡墙高度：370~420 mm；饲喂与采食地面高差：100 mm |
| | 小育成牛颈夹（9~12月龄） | 牛位宽度：440~500 mm；挡墙高度：320~370 mm；饲喂与采食地面高差：100 mm |
| | 断奶犊牛颈夹（3~9月龄） | 牛位宽度：300~400 mm；挡墙高度：300~320 mm；饲喂与采食地面高差：100 mm |
| | 成母牛卧床（24月龄以上） | 牛位宽度：1 200~1 300 mm；挡墙高度：200~250 mm；单列卧床长度：2 500~3 000 mm；双列卧床长度：5 000~5 400 mm |
| | 青年牛卧床（16~24月龄） | 牛位宽度：1 100~1 200 mm；挡墙高度：200~250 mm；单列卧床长度：2 400~2 800 mm；双列卧床长度：4 800~5 000 mm |
| | 大育成牛卧床（12~16月龄） | 牛位宽度：1 000~1 100 mm；挡墙高度：150~200 mm；单列卧床长度：2 200~2 500 mm；双列卧床长度：4 500~4 800 mm |
| | 小育成牛卧床（9~12月龄） | 牛位宽度：800~900 mm；挡墙高度：150~200 mm；单列卧床长度：2 000~2 500 mm；双列卧床长度：4 000~4 500 mm |
| | 断奶犊牛卧床（3~9月龄） | 牛位宽度：600~750 mm；挡墙高度：150 mm；单列卧床长度：1 800~2 300 mm；双列卧床长度：3 500~4 000 mm |
| | 成母牛饮水高度（24月龄以上） | 700~750 mm |
| | 青年牛饮水高度（16~24月龄） | 700~750 mm |
| | 大育成牛饮水高度（12~16月龄） | 650~700 mm |
| | 小育成牛饮水高度（9~12月龄） | 600~650 mm |
| | 断奶犊牛饮水高度（3~9月龄） | 300~350 mm |
| 挤奶厅 | 屋面坡度 | ≥25% |
| | 屋面材质 | 建议使用保温屋面 |
| | 檐口高度 | ≥4.2 m |
| | 外围护结构 | 墙+窗式；卷帘式；滑拉窗 |
| | 屋脊设置 | 应留有通风口 |
| | 地面坡度 | ≥1% |
| | 待挤区面积 | ≥1.4 m²/头 |
| | 待挤厅风机安装高度 | 宜>3.0 m |

（续）

| 项目 | 评估内容 | 推荐参数或重要指标 |
|---|---|---|
| 挤奶厅 | 待挤厅风机安装角度 | 与水平面呈30°～35° |
| | 待挤厅风机安装距离 | 高点两排间隔应为6 m，低点可为12 m |
| | 待挤厅风机风速要求 | 3 m/s，远端≥2 m/s |
| | 待挤厅喷头流量 | 3.5～5 L/min |
| | 待挤厅喷淋角度 | 360° |
| | 待挤厅喷淋覆盖半径 | 1.5 m |
| | 待挤厅喷头高度 | 距地面3 m |
| | 待挤厅喷头间距 | 2 m或3 m |
| 青贮窖 | 储存计算 | 全群平均每头奶牛每年约需玉米青贮5.5 t，玉米青贮容重0.65～0.75 t/m³，结合牧场规模，按照20%的青贮损失率，储存13～14个月，即可求得牧场每年所需青贮体积 |
| | 窖体形式 | 地上式 |
| | 窖体高度 | 3～4 m |
| | 单个窖体宽度 | 15～40 m |
| 精料库 | 檐口高度 | 不宜<5.5 m |
| | 混凝土墙体高度 | 不宜<3 m |
| | 储存周期 | 按照至少储存60 d计算 |
| 干草库 | 檐口高度 | 不宜<6 m |
| | 混凝土墙体高度 | 不宜<0.6 m |
| | 储存周期 | 按照至少储存60 d计算 |
| 道路 | 主干道宽度 | 6～8 m |
| | 次干道宽度 | 3.5～6 m |
| | 支道宽度 | 3～4.5 m |
| | 人行道宽度 | 1～1.5 m |
| | 主干道转弯半径 | 不宜<12 m |
| | 次干道转弯半径 | 不宜<9 m |
| | 支道转弯半径 | 不宜<6 m |

## 1.2　牧场建设思路与评估维度

　　规模化、集约化奶牛养殖是奶牛产业发展的必然趋势和方向，也是现代牧场的基石。在我国，规模化牧场的出现源于群众日益增长的乳制品需求与供应总量短缺之间的矛盾，是市场经济条件下自发调节出现的产物。牧场规划设计是保障现代化奶牛场安全、高效生产的核心。而随着畜牧业的快速发展，如何减少资源浪费和环境污染，保证可持续发展成为畜牧业发展的迫切需要。在科技迅猛发展的今天，充分挖掘现代科技的潜力，利用生物技术、信息技术等现代科技改造传统的畜牧业，使畜牧业保持快速、健康、可持续发展是智慧牧场的建设理念。科学、合理的牧场规划设计也需要进行专业的评估，从而协助牧场进行更科学的建设或更及时发现后期运营问题。

### 1.2.1　牧场建设思路

牧场建设先后经历选址、工艺设计、施工图设计、工程建设和设备安装等过程。

选址主要是拟建设地的自然条件、占地面积、通电、水源等现有条件的分析。

工艺设计需要把握原则性、专业性、系统性和目标性四大原则。原则性：基于养牛工艺学和养牛生产管理、健康养殖、生物安全为出发点的工艺设计。专业性：贯穿整个牧场的应用场景，如挤奶、饲喂、环控、环保等。系统性：将工艺、工程、建筑、环保、种养循环看成是一个有机的整体进行设计。目标性：以生产效率和生产效益最大化为目标。

施工图设计需要将各单体的建筑、结构、水、电、暖的内容进行细化，并充分实现工艺阶段考虑到的通风和保温方式、设备使用等内容。

工程建设和设备安装则是将工艺图和施工图落地的过程，需要边施工边评估，及时调整不合适的部分。

### 1.2.2　评估维度

牧场规划设计的评估主要有建设前、建设中和建设后3个维度的评估。建设前主要是要综合牧场经营定位、奶牛品种、牧场管理思路、工艺设计原则等多方信息进行一个从无到有的设计规划，需要评估"1.1牧场规划设计中的重要参数"中的多方面内容；建设中的评估则主要是图纸与施工内容的一致性，以及根据实际情况（如雨季或冬季实际气候条件、给排水实际容量和通畅情况等）进行恰当变更；建设后评估则主要是根据奶牛进场后运营管理的实际情况进行评估，主要包括夏季通风降温模式、冬季抵抗冷应激能力、挤奶效率、转群效率等。

## 1.3　牧场规划设计内容与原则

### 1.3.1　场区布局

#### 1.3.1.1　各功能区布局原则

奶牛场主要包括生活区、辅助生产区、生产区、粪水区和病畜隔离区等功能区，各功能区要明确且相对独立，不应相互交叉造成工艺流程混乱。具体布局应遵循以下原则。

①生活区：包括与经营管理有关的建筑物。应在牧场上风处和地势较高地段，并与生产区严格分开，保证50 m以上距离，并设有隔离设施。

②辅助生产区：主要包括供水、供电、供热、维修、青贮窖、草料库等设施，紧靠生产区布置。干草库、饲料库、饲料加工调制车间、青贮窖设在生产区边沿下风处和地势较高地段，并临近生产区。

③生产区：主要包括牛舍、挤奶厅、人工授精及化验室等生产性建筑。设在场区下风处，入口处设人员消毒室、更衣室和车辆消毒池，各牛舍出入口设置消毒池或者消毒垫等设施。生产区奶牛舍布局合理，能够满足奶牛分阶段、分群饲养要求，各牧场需根据受胎率、繁殖

率、产犊间距、犊牛成活率、成母牛利用胎次等实际生产指标推算出适合自己牧场的牛群结构，一般成母牛占比55%~60%，青年牛占比12%~15%，育成牛占比15%~18%，犊牛占比12%~15%。泌乳牛舍靠近挤奶厅，各牛舍之间要保持15 m以上距离或者有隔离设施，布局整齐，以便防疫和防火。生产区内分设清洁道、污染道，不得交叉混用或者回流。

④粪水区和病畜隔离区：主要包括兽医室、隔离畜舍、病死牛处理及粪水储存与处理设施。设在生产区外围下风处和地势低处，与生产区保持100 m以上的间距。粪水区、病畜隔离区应设有单独通道，便于病牛隔离、消毒和污物处理。

⑤场区四周建有围墙，围墙主体常为白色。场区出入口处设置一个与门同宽，长4 m、深0.3 m以上的消毒池，正门显著位置喷涂统一标识。

⑥当场址自然地面坡度较大时，牛舍应平行等高线布置，以减少土方工程量。当条件受限时，如平行等高线布置存在西晒问题，牛舍也可与等高线形成一定的角度。

⑦各功能区宜用围挡分开，但部分区域必须设单独围挡。

生产区：严格卫生防疫，防止疫病传播，多为实心墙形式。

氧化塘：防止无关人员进入（特别是夜间误入）造成人员伤害，多为围栏形式。

### 1.3.1.2　各出入口布置原则

①场区各个功能区都应该设置有出入口，以达到净污分离的效果。其中，生活区和奶厅的出入口可以合并；饲料区入口、粪水区出口宜单独设置；各入口处必须设置车辆消毒池，饲料区和奶厅出入口还需设置地磅，方便牧场运营期间的生产管理。

②生活区应布置在场区主入口处且在上风处，当地形高差较大时该区域宜布置在高处，应与粪水区保持一定距离。

③饲料区应布置在生产区周围，且应布置在高处，防止雨季积水污染饲料；饲料区应保证与场外有独立且通畅的道路；饲料区出入口通常与生活区出入口分开，特殊情况下如考虑合并需做好人车分隔路线引导。

④粪水区出口应位于下风向且地处场地较低处，靠近粪水区及上清液氧化塘。

⑤生活区与生产区连接处应设置消毒出入口——消毒更衣室，方便职工上下班进出且便于到达生产区各处，经过消毒间消毒的职工不能到达生产区以外的任何区域，防止二次污染。

### 1.3.1.3　场区动线

牧场各功能区之间利用牛线、粪线、车线和人线相连接。

①牛线：成母牛应尽快到达挤奶区和治疗区，最远挤奶距离不超过500 m；后备牛转移系统应循序渐进，切忌胡乱交叉。

②粪线：牛舍及奶厅粪水收集系统应就近收集、处理，需长距离运输时应综合考虑粪沟坡度与深度，必要时增加中转池，并且设置检查井。

③车线：场内所有车辆行走应尽量保证出发地与目的地为最短距离，避免车辆无载空跑或绕弯到达，因此饲料区应尽量靠近生产区成母牛舍。

④人线：所有场内职工行走路线应设计合理，避免绕弯行走。

### 1.3.1.4　防火与防疫间距

牧场内各建筑防火与防疫推荐间距见表1-2所列。

表1-2　牧场各建筑防火与防疫推荐间距

| 序号 | 建筑名称一 | 建筑名称二 | 防火与防疫推荐间距 |
| --- | --- | --- | --- |
| 1 | 牛舍 | 牛舍 | 二者间距≥15 m |
| 2 | 牛舍 | 生活建筑 | 二者间距≥30 m，且设置隔墙 |
| 3 | 牛舍 | 挤奶厅 | 二者间距≥15 m |
| 4 | 饲料区建筑 | 饲料区建筑 | 各建筑间距≥15 m |
| 5 | 饲料区建筑 | 生活建筑 | 二者间距≥30 m，且设置隔墙 |

## 1.3.2　牛舍设施与设备

### 1.3.2.1　通风形式

成母牛舍按照通风形式分为三大类，即自然通风牛舍、混合通风牛舍和低屋面横向通风牛舍。混合通风牛舍主要是考虑成母牛对热应激的敏感性。对于后备牛来说，普遍采用自然通风牛舍。低屋面横向通风牛舍，也就是常说的"恒温牛舍"，跨度较大，主要依靠机械横向通风来控制舍内的环境。

自然通风牛舍侧墙可以是敞开的，也可以是卷帘防护的，这是目前国内牧场普遍采用的一种牛舍形式。混合通风牛舍顾名思义是自然通风和机械通风相结合的一种形式，在夏季时侧墙卷帘打开，牛舍是一个自然通风牛舍，舍内再用循环风机进行辅助，就可达到更新舍内空气环境和应对热应激的目的。在冬季时侧墙卷帘关闭，并启动设置在牛舍一端的负压风机，这样舍内就形成一个隧道式的通风环境。混合通风牛舍可以人为主动调整泌乳牛舍内的环境，在必要时可以强制改善舍内空气环境，对保护和预防奶牛肺部疾病起着至关重要的作用。

低屋面横向通风牛舍的内部空气环境全年都保持着一个可控制的稳定状态，牛舍的一侧设置负压风机，另一侧为进风口，部分国内牧场会在进风口设置湿帘。依靠负压风机，可将舍内污浊的空气从牛舍的出风侧抽出，为保持舍内无静压，同时需要在进风口补充相应的室外新鲜空气，从而达到更新舍内空气的目的。由于低屋面横向通风牛舍的建筑尺寸非常大，为保证进入舍内的新鲜空气能够流经奶牛生活的地面区域，通常会在舍内适当的位置增设挡风板，再用循环风机作为辅助，各种设备相互配合，为舍内创造一个稳定的空气更新系统。

混合通风牛舍负压风机实景如图1-1所示。推荐的负压风机的通风性能见表1-3所列。

自然通风牛舍和混合通风牛舍通常采用四列式布置或六列式布置，一般寒冷或严寒地区泌乳牛舍宜采用六列式布置。低屋面横向通风牛舍有八列式和十二列式。

低屋面横向通风牛舍八列式剖面如图1-2所示。低屋面横向通风牛舍十二列式剖面如图1-3所示。

针对牛舍的通风情况，可进行换气效率评估，计算换气效率应该在封闭空间中进行评估。计算公式：

每小时换气效率（次）＝每小时风机风量×风机数量÷牛舍体积。

一般推荐标准牛舍夏季换气40~60次/h，冬季换气4~8次/h。

图1-1 混合通风牛舍负压风机实景

表1-3 负压风机的通风性能

| 型号 | 扇叶直径/mm | 额定功率/kW | 转速/（r/min） | 风量/（m³/h） |
|---|---|---|---|---|
| 72″ | 1 830 | 2.2 | 350 | 78 861 |

图1-2 低屋面横向通风牛舍八列式剖面

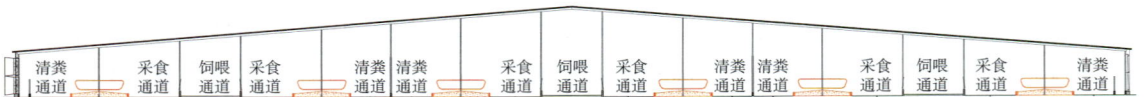

图1-3 低屋面横向通风牛舍十二列式剖面

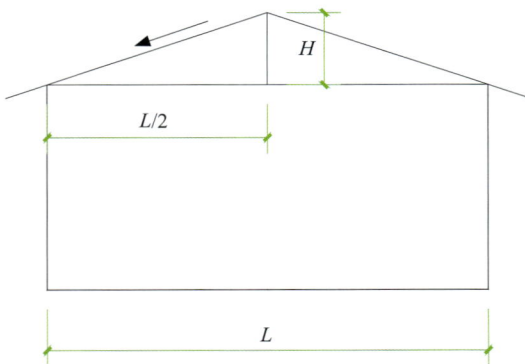

图1-4 成母牛舍屋面坡度

### 1.3.2.2 屋面坡度及材质

牛舍屋面宜为双坡屋面。自然通风牛舍的屋面坡度一般≥25%，对于降雪量大的地区，屋面坡度甚至可以达到33%。坡度用斜屋面的垂直投影（矢量高度$H$）与水平投影（半个跨度$L/2$）之比来表示，如图1-4所示。

牛舍屋面材质主要有两种：一种是单层彩钢板，另一种是夹芯保温彩钢板。屋面单板设置主要适用于华北地区。单板设置可以满足成母牛舍基本的遮风挡雨需求，建设成本相对较低。但在夏季时单板屋面经过太阳的暴晒之后，会向舍内释放辐射热，并且在夜晚尤其明显，这些热量如果不能及时排除，会对牛舍内防暑降温效果产生非常严重的破坏作用。所以，国内部分牧场成母牛舍会采用保温屋面，即双层彩钢板之间填充玻璃丝棉，厚度一般为50 mm。这样牛舍内部就可以杜绝来自夏季屋面释放的辐射热，减小牛舍的防暑降温难度。

在北方寒冷地区，保温屋面不仅有隔热的作用，还有保温的作用。在寒冬季节，对于没有采暖措施的泌乳牛舍，保持地面不结冰是最基本的要求。寒冷地区，保温板的厚度一般≥150 mm。

### 1.3.2.3　屋脊

屋脊处应留有通风口，确保牛舍内部可以利用烟囱效应进行室内外气体交换，可采用钟楼、半钟楼、多层钟楼、屋脊连续开口、通风帽等形式。其中，钟楼、多层钟楼形式适用于大多数地区，既能保持持续排出舍内污浊空气，又能防止雨雪进入牛舍内。半钟楼形式适用于常年西北风较为盛行的地区，以保证迎风面的屋面结构强度，同时可以保证通风效果。屋脊连续开口形式适用于全年降水稀少的地区。通风帽形式适用于高寒地区，夏季时应打开通风帽，牛舍内污浊空气在大气压强的作用下由通风帽排出。冬季有保温要求时可选择关闭通风帽。降雪时应打开通风帽，以防止由于雪融化再结冰导致通风帽开启动作失灵。通风帽还应具有防鸟功能。

开放式屋脊剖面如图1-5所示。钟楼式屋脊剖面如图1-6所示。

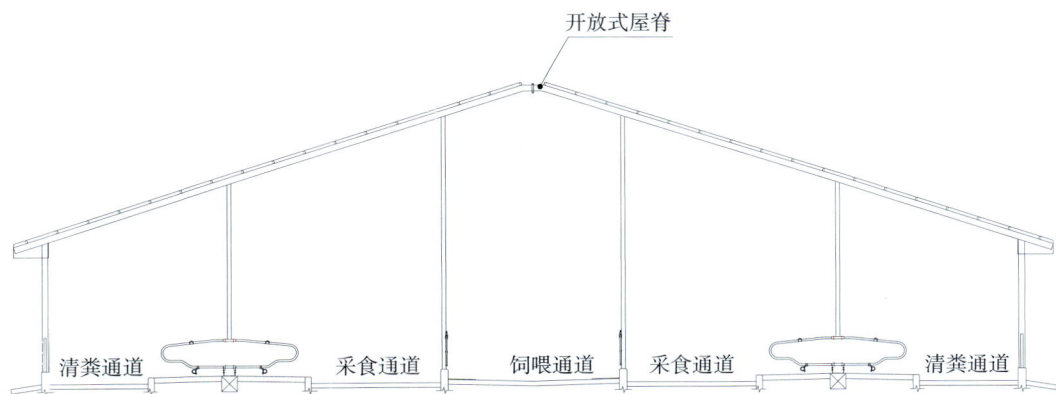

图1-5　开放式屋脊剖面

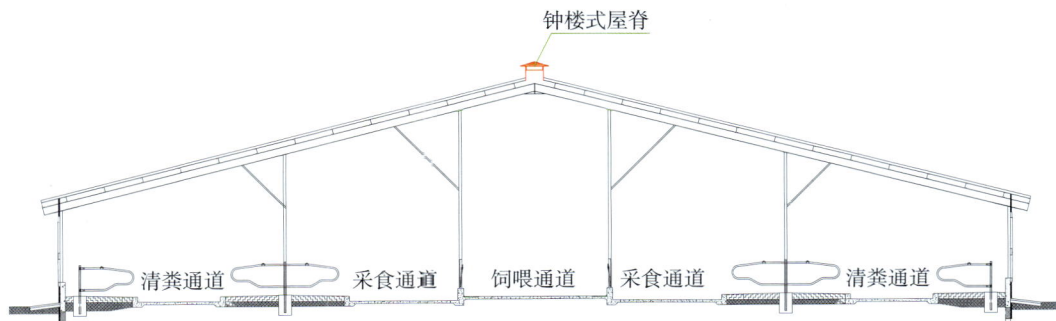

图1-6　钟楼式屋脊剖面

#### 1.3.2.4 檐口高度

四列式自然通风牛舍标准跨度为32 m，双坡屋面，檐口做挑檐形式，方便自由排水和保护墙身。出檐宽度一般为600~1 200 mm。泌乳牛舍的檐口高度一般为4.5~6 m，犊牛舍的檐口高度一般为3.6 m左右，檐口高度过高会增加建设成本，过低会影响通风和采光。

#### 1.3.2.5 外围护结构

牛舍的外围护结构指的是檐口以下至地面的外墙、外窗和外门的统称。寒冷或严寒地区成母牛舍外围护结构一般为墙+窗模式，端墙封闭并且设置保温卷帘门或保温提升门。墙+窗模式中墙体厚度需要满足牧场当地的保温需求，并且外墙外表面需要贴保温板。窗户建议选用双层玻璃推拉窗，既能满足冬季保温需求，又能在夏季最大程度打开窗户，增大通风口面积，保证舍内夏季时的通风量。

华北地区的自然通风式成母牛舍外围护结构做法主要有两种，全敞开式和卷帘+墙模式。全敞开式建议檐口以下部分为敞开式，端墙檐口以上部分封闭。安装卷帘设备的成母牛舍，卷帘可根据需求进行全部开启和关闭。例如，需要通风时可根据实际情况选择全部打开或者部分打开；降雨时可选择部分关闭；西晒严重时可以关闭南侧卷帘等。

泌乳牛舍卷帘实景如图1-7所示。对于成母牛舍，可安装的卷帘分类见表1-4所列。

图1-7　泌乳牛舍卷帘实景

表1-4　成母牛舍可安装的卷帘分类

| 序号 | 卷帘分类 | 固定位置 | 卷轴位置 | 开启方向 | 输出方式 |
| --- | --- | --- | --- | --- | --- |
| 1 | 中卷式 | 洞口上部 | 中部 | 自下而上开启 | 单、双输出 |
| 2 | 上卷式 | 洞口上部 | 下部 | 自下而上开启 | 单、双输出 |
| 3 | 下卷式 | 洞口下部 | 上部 | 自上而下开启 | 单、双输出 |
| 4 | 分段式 | 洞口中部 | 上部、下部 | 两段向中间开启 | 单、双输出 |

国内部分牧场哺乳犊牛舍窗户会设置滑拉窗。滑拉窗由焊接框架、密封系统、滑拉窗主体、提升系统和手摇机构组成。这种组合模式，充分考虑了犊牛舍内部采光问题，材质透光率达到99%，窗口关闭时，几乎对舍内采光无影响，滑拉窗主体与固定在焊接框架上的密封系统契合良好，窗口完全打开，可使牛舍内部有良好的通风。

### 1.3.2.6　通道设置

牛舍中共有3种通道，分别是饲喂通道、采食通道和清粪通道。牛舍外设置转群通道。其中，饲喂通道设置在牛舍屋脊下方位置，饲喂通道的两侧为采食通道，饲喂通道与采食通道之间设置颈夹设备，并且饲喂通道地面要高于采食通道100 mm。采食通道与清粪通道之间为头对头卧床。对于四列式牛舍，清粪通道外侧为牛舍的外围护结构。对于六列式牛舍，清粪通道外侧为单列卧床，卧床之外为牛舍外围护结构。

成母牛舍和后备牛舍通道设置如图1-8所示。成母牛舍内各通道的宽度见表1-5所列。

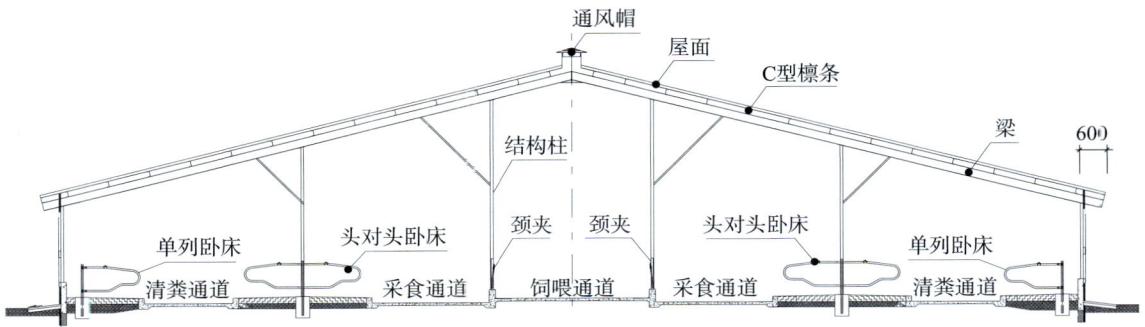

**图1-8　牛舍各通道设置**

**表1-5　成母牛舍内各通道宽度** m

| 序号 | 通道名称 | 数量 | 净宽范围 | 地面做法 | 备注（建议） |
|---|---|---|---|---|---|
| 1 | 饲喂通道 | 1 | 5.0~6.0 | V型或平面 | 单侧饲喂≥4.5 |
| 2 | 采食通道 | 2 | 4.0~4.5 | 拉槽 | 新建舍4.2 |
| 3 | 清粪通道 | 2 | 3.0~3.2 | 拉槽 | 新建舍3.2 |

哺乳犊牛通常采用室外犊牛岛或室内哺乳犊牛舍的形式。哺乳犊牛舍内需要设置犊牛栏，每个犊牛岛或犊牛栏内饲养一头犊牛，成排布置，相邻两排之间为饲喂通道，通道的宽度依据饲料车辆而定。一般饲喂通道宽度≥2.5 m。

典型哺乳犊牛舍各通道设置如图1-9所示。哺乳犊牛断奶后，开始进入断奶犊牛舍内生活。断奶犊牛舍各通道设置如图1-10所示。

为将泌乳牛挤奶效率最大化，泌乳牛挤奶时应设置双转群通道，成母牛去挤奶厅的通道为上行通道，成母牛返回牛舍的道路为下行通道。双转群通道的最大优点是奶牛完成挤奶的过程是一个流畅的路线，不存在因为等待前一批奶牛返回牛舍占用通道，而导致后一批牛在舍内等待的情况。这样就可以确保泌乳牛可以有序地去挤奶，双转群通道是提高挤奶效率的一个重要部分。

双转群通道同时也可用作成母牛转移的通道，泌乳牛进入干奶牛舍，干奶牛和病牛进入特需牛舍，特需牛进入泌乳牛舍均可以通过双转群通道完成转移。

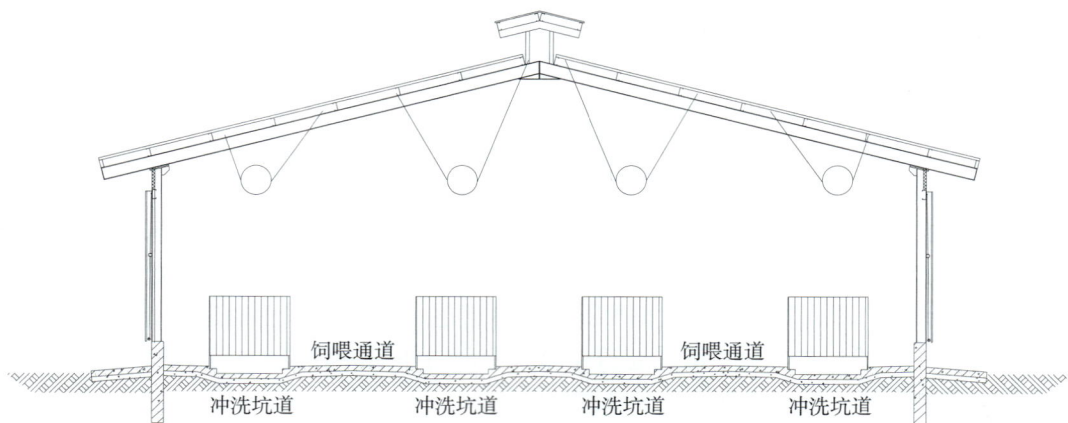

**图1-9 典型哺乳犊牛舍各通道设置**

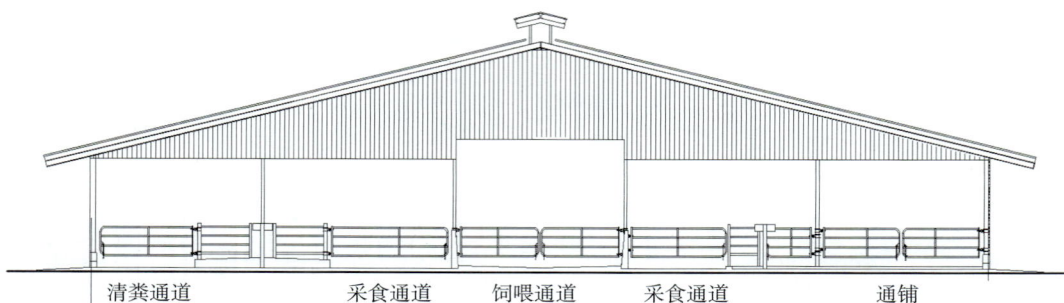

**图1-10 断奶犊牛舍各通道设置**

双转群通道的两通道采用并列设置，中间用固定围栏和隔栏门分隔。单个转群通道的宽度为4~6 m。在寒冷或严寒地区，通常会将转群通道封闭起来，同时，设置推拉窗可以满足夏季时的通风需求。

成母牛双转群通道剖面如图1-11所示。

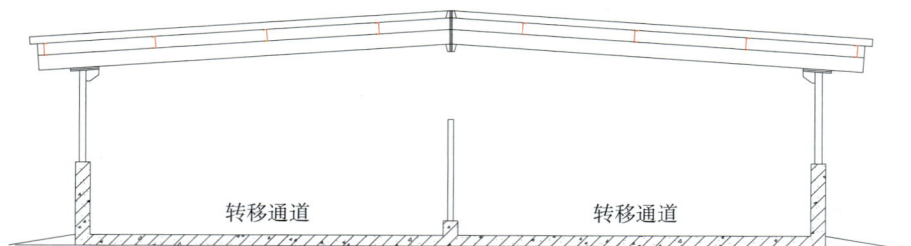

**图1-11 成母牛双转群通道剖面**

### 1.3.2.7 其他设置

①连接牛舍、运动场和挤奶厅的通道应畅通，地面做防滑处理，周围栏杆及其他设施无尖锐突出物。

②牛舍给水系统应增加防冻措施，冻土层以上给水管道可采用电伴热带或保温套管。

③牛舍生产火灾危险性类别宜按照丁类厂房设计，采取相应配套的消防设施，具体参照《建筑设计防火规范》（GB 50016—2014）。

④牛舍应设置防雷接地系统，具体参照《建筑物防雷设计规范》（GB 50057—2010）。

⑤成母牛舍饮水通道处地面需做成双坡式，通道中间位置最高，从中间位置分别向采食通道和清粪通道做坡，具体参数见表1-6所列。

**表1-6 成母牛舍饮水通道地面尺寸**

| 通道名称 | 地面型式 | 低点与两侧通道高差/m | 坡度/% | 地面做法 |
|---|---|---|---|---|
| 饮水通道 | 双坡式 | 0.075~0.15 | 2~3 | 拉槽，与采食通道垂直 |

⑥成母牛舍饮水槽处需设置饮水挡墙。饮水挡墙可以避免奶牛饮水时溅出的水落到卧床上。成母牛舍饮水挡墙的具体尺寸见表1-7所列。饮水挡墙做法如图1-12所示。

**表1-7 成母牛舍饮水挡墙尺寸**

| 名称 | 高度/m | 宽度/m | 墙角做法 | 备注 |
|---|---|---|---|---|
| 饮水挡墙 | 1.2 | 0.2 | 削角，长短边均为300 mm | 高度相对于采食地面 |

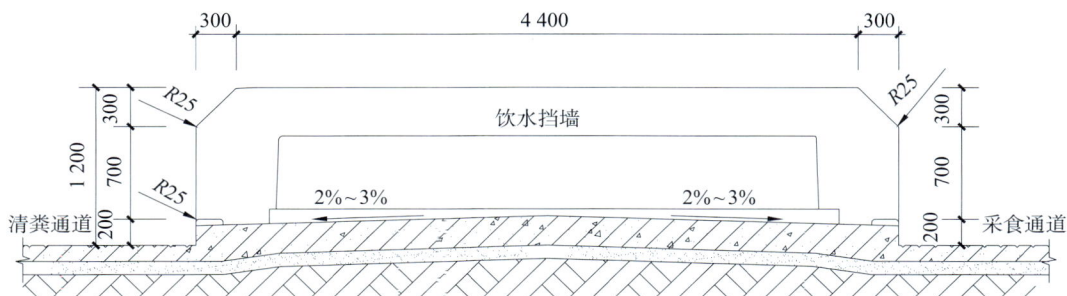

**图1-12 饮水挡墙做法详图**（单位：mm）

⑦成母牛舍内奶牛可以到达的地方地面都要设置拉槽，拉槽的方向要与奶牛高频率行走的方向一致，这样可以确保奶牛在行进的过程中，四肢不会向外劈而导致摔倒。目前，国内现有牧场地面拉槽的做法与尺寸均互有差异，防滑槽宽度和间距宜根据牛群体型大小做相应区分。地面拉槽宜使用专用工具沿地面单方向拉出沟槽，且用扫把轻扫地面，使其形成毛面。地面拉槽的具体做法建议如图1-13所示。

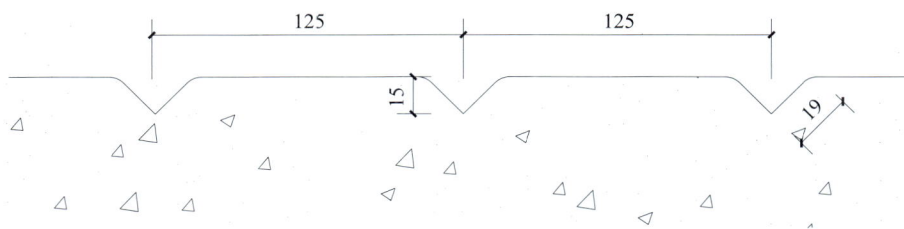

**图1-13 地面拉槽做法详图**（单位：mm）

⑧高寒地区牛舍粪污收集主要采用铲车清粪和刮板清粪两种方式，其他地区主要采用刮板清粪。成母牛舍选择刮粪板清粪时，需要在采食通道和清粪通道设置链条槽。目前，国内牧场常出现的一个问题是刮粪板在使用一段时间后，链条槽和链条都磨损得非常严重，原因是铁链与槽底的混凝土之间的摩擦系数非常大，而长期的不间断摩擦加剧了损耗。为

了解决这个问题，建议在刮粪板链条槽的槽底设置聚丙烯板（PP板），使用结构胶将板与槽底混凝土固定，这样就可以减小铁链与混凝土之间的摩擦系数，降低磨损程度，做法如图1-14所示。

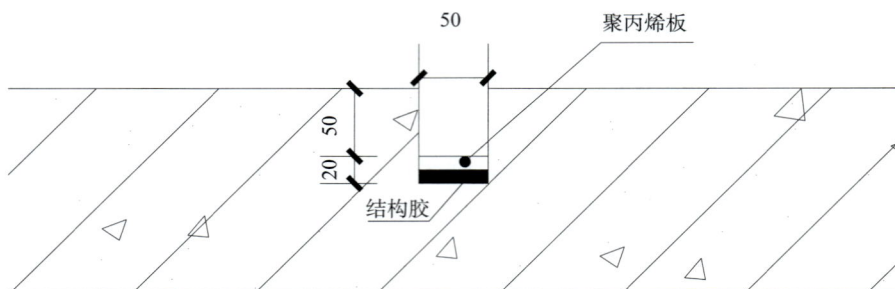

**图1-14　刮粪板链条槽做法详图**（单位：mm）

⑨犊牛出生后身体较弱，稍有疏忽便可能受各种病菌的侵袭而引起疾病，甚至死亡，需要特别精心的护理。犊牛舍内每个犊牛栏内均应设置烤灯，用于照明、取暖和干燥。烤灯安装位置为距地面900 mm。

哺乳犊牛舍内应设置新风系统。在犊牛舍内设置通风管道，在管道管底开洞，通过管道外墙端口的正压风机向舍内输送新风，具体参数见表1-8所列。

**表1-8　哺乳犊牛舍通风管道参数**

| 材质 | 管径 | 洞口尺寸/mm | 间隔/mm | 吊装件 | 吊件间隔/m | 风机位置 |
|---|---|---|---|---|---|---|
| 双壁波纹管 | DN600 | φ100 | 500 | φ6镀锌钢丝绳 | 3 | 管道端口 |

### 1.3.2.8　主要设施设备工艺

成母牛舍中主要设备有饲养设备、通风设备、喷淋设备及清粪设备。

**（1）饲养设备**

①颈夹：是牧场中最常见的养殖设备，同时也是奶牛使用频率最多的设备之一，合理设计颈夹对提升奶牛福利至关重要。

国内牧场中，目前常见的成母牛颈夹的牛位宽度主要有3种规格：600 mm、750 mm和800 mm。3种规格的颈夹功能一致，并无实质差异，具体选择由牧场经理的养殖方式决定。

判断一个颈夹是否设计合理，主要看夹牛尺寸、出牛尺寸和进牛尺寸。国外奶牛专家经过多年针对奶牛体型及采食习性的研究得出以下经验性数据（图1-15），具有较强的参考借鉴意义。

• 当颈夹摆臂处于自由状态时，进牛尺寸应达到400 mm，奶牛可以舒适地进入颈夹采食。

• 当颈夹摆臂处于锁定状态时，夹牛尺寸应达到188 mm。

• 当颈夹摆臂处于反向打开状态时，出牛尺寸应达到396 mm。

合适的颈夹搭配设计合理的颈夹基础矮墙是奶牛采食成功的关键因素，基础矮墙及颈夹示意图如图1-16所示。A表示挡料墙高度距采食地面距离，B表示挡料墙高度距饲喂地面距离，饲喂地面与采食地面高度差可由A-B计算而得。

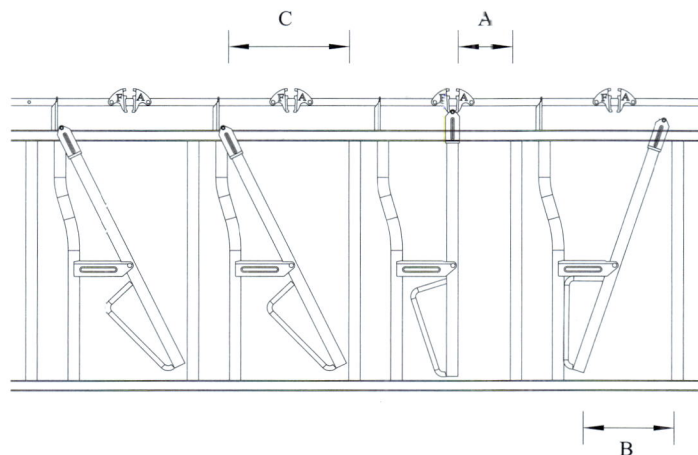

图1-15　颈夹摆臂标准尺寸
A.夹牛尺寸　B.出牛尺寸　C.进牛尺寸

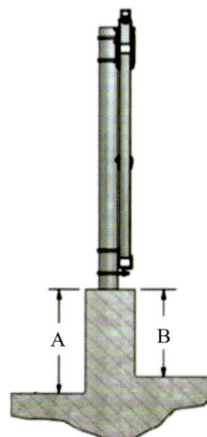

图1-16　基础矮墙及颈夹示意图

表1-9与表1-10为牛舍颈夹推荐尺寸和牛舍颈夹挡料墙推荐尺寸。

犊牛断奶后开始进入断奶犊牛舍内生活，断奶犊牛舍内设置通铺并铺上稻草或其他垫料，饲养主要设备为斜位采食栏（图1-17）。斜位采食栏主要功能参数见表1-11所列。

表1-9　牛舍颈夹推荐尺寸

| 名称 | 月龄 | 牛位宽度/mm | 名称 | 月龄 | 牛位宽度/mm |
|---|---|---|---|---|---|
| 成母牛 | ≥24 | 660、750、800 | 小育成牛 | 9~12 | 400~500 |
| 青年牛 | 16~24 | 600、660 | 断奶犊牛 | 3~9 | 300~400 |
| 大育成牛 | 12~16 | 500~600 | | | |

表1-10　牛舍颈夹挡料墙推荐尺寸

| 名称 | 月龄 | 挡料墙距采食地面高度差/mm | 饲喂与采食地面高度差/mm |
|---|---|---|---|
| 成母牛 | >24 | 420~500 | 100~150 |
| 青年牛 | 16~24 | 420~450 | 100~150 |
| 大育成牛 | 12~16 | 320~400 | 100 |
| 小育成牛 | 9~12 | 320~370 | 100 |
| 断奶犊牛 | 3~9 | 300~320 | 100 |

表1-11　斜位采食栏功能参数

| 月龄 | 2.4 m立柱间距 | 3 m立柱间距 | 3.6 m立柱间距 |
|---|---|---|---|
| 0~6 | 9牛位 | 12牛位 | 14牛位 |

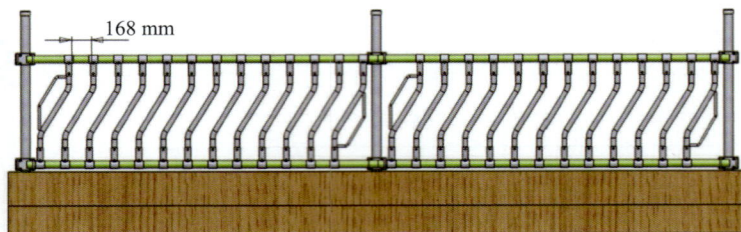

图1-17 斜位采食栏

②卧床：卧床区域是奶牛日常活动中停留时间最长的区域，奶牛躺卧能促进乳房处血液循环，从而增加产奶量。卧床区域依据奶牛躺卧时的躯体运动轨迹进行设计，采用合理的空间布局，确保奶牛能够自由进出，拥有无障碍的前冲空间以及充足的卧床面积。

奶牛卧床应采用自由卧床，按照起冲方式可分为前冲式和侧冲式，按照安装列数可分为单列卧床和双列卧床。牛舍卧床尺寸见表1-12所列。

表1-12 牛舍卧床尺寸       mm

| 名称 | 月龄 | 牛位宽度 | 单列卧床长度 | 双列卧床长度 | 卧床挡墙 |
|------|------|----------|--------------|--------------|----------|
| 成母牛 | ≥24 | 1 200~1 300 | 2 500~3 000 | 4 800~5 400 | 200~250 |
| 青年牛 | 16~24 | 1 100~1 200 | 2 400~2 800 | 4 200~4 800 | 200~250 |
| 大育成牛 | 12~16 | 1 000~1 100 | 2 200~2 500 | 4 000~4 500 | 150~200 |
| 小育成牛 | 9~12 | 800~900 | 2 000~2 500 | 3 800~4 500 | 150~200 |
| 断奶犊牛 | 6~9 | 600~700 | 1 800~2 300 | 3 500~4 500 | 150~200 |

单列卧床多用于六列式牛舍，在寒冷地区，单列卧床区可作为清粪通道与牛舍建筑外围护结构的隔离带，可有效避免清粪通道因与外围护结构过近导致地面上冻结冰。一般单列卧床长度建议2.76 m（包括卧床矮墙宽度）。

双列自由卧床实景如图1-18所示。单列自由卧床实景如图1-19所示。

卧床垫料可采用牛粪垫料、沙子、锯末或稻壳等，当使用橡胶垫时，坡度宜在2%~5%。其中，沙子垫料的优点是可以吸收水分，使卧床内的少量粪污干燥，便于清理，同时奶牛在躺卧休息时能通过皮肤与沙子接触而将身体热量传递给沙子，从而有效减少热应激的危害。

图1-18 双列自由卧床实景

图1-19 单列自由卧床实景

以沙子为垫料的牧场宜设置沉沙系统。利用沙子密度大于污水的特性，实现对沙子的有效分离，经消毒晾晒后，重新作为垫料回填卧床。

牛粪垫料是牧场比较常用的一种垫料。一般为经牧场粪污发酵系统和固液分离系统处理后的牛粪，再通过晾晒或烘干而成。牛粪垫料较为松软，奶牛躺卧时舒适感强，同时它还具有一定的吸水性能，能较好保持卧床的干燥，减少奶牛乳房炎的发病率。

对于牛舍卧床垫料的铺设以及补充工作，推荐使用垫料抛洒车完成，相较于人工方式，该方法不仅可以保证卧床垫料的一致性，还能较大提升工作效率。

③饮水槽：是满足奶牛饮水需求的设备。

水是维持奶牛正常生理代谢所必需的物质，是奶牛细胞原生质的重要组成部分，具有在奶牛体内传递营养物质、代谢废物等功能，同时可作为"载热体"在奶牛体内和皮肤表面间传递热量，调节体温。当奶牛的饮水量下降时，会使体内发生一系列的生理变化，可能造成其干物质采食量减少、受胎率及繁殖率降低、产生热应激等。

鲜乳中的含水率占80%以上，奶牛每日进行充足的饮水是保证产奶量的重要因素。泌乳牛每天需要130 L的饮水量，除去机体正常的生理代谢消耗以及转化为尿液排出体外的部分以外，其余部分会进入奶牛泌乳系统中转化为乳汁。同时，充足的饮水能保证奶牛每日有足够的干物质采食量。干奶牛和特需牛每日的饮水量相比泌乳牛略有下降，一般为80～100 L。

成母牛舍内饮水槽长度常用规格为3.6 m和4.4 m，饮水槽材质主要有不锈钢、整体热浸镀锌和新型材质，安装方式有固定下漏式和翻转式，供水方式为浮球阀控制。对于寒冷地区，须在成母牛舍内配置电加热饮水槽。

保证每头牛10 cm以上的饮水空间，饮水高度根据不同的生产阶段确定。不同月龄牛群饮水高度见表1-13所列。

表1-13　不同月龄牛群饮水高度

| 名称 | 月龄 | 饮水高度/mm | 名称 | 月龄 | 饮水高度/mm |
|---|---|---|---|---|---|
| 成母牛 | >24 | 700～750 | 小育成牛 | 9～12 | 600～650 |
| 青年牛 | 16～24 | 700～750 | 断奶犊牛 | 6～9 | 300～350 |
| 大育成牛 | 12～16 | 650～700 | | | |

为了防止饮水槽内清水变质，饮水槽要定期进行清洗。对于下漏式饮水槽，清洗后槽内污水可由固定排水孔排至两侧通道；对于翻转式饮水槽，手动拨动挡杆后饮水槽呈90°翻转，污水便会倾泻在饮水通道地面上，流入两侧通道。

为了保证饮水槽清洗用水和奶牛饮水时溅出的水不进入卧床区，在饮水槽和卧床中间必须设置饮水挡墙。同时，在牧场正常运营时要保证饮水槽周围地面的粪污及时清理。为避免奶牛踩踏饮水槽或饮水时将水溅至卧床区域，可在水槽处增加挡杆，如图1-20所示。

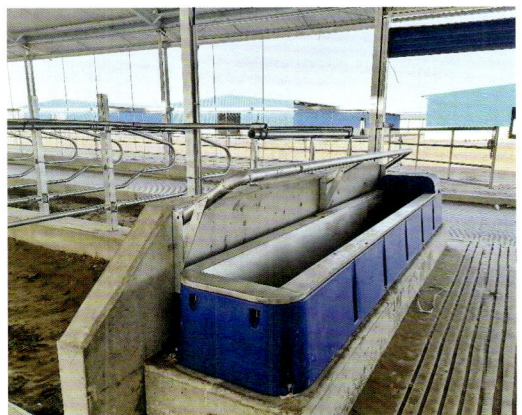

图1-20　饮水槽加挡杆实景

④牛体刷：是提高奶牛福利的设备。使用时，牛体刷先以奶牛感觉舒适的速度在任意方向转动，再从头部到尾部，从背部到侧部。刷毛的长度和硬度应适度刺激奶牛的血液循环，保持奶牛躯体干净，促进产奶量。牛舍内安装牛体刷，有助于减少奶牛在舍内钢铁设备上或其他地方蹭痒，避免蹭痒造成自身伤害和设备损坏。

为了保证奶牛在使用牛体刷时的安全，电机采用过载保护功能防止过热。当牛体刷与奶牛接触后即可启动，如果10 s内不使用则停止工作。

牛体刷安装方便，圆柱形刷体既可安装在墙上，也可安装在牛棚立柱上；牛体刷刷体底部距地高度宜为1.2 m。每个牛体刷可供50~60头奶牛使用。

⑤犊牛自动饲喂器：是哺乳犊牛舍中的主要智能设备，常见的犊牛自动饲喂器如图1-21所示。

**图1-21　犊牛自动饲喂器**

犊牛自动饲喂器在计算机的控制下，对佩戴感应项圈的犊牛自动饲喂代乳粉或鲜乳。犊牛自动饲喂器可以实现精准饲喂，能根据项圈编号做到定量、定温、定时，满足每头犊牛的营养需要，饲喂方式灵活。

传统饲喂犊牛用的奶桶易受污染，而牧场往往由于奶桶数量众多、消毒不彻底，导致犊牛在使用受污染的奶桶后出现腹泻，造成损失。犊牛自动饲喂器拥有自动酸碱清洗消毒系统，饲喂一头犊牛后就自动对奶嘴内外清洗消毒，有效防止犊牛间的交叉污染。

犊牛自动饲喂器一个主机可以控制多个饲喂站，每个饲喂站可饲喂犊牛的数量也有所不同，一般为150~300头。

常见犊牛自动饲喂器特点：自动饲喂，减少人工操作，提高效率；精准营养，记录并控制每头犊牛采食量，确保营养均衡，并可按需调整，实现个性化管理；卫生安全，采用封闭式设计，减少外界污染和饲料浪费。

**（2）通风设备**

成母牛舍内一般设置循环风机，循环风机能够为奶牛提供足够大的体侧风速，以达到对抗热应激的目的。建议在成母牛舍颈夹上方设置板式循环风机，在双列卧床上方设置大风量循环风机。卧床上方的循环风机要保证风机的覆盖区域为整个卧床，并且相邻两个循环风机距离不应超过风机的有效最远覆盖距离，建议间隔距离不超过18 m。

循环风机的通风性能见表1-14所列。板式风机的通风性能见表1-15所列。成母牛舍内颈夹上的循环风机实景如图1-22所示。成母牛舍内卧床上的板式风机实景如图1-23所示。

表1-14　循环风机的通风性能

| 型号 | 扇叶直径/mm | 额定功率/kW | 风量/（m³/h） | 覆盖宽度/m | 有效覆盖距离/m | 风速/（m/s） |
|---|---|---|---|---|---|---|
| 72″ | 1 830 | 2.2 | 90 567 | 12 | 18 | ≥3 |

表1-15　板式风机的通风性能

| 型号 | 扇叶直径/mm | 功率/kW | 风量/（m³/h） | 覆盖宽度/m | 有效覆盖距离/m | 风速/（m/s） |
|---|---|---|---|---|---|---|
| 55″ | 1 830 | 1.1 | 38 907 | 3 | 6 | ≥3 |
| 72″ | 1 400 | 2.2 | 80 023 | 6 | 6 | ≥3 |

图1-22　成母牛舍内循环风机实景

图1-23　成母牛舍内板式风机实景

建议对牛舍内的循环风机每年至少实施一次维护保养工作，以确保风机在较长时期内维持低故障率并保持高通风效率。

冬季既要考虑牛舍的保暖，也要考虑牛舍的通风。夏季需重点考虑奶牛热应激问题。奶牛热应激温湿度的阈值为68，高于此值代表奶牛面临热应激风险。冬季不同月龄奶牛通风量需求见表1-16所列，夏季热应激评价见表1-17所列。

表1-16　冬季不同月龄奶牛通风量需求

| 名称 | 通风量/（m³/h·头） | | |
|---|---|---|---|
| | 冷气候 | 中等气候 | 热气候 |
| 成母牛 | 85 | 289 | 170 |
| 青年牛、大育成牛 | 51 | 136 | 306 |
| 小育成牛、断奶犊牛 | 34 | 102 | 221 |
| 哺乳犊牛 | 25.5 | 85 | 170 |

表1-17 夏季热应激评价

| 温度/℃ | 相对湿度/% | | | | | | | | | | |
|---|---|---|---|---|---|---|---|---|---|---|---|
| | 0 | 10 | 20 | 30 | 40 | 50 | 60 | 70 | 80 | 90 | 100 |
| 18 | 61 | 61 | 62 | 62 | 62 | 63 | 63 | 63 | 64 | 64 | 64 |
| 19 | 62 | 62 | 63 | 63 | 63 | 64 | 64 | 65 | 65 | 66 | 66 |
| 20 | 63 | 63 | 64 | 64 | 65 | 65 | 65 | 66 | 67 | 67 | 68 |
| 21 | 63 | 64 | 65 | 65 | 66 | 67 | 67 | 68 | 69 | 69 | 70 |
| 22 | 64 | 65 | 66 | 66 | 67 | 68 | 69 | 69 | 70 | 71 | 72 |
| 23 | 65 | 66 | 67 | 67 | 68 | 69 | 70 | 71 | 72 | 73 | 73 |
| 24 | 66 | 67 | 68 | 69 | 70 | 70 | 71 | 72 | 73 | 74 | 75 |
| 25 | 67 | 68 | 69 | 70 | 71 | 72 | 73 | 74 | 75 | 76 | 77 |
| 26 | 67 | 69 | 70 | 71 | 72 | 73 | 74 | 75 | 77 | 78 | 79 |
| 27 | 68 | 69 | 71 | 72 | 73 | 74 | 76 | 77 | 78 | 79 | 81 |
| 28 | 69 | 70 | 72 | 73 | 74 | 76 | 77 | 78 | 80 | 81 | 82 |
| 29 | 70 | 71 | 73 | 74 | 76 | 77 | 78 | 80 | 81 | 83 | 84 |
| 30 | 71 | 72 | 74 | 75 | 77 | 78 | 80 | 81 | 82 | 84 | 86 |
| 31 | 71 | 73 | 75 | 76 | 78 | 80 | 81 | 83 | 85 | 86 | 88 |

注：引自马里兰大学，2021。

### （3）喷淋系统

为了缓解夏季奶牛的热应激问题，需要在牛舍内安装喷淋系统。安装位置为颈夹上方，应喷射出大粒径水珠，保证短时间内将牛背彻底打湿。相邻两个喷头之间形成的水幕要保证存在交集。颈夹上方安装的板式风机配合喷淋可加速奶牛体表蒸发散热，实现奶牛体表温度快速降低，减少热应激危害。

成母牛舍喷淋系统实景如图1-24所示。成母牛舍喷淋系统技术参数见表1-18所列。

图1-24 成母牛舍喷淋系统实景

表1-18　成母牛舍内喷淋系统技术参数

| 序号 | 类型 | 标准数值 | 序号 | 类型 | 标准数值 |
|---|---|---|---|---|---|
| 1 | 喷头流量 | 1.9~3.8 L/min | 4 | 喷头高度 | 距采食道地面1.9~2.1 m |
| 2 | 喷淋角度 | 135° | 5 | 喷头间距 | 1.8 m |
| 3 | 覆盖半径 | 0.9 m | 6 | 喷淋管径 | 镀锌管，需计算得出 |

近年来，随着牧场处理上清液稳定塘内污水的成本持续上升，有效控制污水产生量已成为牧场实现节本增益的重要途径。

众所周知，采用喷淋与风机相结合的方式是预防夏季热应激最为有效的办法。传统喷淋的定时统一启停模式，无论颈夹位置是否有牛，喷淋系统开启时喷头就会喷水，造成大量的水被浪费。牧场喷淋用水量统计数据显示，每头牛每年的喷淋用水量可高达50 t，这些喷淋用水中的大部分并未有效发挥降温作用，反而增加了牧场污水处理的成本。

研究表明，若能实现仅在有牛时喷水，无牛时不喷水，至少可帮助牧场节省超过50%的用水量。要做到这种针对性喷淋控制，就需要设置智能感应喷淋盒。智能感应喷淋盒搭配标准大流量不锈钢喷头和低电压电磁阀的使用，彻底解决了牧场喷淋利用率低，浪费严重的问题。智能感应喷淋盒在物联网模式下，可帮助牧场实现高达65%的节水效果，同时大幅提升奶牛舒适度，还可以做到源头控水，精准喷淋。

智能感应喷淋盒的技术特点为：独立触发、独立循环、微波感知及视觉识别、可自控和物联控制双模式切换等，提高夏季喷淋系统用水效率。

智能感应喷淋盒技术参数见表1-19所列。

表1-19　智能感应喷淋盒技术参数

| 序号 | 类型 | 微波感知 | 视觉识别 |
|---|---|---|---|
| 1 | 工作电压 | 24 V | 24 V |
| 2 | 工作环境温度 | −20~60℃ | −20~60℃ |
| 3 | 安装高度 | 1.9~2.1 m | 1.9~2.1 m |
| 4 | 感应范围 | 高1.2~1.5 m，纵向宽度0.5~0.8 m，横向宽度1.5~1.8 m的锥形体 | — |
| 5 | 喷头流量 | 3.79 L/min | 3.79 L/min |
| 6 | 覆盖范围 | 1.8 m | 24 m |
| 7 | 防护等级 | IP 65 | IP 65 |

### （4）清粪设备

常见的牛舍清粪方式有两种：机械清粪和吸粪车清粪。

机械清粪又分为铲车人工清粪和刮粪板清粪。其中，铲车人工清粪的清粪频率和效果受铲车司机的专业素养影响。而刮粪板清粪为自动化清粪方式，是现代牧场最广泛使用的清粪方式。通常在牛舍同一侧的两条清粪通道配置一套刮粪板系统，通道的长度不应超过200 m，最佳长度为80~100 m。

组合式刮粪板是为满足特定需求而针对性组装使用的，使用范围较小。

三角形刮粪板作为目前使用较多的一种型式，其最主要的特点是刮臂可折叠，方便车辆通行。各种刮粪板的性能参数见表1-20所列。三角形刮粪板实景如图1-25所示。

表1-20 刮粪板的性能参数

| 序号 | 类型 | | 适用场所 | 适用距离/m | 最长距离/m |
|---|---|---|---|---|---|
| 1 | 组合式刮粪板 | 标准型 | 少量稻草 | 80~100 | 200 |
| | | 可折叠式 | 少量稻草，手动折叠 | 80~100 | 200 |
| | | 双向式 | 不含稻草，通道两侧设漏粪口 | 80~100 | 200 |
| 2 | 三角形刮粪板 | | 可含稻草、沙子等，手动折叠 | 80~100 | 200 |

图1-25 三角形刮粪板实景

### 1.3.3 挤奶厅建设

挤奶厅是牧场整个生产区的核心，泌乳牛舍的布局需以挤奶厅为中心进行合理布局。挤奶厅一般为独栋设置，内部包含不同的工作区域，主要有挤奶区、设备间、待挤区。设备间内主要完成收奶、过磅、降温、冷藏等工艺过程，此外还配有盥洗室、更衣室、卫生间和锅炉房等功能房间。设备间二层一般用作工作区，并配有参观区和会议室等。

为了提高挤奶区内有效面积的利用率，在挤奶区的4个角落分别设置功能房间，如药品储藏间、兽医室、挤奶机备件及维修工具间、电脑监控间、洗衣房、小型会议室等。

待挤区为奶牛等待挤奶的区域，待挤区的面积需依据单群泌乳牛群的数量来设计。与待挤区搭配的是回牛道与处置区。回牛道为奶牛挤奶完毕后返回牛舍的通道，在通道内会设置蹄浴池，可消毒和清洁牛蹄，对预防和改善蹄病起着至关重要的作用。挤奶完毕返回牛舍的奶牛在返回通道检测后，对需要进行临时性处置的奶牛，会转移至处置区。处置区又可作为临时储存状态异常奶牛的区域。一般的处置区内设备有处置设备、修蹄架和饮水槽等。

挤奶厅的重要参数见表1-21所列。

表1-21 挤奶厅的重要参数

| 序号 | 指标 | 推荐范围及指标 | 序号 | 指标 | 推荐范围及指标 |
|---|---|---|---|---|---|
| 1 | 屋面坡度 | ≥1:4 | 5 | 屋脊设置 | 宜通风帽、钟楼式 |
| 2 | 屋面材质 | 建议保温屋面 | 6 | 地面坡度 | ≥1% |
| 3 | 檐口高度 | 宜4.2 m | 7 | 待挤区面积 | ≥1.4 m² |
| 4 | 外围护结构 | 墙+窗式；卷帘式；滑拉窗 | | | |

### 1.3.3.1 挤奶机选型

挤奶区主要设备为挤奶机。目前，国内主要的挤奶机形式有4种：并列式挤奶机、鱼骨式挤奶机、转盘式挤奶机和挤奶机器人。

并列式挤奶机的设计需要以高效率为基本原则，奶牛进入挤奶厅后，奶牛的行走、转身、挤奶和离开均需要考虑最顺畅的流程，同时保证奶牛在挤奶过程中的舒适度。这两点的有效落实，将提升并列式挤奶机的工作效率。此外，并列式挤奶厅的设计与服务主要针对中型牧场。

鱼骨式挤奶机拥有出色的奶牛定位设置，借助倾斜交错的后护栏，奶牛可舒适地站立并靠近挤奶坑道，而不会对其敏感的尾部区域造成任何压力。后护栏为悬挂式，挤奶工可非常便捷完成挤奶工作。

转盘式挤奶机能够进行持续的挤奶工作，奶牛可以自行、连续不断地进入和退出挤奶位，挤奶工无须关注奶牛的行走，仅完成必要的挤奶工作即可。转盘式挤奶机是当前挤奶操作最快的挤奶设备，自动脱杯，自动计量，再配以专业的工作流程指导就可实现设备和人工的效率最大化。

挤奶机器人的管理模式践行了奶牛自由行动理论。在这套理论下，奶牛可以在牛舍周围自由走动，按照自己的意愿采食、饮水、挤奶，不受围栏或放行门的阻碍。奶牛自由挤奶能够使奶牛的产奶量更高、乳房炎风险更低，牧场所需劳动力更少。挤奶机器人可以运用3D扫描奶牛体况评分系统，每日自动准确检测奶牛体况；每次挤奶后均会自动清洁挤奶设备，确保卫生，并可自动分流不合格牛奶，保障牛奶质量；牧场可通过挤奶机器人传递的"大数据"监测奶牛的活动量、产奶量等情况；配合及时的牛奶检测，挤奶机器人可在奶牛发生临床型乳房炎之前发出预警。

挤奶机的配置应该与牛群规模相匹配，这样才能更好地实现挤奶机的最佳使用效能和人工效率最大化。一般牧场每天挤奶次数为3次，单次挤奶间隔为8 h；单次挤奶时间以6.5 h为宜，余下1.5 h用于挤奶机清洁和奶厅卫生打扫。6.5 h连续工作时间符合亚洲人的身体劳动强度，过长的工作时间会增加挤奶工的劳动强度，劳动强度变大也会导致劳动效率的下降。对于挤奶机而言，合理的工作时间和足够的设备养护时间，能够降低挤奶机设备故障率，从而保证鲜乳生产的持续性。挤奶机选型建议见表1-22所列。

表1-22  挤奶机选型建议

| 泌乳牛数量/头 | 日单产/kg | 日总产量/kg | 挤奶机类型 | 规格及位数 | 数量 | 每套最小及最大产能/（头/h） | 每小时最小牛奶产量 | 最大班次挤奶时间/h | 最小班次挤奶时间/h | 推荐的挤奶时间/h | 24 h运转的挤奶位数 | 24 h运转每班次挤奶时间 |
|---|---|---|---|---|---|---|---|---|---|---|---|---|
| 500 | 35 | 17 500 | 中置摆臂式 | 20 | 1 | 120~160 | 1 440 | 4.2 | 3.1 | <5 | 16 | 5.2 |
| 500 | 35 | 17 500 | 并列式 | 2×16 | 1 | 96~112 | 1 152 | 5.2 | 4.5 | <5 | 2×12 | 6.9 |
| 1 000 | 35 | 35 000 | 并列式 | 2×32 | 1 | 192~224 | 2 304 | 5.2 | 4.5 | <5 | 2×24 | 6.9 |
| 1 000 | 35 | 35 000 | 转盘式 | 50 | 1 | 300~350 | 3 600 | 3.3 | 2.9 | <5 | 40 | 4.2 |
| 2 000 | 35 | 70 000 | 并列式 | 2×50 | 1 | 300~350 | 3 600 | 6.7 | 5.7 | <5 | — | — |
| 2 000 | 35 | 70 000 | 转盘式 | 60 | 1 | 360~420 | 4 320 | 5.6 | 4.8 | <5 | 50 | 6.7 |
| 3 000 | 35 | 105 000 | 转盘式 | 80 | 1 | 480~560 | 5 760 | 6.3 | 5.4 | <5 | 72 | 6.9 |

（续）

| 泌乳牛数量/头 | 日单产/kg | 日总产量/kg | 挤奶机类型 | 规格及位数 | 数量 | 每套最小及最大产能/（头/h） | 每小时最小牛奶产量 | 最大班次挤奶时间/h | 最小班次挤奶时间/h | 推荐的挤奶时间/h | 24 h运转的挤奶机位数 | 24 h运转每班次挤奶时间 |
|---|---|---|---|---|---|---|---|---|---|---|---|---|
| 5 000 | 35 | 175 000 | 转盘式 | 72 | 1 | 432~504 | 5 184 | 5.8 | 5.0 | <5 | — | — |
| 5 000 | 35 | 175 000 | 转盘式 | 80 | 1 | 480~560 | 11 520 | 5.2 | 4.5 | <5 | — | — |
| 10 000 | 35 | 350 000 | 转盘式 | 80 | 1 | 480~560 | 23 040 | 5.2 | 4.5 | <5 | — | — |
| 10 000 | 35 | 350 000 | 转盘式 | 90 | 1 | 540~630 | 22 680 | 6.2 | 5.3 | <5 | — | — |

挤奶厅与最远的泌乳牛舍之间的距离不宜超过500 m，过远的距离会增加奶牛行走时间，产生应激，并且长期下来还可能对牛蹄健康产生不利影响。挤奶每班次最适宜的时间为35~45 min，每批次奶牛挤奶时间为12~15 min。

每一种挤奶厅的设计均需以始终保证工作人员和奶牛的安全与舒适为目的，从而保证鲜乳的生产顺利进行。挤奶厅内部功能区的设置和外围护结构形式的确定都与奶牛的舒适度密切相关。

### 1.3.3.2　屋面坡度及材质

挤奶厅屋面为双坡屋面，屋面坡度一般随着挤奶厅内挤奶机的数量而变化，单转盘挤奶厅的屋面坡度一般宜为1∶4。坡度用斜屋面的垂直投影（矢量高度$H$）与水平投影（半个跨度$L/2$）之比来表示。屋面坡度选取是否合理，直接影响屋顶的防水效果。在寒冷地区为防止屋面大量积雪，坡度设置相对较陡。

挤奶厅屋面材质主要有两种：一种是单彩钢板，另一种是夹芯保温彩钢板。屋面单板设置主要适用于华北地区。单板设置可以满足挤奶厅基本的遮风挡雨需求，建设成本相对较低。但在夏季时单板屋面经过太阳的暴晒后，会向奶厅内释放辐射热，并且在夜晚尤其明显，这些热量如果不能及时排除，会对奶厅内的温度恒定控制系统造成极为严重的破坏。所以，国内部分牧场挤奶厅会采用保温屋面，即双层彩钢板之间填充岩棉，厚度为50 mm。这样可以有效杜绝夏季屋面释放的辐射热，从而减少因降温所消耗的费用。

在北方寒冷地区，挤奶厅保温屋面不仅具有隔热的作用，还有保温的作用。在寒冬季节，挤奶厅内各个区域的温度直接影响挤奶工作能否顺利进行。寒冷地区，保温板的厚度一般≥100 mm。

### 1.3.3.3　屋脊

在寒冷地区，挤奶厅的屋脊为封闭设置，并间隔6 m设置通风帽，通风帽应具有可开启和可关闭功能。夏季应打开通风帽，挤奶厅内的污浊空气在大气压强的作用下由通风帽排出。冬季要求保温时可选择关闭通风帽。降雪时应打开通风帽，防止由于雪融化再结冰导致通风帽开启功能失灵。通风帽还应具有防鸟功能。

在华北地区，挤奶厅屋脊一般为钟楼式，既能持续排出挤奶厅内污浊空气，又能防止雨雪进入室内。

### 1.3.3.4　檐口高度

对于双坡屋面的挤奶厅，檐口通常为挑檐形式，主要目的是方便自由排水和保护墙身。一般挤奶厅的檐口高度为4.2~6.0 m，根据当地气象数据确定最适宜的檐口高度，是牧场设计的根本原则。

### 1.3.3.5　外围护结构

挤奶厅的外围护结构是檐口以下至地面的外墙、外窗和外门的统称。一般挤奶区和设备间外围护结构均为墙+窗模式。外门的设置要考虑设备维修通行要求和保温要求。待挤区的外围护结构主要取决于当地的室外气象数据、养殖工艺要求和外围护结构上所安装的设备要求。以华北地区为例，挤奶厅的待挤区外围护结构安装卷帘设备，卷帘可根据需求进行全部开启和关闭，例如，需要通风时可根据实际情况选择全部打开或者部分打开；降雨时可选择部分关闭；西晒严重时可以关闭南侧卷帘等。

卷帘的功能分类见表1-23所列。

表1-23　卷帘的功能分类

| 序号 | 卷帘分类 | 固定位置 | 卷轴位置 | 开启方向 | 输出方式 |
|---|---|---|---|---|---|
| 1 | 中卷式 | 洞口上部 | 中部 | 自下而上开启 | 单、双输出 |
| 2 | 上卷式 | 洞口上部 | 下部 | 自下而上开启 | 单、双输出 |
| 3 | 下卷式 | 洞口下部 | 上部 | 自上而下开启 | 单、双输出 |
| 4 | 分段式 | 洞口中部 | 上部、下部 | 两段向中间开启 | 单、双输出 |

对于北方寒冷地区，挤奶厅待挤区外围护结构主要有两种形式，一种是传统的墙+窗模式，另一种是卷帘+墙模式。传统形式墙体厚度需要满足牧场当地的保温需求，并且外墙外表面需要贴保温板。窗户一般为双玻推拉窗，既能满足冬季保温需求，又可在夏季最大程度打开窗户，增大通风口面积，从而保证挤奶厅内夏季时需求的通风量。目前，国内部分牧场挤奶厅的窗户也有滑拉窗。滑拉窗同样能够满足通风和封闭要求，同卷帘一样，在冬季时滑拉窗对挤奶厅内保温采暖要求较大。

### 1.3.3.6　待挤区面积

挤奶厅待挤区为奶牛开始挤奶前等待的区域。待挤区的面积要满足牧场每群奶牛全部集中在待挤区的要求。单头奶牛至少需要$1.4 m^2$，待挤区的宽度一般为9~15 m。待挤区宽度不宜过窄，过窄会增加挤奶厅的长度，从而增大挤奶厅的建设成本，应该从挤奶工艺的要求做出最适宜的布局。

### 1.3.3.7　地面坡度

挤奶厅内设备间地面应设置排水明沟，并且设置不锈钢箅子；地面整体应向排水沟方向找坡。

挤奶机处的排水设置根据挤奶机的形式不同而异：一般转盘式挤奶机沿着转盘圆周设置排水沟，并列式挤奶机的排水沟应设置在人工坑道紧贴挤奶机两侧处。

待挤区地面地势靠近挤奶机处为高处，远离挤奶机处为低处；待挤区的坡度应≥1%，具体坡度需要根据室外场地地形与待挤区地面冲洗方式来确定。特殊情况下，当待挤区采取冲水水箱冲水时，坡度≥4%。

### 1.3.3.8　设备工艺

挤奶厅内设备主要分三大类：通风设备、喷淋设备、清粪设备。挤奶厅内的设备设计以提升奶牛舒适度为首要前提。

图1-26　挤奶机上方安装的循环风机实景

**（1）通风设备**

挤奶机区域是奶牛与职工共存区域，该区域设置的通风设备在提供新鲜的空气的同时，又加速了该区域内的空气流通，既保证了奶牛的舒适度又提高了职工的福利。故一般在挤奶机的上方设置循环风机（图1-26），确保挤奶时奶牛体侧有足够的风速，一般≥3 m/s；推荐选择大通风量的循环风机，同时送风区域能覆盖到整个挤奶机区域，这样就能确保奶牛在整个挤奶过程中都处于循环风机所营造的舒适地带内。

常见的循环风机的通风性能见表1-24所列。

通常情况下，新鲜空气的密度相对较低，奶厅内的新鲜空气一般位于奶厅的顶部，有些牧场为了有效地利用这部分新鲜空气会在挤奶机上方安装超大型吊扇。一般情况下，大吊扇的布置应该充分考虑覆盖到整个挤奶机区域。推荐采用的超大型吊扇（图1-27）应该具有风量大、低转速高能效、运行安静平稳的特点，输出气流覆盖区域大，能够稳定控制区域内的空气及流向，改善空气质量，提高奶牛和挤奶工的舒适感。

表1-24　循环风机的通风性能

| 型号 | 扇叶直径/mm | 额定功率/kW | 风量/（m³/h） | 覆盖宽度/m | 有效覆盖距离/m | 风速/（m/s） |
|---|---|---|---|---|---|---|
| 72″ | 1 830 | 2.2 | 90 567 | 12 | 18 | ≥3 |

图1-27　挤奶机上方安装的超大型吊扇实景

推荐采用的超大型吊扇的通风性能见表1-25所列。

对于并排双转盘挤奶机的挤奶厅，由于其跨度超过50 m，单凭外围护结构窗户的自然通风量已经不能够满足奶厅内的换气需求，一般建议在挤奶机区域两侧的侧墙上设置正压风机（图1-28），强制向挤奶厅内提供充足的室外新鲜空气，确保奶厅内空气质量。

推荐正压风机的通风性能见表1-26所列。

考虑到挤奶厅对空气质量的要求高，同时待挤区又是牧场中奶牛密度最高的区域，建议在该区域安装大风量循环风机

图1-28  挤奶机区安装的正压风机实景

（图1-29），源源不断地往奶厅外部排出污浊的空气，尤其是在室外温度较高的季节可以有效增加奶牛体表的空气流通，为奶牛提供一个舒适的环境。

考虑到实际挤奶时待挤区奶牛的分布情况，循环风机应该从接近挤奶机区域开始逐排布置，同一排循环风机净间距宜为2 m，循环风机排与排之间距离依次从6 m、12 m逐步增加。

待挤区循环风机安装标准见表1-27所列。

表1-25  超大型吊扇的通风性能

| 扇叶直径/m | 额定功率/kW | 转速/（r/min） | 风量/（m³/h） | 覆盖范围/m | 吊扇安装距离/m |
| --- | --- | --- | --- | --- | --- |
| 7.3 | 1.5 | 57 | 675 695 | 22.9 | 15～20 |

表1-26  正压风机的通风性能

| 扇叶直径/mm | 额定功率/kW | 转速/（r/min） | 风量/（m³/h） | 风机洞口/mm |
| --- | --- | --- | --- | --- |
| 1 830 | 2.2 | 350 | 86 700 | 1 980×1 980 |

图1-29  待挤区安装的循环风机实景

表1-27　待挤区循环风机安装标准

| 序号 | 类型 | 标准数值 | 备注 |
|---|---|---|---|
| 1 | 安装高度 | >3.0 m | 保证牛和机械碰不到 |
| 2 | 安装角度 | 与水平面呈30°~35° | 吹向待挤区低点 |
| 3 | 安装距离 | 高点两排间隔应为6 m，低点可为12 m | 密度大位置集中布置 |
| 4 | 风速要求 | 3 m/s，远端应≥2 m/s | — |

对于挤奶厅内的循环风机建议每年至少进行一次维护保养工作，这样可以使风机在较长时间内保持在低故障率和高通风效率的状态下运行。

（2）喷淋设备

为了解决夏季挤奶时的热应激，建议在待挤区安装喷淋系统（图1-30）。喷头喷出的应为大粒径水珠，确保在短时间内将牛背彻底打湿。喷头与喷头之间形成的水幕应该覆盖整个待挤区。合理的喷淋设计配合循环风机可以有效地加速奶牛体表的蒸发散热，实现奶牛体温快速降低，减少热应激对奶牛带来的危害。

常见待挤区喷淋系统的技术规格参数见表1-28所列。

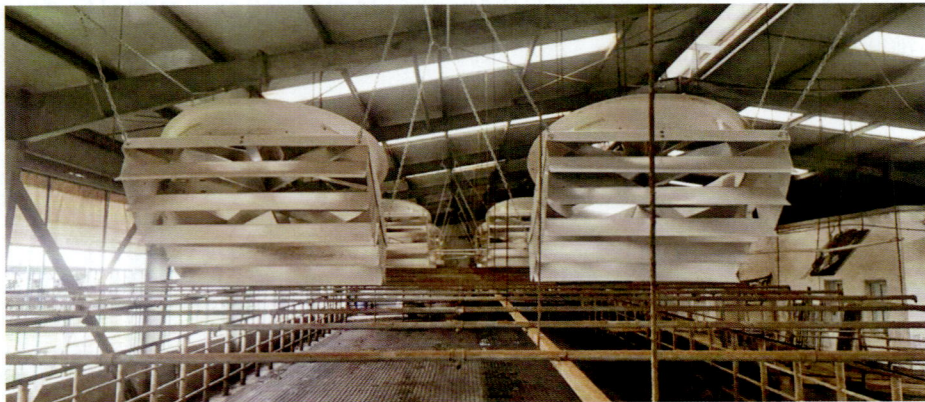

图1-30　待挤区安装的喷淋系统实景

表1-28　待挤区喷淋系统技术参数

| 序号 | 类型 | 标准数值 | 备注 |
|---|---|---|---|
| 1 | 喷头流量 | 3.5~5 L/min | — |
| 2 | 喷淋角度 | 360° | — |
| 3 | 覆盖半径 | 1.5 m | — |
| 4 | 喷头高度 | 距地3 m | 保证牛和机械碰不到 |
| 5 | 喷头间距 | 2 m、3 m | 支管间距2 m，干管间距3 m |
| 6 | 喷淋管径 | 镀锌管，需计算得出 | 一般为DN40~DN75 |

（3）清粪设备

待挤区是牧场中奶牛密度最高的区域，每次的挤奶过程待挤区都会产生大量的粪污。为了能够快速地将这些粪污清理完毕，建议在待挤区与挤奶机的衔接处安装冲水阀（图1-31），它可以快速、无死角地达到清洗干净待挤区地面的效果。

图1-31 待挤区安装的冲水阀实景

冲水阀的设置应满足以下几个要点：

①若应用冲水阀，待挤区地面坡度≥1%。

②冲水阀应选择地下隐藏式，即冲水阀的上部盖板与待挤区地面齐平，冲水时设备间的空压机向冲水阀内部的气囊充气，逐渐打开气动盖板开始冲水。

③待挤区低处应设置排水沟，冲洗地面的水通过排水沟收集到室外的收集池内，该池内上层含固率相对较低的污水可输送到冲水塔，作为冲水塔的水源之一，下层含固率较高的污水转移至场区粪污系统中。

④挤奶机区域收集的粪污也可转移至室外的收集池内，同时严禁挤奶厅内卫生间污水与奶牛粪污混排，必须设置独立化粪池。

在我国北方，冬季室外最低温度可达-40℃，过低的室外温度不仅会对挤奶厅的外围护结构提出严峻的考验，更会对室内正常的生产运营活动产生威胁。这种冰冻灾害会导致挤奶厅待挤区地面结冰，使奶牛在待挤区行走时容易摔倒，也会使挤奶厅内部供水系统和鲜乳输送系统损坏，失去正常的功能。因此，建设在北方的挤奶厅首先应该保证外墙体的保温设置满足国家相关规范要求，然后应该考虑在挤奶厅内关键位置增设采暖措施，并对部分给水管线使用保温材料进行保温，提升供水设施防寒抗冻能力，保证供水系统安全，使挤奶厅在冬季时能够正常使用。

挤奶厅建筑保温及供水系统保温主要有以下几点：

①寒冷地区的挤奶厅及其外墙要做外保温处理，保温材料以挤塑板或聚苯板为最佳，其保温板厚度≥60 mm。

②寒冷地区挤奶区和设备间要进行采暖，采暖方式以散热器为最佳，待挤区要确保温度在冬季时最低≥5℃，待挤区有条件的也要增设散热器采暖系统，保证待挤区温度≥10℃，无安装散热器条件的也要做好外围护结构的密封和保温工作，并及时解决待挤区在夜间温度最低时的地面上冻问题，确保挤奶工作准时及时进行。

③需要增设散热器时，对转盘挤奶厅，应在转盘周围窗下设置散热器或散热管；对并列和鱼骨挤奶厅，要在挤奶坑道侧壁设置散热器或散热管。

④寒冷地区待挤区低点与转牛通道连接处应设置隔离卷帘，或保温卷帘门，防止冬季室外寒冷空气通过转牛通道直接侵入到待挤区。

⑤要加强挤奶厅的通风，必要时即使损失奶厅的室内温度也要进行自然通风，同时增加机械通风，确保短时解决奶厅内空气质量问题。

⑥寒冷地区建筑给水管道、设施应避免外露。给水管道不应在室外明设，宜敷设在室内专用管廊或管道井内，当需要设置在建筑外墙时应设置防寒抗冻的保温措施，并避风向阳设置。给水管道的室外埋设必须敷设在冻土层下，穿越冻土层的给水管线及给水附件必须设置防冻保温措施。

## 1.3.4 饲料区

牧场饲料区建筑主要有3种，分别是青贮窖、精料库和干草库。饲料区宜建在生产区和生活区之间地势较高处，且应紧挨生产区、集中设置、相对封闭，并考虑场外饲料进场的便利性。

牧场的重点防火区就是饲料区，应远离带有明火的建筑物，如锅炉房等，其安全距离≥50 m，当确有困难时要采取必要的安全隔离措施。

饲料区应设置室外消火栓系统和灭火器。在计算消防用水量时，饲料区性质可按照《建筑设计防火规范》中的半露天可燃材料堆场，单库存储量≤5 000 t。灭火器布置位置应便于拿取，且应有明显消防标志。

饲料区不设置饲料中心时，应在饲料区进入生产区入口处设置给水点，严寒地区应对给水管线及附件做保温处理。

饲料区布置时，宜在设计阶段确认牧场未来是否存在扩建可能，如无法确认建议预留部分场地用作未来饲料区扩建区。

### 1.3.4.1 青贮窖

青贮在青贮窖内被压实封闭，与外部空气隔绝，造成内部缺氧，致使厌氧发酵，从而产生有机酸，可使青贮保存经久不坏，既可减少养分损失又有利于动物消化吸收。

每头高产奶牛每年约需玉米青贮7.0 t，全群每头牛平均每年约需玉米青贮5.5 t，玉米青贮容重0.65~0.75 t/m³，结合牧场规模，按照20%的青贮损失率，即可求得牧场每年所需青贮体积。

国内青贮窖（图1-32）主要是地上式，具体形式为三面设置窖体，一面敞口。窖体为钢筋混凝土墙体，高度以4 m为宜，墙体剖面应为正梯形，并且根据牧场年所需青贮体积换算青贮窖面积。通常情况下青贮窖内部分多个小窖，单个小窖的宽度一般为15~40 m。青贮窖窖口墙体端部宜为斜坡面，坡度以45°为宜，也可为阶梯形。青贮窖开口方向宜布置在下风向。

国内部分牧场将最外侧的一个小窖设置成贯通式，每年秋季制作青贮时可从另一侧取青贮。

窖口区域设置排水明渠，且加篦子，篦子应在承受重型运输车辆碾压时而不损坏。窖内地面为钢筋混凝土地面，应设有朝向窖口排水渠的坡度。当地面设横向坡度时，纵向坡度≥0.5%；当地面不设横向坡度时，纵向坡度≥1%。渠内污水通过排污泵将污水转至上清液储存塘。

青贮窖可储存的青贮总量宜按全场奶牛13个月的饲喂量计算。

### 1.3.4.2 精料库

牧场会为不同月龄、不同阶段的奶牛使用不同的饲料配方，配方中又属精料的种类最多。

精料库可做单坡屋面（图1-33），也可做双坡屋面。当选择单坡屋面时精料库应三面设置围护结构，单面敞开，屋面敞口

图1-32　青贮窖实景

处高，背面低。敞开方向应是常年主导风向下风向。围护结构为用混凝土加单层彩钢板，并且彩钢板顶部要做至屋面板下，同时两侧端墙必须设置封檐板。地面由内向外找坡，坡度≥0.5%，最低处应与室外地面保持100 mm高度差。

当选择双坡屋面时，精料库的檐口高度≥5.5 m。内部设置是中间为车行道，两侧分别是各个储存区，各储存区之间用隔墙分开，并且地面设置坡度，坡向车行道，坡度≥0.5%。

图1-33 精料库实景

各种精饲料在储存时应分别存放，各饲料之间用混凝土墙加单层彩钢板隔墙分开，其中混凝土墙体高度≥3 m。

精料库的储存体积应满足至少60 d的全场奶牛精料饲喂量，同时宜多设置部分储存区，用于在精饲料价格低谷时多储存精饲料。

### 1.3.4.3 干草库

干草库一般以6 m开间为宜，应设置双坡屋面，屋面外檐高度≥6 m。

干草库四周可做敞开式，也可做三面维护、一面敞开。围护结构可用单层彩钢板，板下设置混凝土矮墙，墙的高度≥0.6 m，彩钢板可做至距离屋面板1.8 m处。

干草库内结构柱宜做防撞保护，在结构柱基部外侧设置直径0.5 m的圆柱形混凝土保护层，保护高度≥2 m。

地面应设置坡度，当四周为敞开式时应在短轴方向找坡，坡度≥0.5%；当四周有维护结构时，地面坡度应坡面朝向敞口方向，并且地面最低点应与室外地面有100 mm的高差。

干草库的储存总量根据地区而异，通常情况下应满足至少60 d的全场奶牛干草饲喂总量，针对干草供应市场情况的不同可酌情增减存量。

干草库剖面如图1-34所示。

干草库建议建筑参数见表1-29所列。

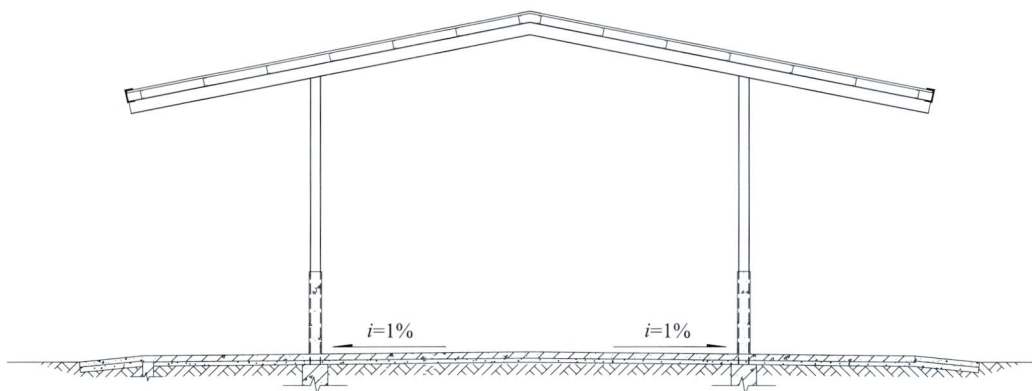

图1-34 干草库剖面图

表1-29　干草库建议建筑参数

| 序号 | 类型 | 参数 | 序号 | 类型 | 参数 |
|---|---|---|---|---|---|
| 1 | 开间 | 6 m | 4 | 地面坡度 | ≥0.5% |
| 2 | 檐高 | ≥6 m | 5 | 室内外高差 | ≥100 mm |
| 3 | 挡墙 | ≥0.6 m | | | |

## 1.3.5　辅助系统

辅助系统主要包括给水消防系统、电力系统、采暖及通风系统、粪污系统、道路系统、绿化系统。

### 1.3.5.1　给水消防系统

牧场给水消防系统包括水源、水量、消防水池、消防管网。牧场水源有两种：自打井水和市政供水。自打井水为牧场主要供水水源，场区内应至少设置两口水井。打井成功后，在水井上建立地下井室，并设置水表。严寒地区地下井室必须覆土，并使用保温井盖。市政供水需要牧场提供接口位置，水量水压。

①当消防水池与生产、生活水池共用时，必须满足牧场消防用水量的要求。

②消防水池与生产、生活水池共用时，蓄水池的体积应为牧场每天用水总量与消防用水总量之和，且水池出水管上应设置有消防水防动用装置。

③生活消防水池可设置为全地下式、半地下式及地上式。当采用全地下式时，应采取防水淹的技术措施，池顶应有覆土，顶面不上车；应有两根进水管；消防水泵房宜紧邻消防水池而建。

④必须保持生活消防水池内的水经常流动，防止水质变化。

⑤室外管网通常采用环网布置，寒冷地区的室外给水消防管网必须埋设在冻土层下，而穿越冻土层的管线则必须设置有效的保温措施。

⑥管网分支处应设置地下阀门井，并在分支处设置阀门。

⑦寒冷地区的室外消火栓应采用地下式的室外消火栓，并且必须设置保温井盖及其他防冻措施。

⑧办公区域、公共区域和牧场附属建筑物的灭火器布置按照《建筑灭火器配置设计规范》（GB 50140—2005）执行。

⑨生活区的给水宜直接采用市政供水，若由场区生活消防水池供水，则应由单独的泵组及单独的管线供水。

### 1.3.5.2　电力系统

①牧场变电所宜设置在负荷中心区，距离用电设备应在500 m以内。

②牧场应自备应急电源（柴油机发电机组），其负荷应满足消防用电、挤奶厅及供水系统等生产用电需求。

③场区主干道、次干道应设置太阳能型节能路灯照明，路灯可单侧布置，路灯高度应≥路面宽度，间距≤25 m。

④牛舍内及潮湿场所配电箱防水等级应≥IP 55，生产区配电箱安装高度>2.0 m，配电箱宜采用不锈钢或玻璃钢材质。

⑤牛舍内及潮湿场所桥架宜采用热镀锌或玻璃钢材质，线管宜采用热镀锌或PVC材质，

低于2.2 m场所线管应采用厚壁热镀锌管。

⑥牛舍内及潮湿场所灯具防水等级应≥IP 55，安装高度应不影响车辆正常作业。

### 1.3.5.3　采暖及通风系统

①生活区内建筑物采暖设计按照《民用建筑供暖通风与空气调节设计规范》（GB 50736—2012）、《实用供热空调设计手册》（GB 50738—2011）执行。

②采暖外网的供、回水管与室内的供、回水管不能错接。管道敷设顺序为：面向采暖建筑方向右供左回。

③采暖管线分支有沟敷设处应设置检查井，支管线上必须设置阀门，主管线上支管线下游处应设置阀门，支管线应与主管线管顶连接。

④采暖管线在管段的最高点，应装设带有关闭阀门的排气阀和连接管，在最低点应设置排水关闭阀门和连接管。

⑤牧场其他辅助用房通风设备设计应符合表1-30规定。

**表1-30　牧场其他辅助用房通风设备设计**

| 序号 | 建筑名称 | 通风设备 | 序号 | 建筑名称 | 通风设备 |
|---|---|---|---|---|---|
| 1 | 筛分室 | 换气扇 | 4 | 堆粪棚 | 换气扇 |
| 2 | 发电机房 | 防爆风机 | 5 | 消毒更衣室 | 排风系统 |
| 3 | 室内集污池 | 换气扇 | 6 | 厨房 | 排烟系统 |

### 1.3.5.4　粪污系统

奶牛场粪污主要包括粪便、尿液、冲洗牛舍产生的污水及挤奶厅冲洗污水等。粪污系统组成：粪污源、收集系统、转运系统、粪污处理系统、还田系统。粪污源为牛舍内地面粪污和挤奶厅待挤区地面污水；收集系统主要有3种方式：机械推粪、刮粪板清粪、吸粪车清粪；转运系统主要有：集污渠、集污池、地埋粪污管线及泵组，当牛舍内使用吸粪车清粪时，不需设置集污渠、集污池及相关管线和泵组；粪污处理系统主要设备有挤压机、筛分器、粪污输送泵；还田系统为牧场通过车辆或者自动喷洒系统将三级上清液储存塘内的污水转移至周边青贮用地，用作青贮用地的灌溉水。

（1）一般性要求

①粪污处理区应独立于办公、生活、生产功能区，设在常年主导下风向或侧风向处及地势较低处。

②奶牛场粪污产生、收集、转运、处理、存储等各环节应实现雨水和污水分离。

③粪污经固液分离后，固体可制作有机肥或牛粪垫料，液体则可进行回用、储存或达标排放。

④粪污转移管线地埋时，必须沿直线设置，且埋设深度必须在冻土层下，该管线每隔60 m必须设置检查井。

⑤粪污处理后的液体进入上清液氧化塘，固体进入堆粪棚，经设备发酵或者自然堆肥后用作卧床垫料或有机肥原材料。

⑥粪污处理各类设施宜做保温、增温措施，满足低温天气条件下正常使用。

（2）工艺模式

粪污处理应遵循减量化、无害化和资源化的原则，粪污处理主要采用以下两种模式：冲养结合模式和达标排放模式。

对于周边配套土地充足的牧场，宜选择种养结合模式，粪污经无害化处理后作为肥料还田，应符合《粪便无害化卫生要求》（GB 7959—2012）和《畜禽粪便还田技术规范》（GB/T 25246—2010）的规定。

种养结合模式典型工艺流程如图1-35所示。

对于周边配套土地不足的牧场，宜选择达标排放模式。粪污经处理后作为灌溉水排入农田，应同时符合《农田灌溉水质标准》（GB 5084—2021）、《畜禽养殖业污染物排放标准》（GB 18596—2001）、《粪便无害化卫生要求》（GB 7959—2012）、《畜禽粪便还田技术规范》（GB/T 25246—2010）的规定。

### 1.3.5.5 道路系统

#### （1）出入口设置

①生产区宜设独立对外出入口，也可与行政生活区共用一个出入口。

②饲料区及上清液氧化塘均宜设独立对外出入口，当上清液氧化塘污水运输不经过饲料场时，上述区域可共用一个出入口。

③出入口的设置不得使饲料运输及粪污运输穿行生活区，也不宜穿行生产区。

④生活区主入口外应设停车场，严禁社会车辆进入场区。

#### （2）生产道路

①场区道路平面布置宜与建筑轴线平行，应符合消防、工艺流程等有关规定的要求，场区道路纵断面设计，应与场区竖向设计和场内建筑物及管线设计相协调。

②场区道路划分为主干道、次干道、支道和人行道。主干道为连接场区主要入口的道路，或全混合日粮（TMR）饲料车、奶罐车和污水运输车经过的道路；次干道为连接场区次要出入口的道路，或上述车辆无须经过的道路；支道为场区内车辆和行人都较少的道路，或消防道路等；人行道为行人通行的道路。场区道路宜采用混凝土路面，当条件所限时可采用砂石路面，不宜采用沥青混凝土路面。

③场区内道路至相邻建筑物的净间距见表1-31所列。

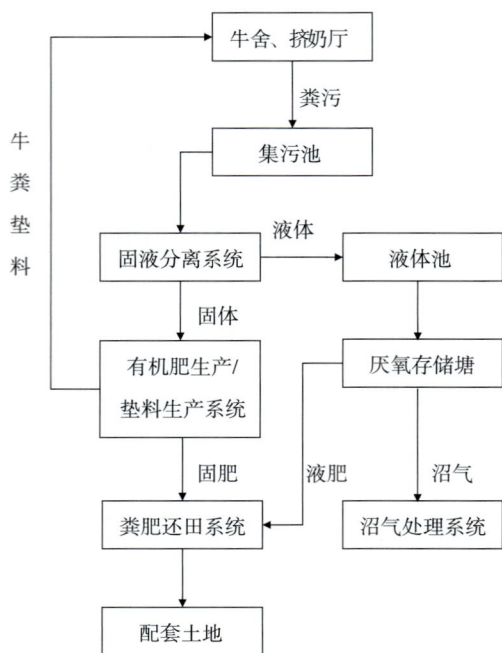

图1-35 种养结合模式典型工艺流程

表1-31 场区内道路至相邻建筑物的净间距

| 相邻建筑物名称 | | 最小净间距/m |
|---|---|---|
| 建筑物外墙 | 当建筑物面向道路一侧无出入口时 | 1.5 |
| | 当建筑物面向道路一侧有出入口但不通行汽车时 | 3.0 |
| | 当建筑物面向道路一侧有汽车出入口时 | 6.0 |
| 管线支架 | | 1.0 |
| 围墙 | | 1.0 |

④场区道路两侧种植乔木、灌木时，乔木至路面边缘的净间距≥1 m，灌木至路面边缘的净间距≥0.5 m。场区绿化不得遮挡行车视距。

⑤场区内道路的路面宽度、转弯半径和纵向坡度应符合表1-32。场区道路横向坡度可采用双向坡或单向坡，其坡度应符合下列要求：混凝土路面的横向坡度1.0%~2.0%；砂石路面的横向坡度2.5%~3.5%。

**表1-32　场区内道路的路面宽度、转弯半径和纵向坡度**

| 序号 | 道路类型 | 路面宽度/m | 转弯半径/m | 纵向坡度 |
| --- | --- | --- | --- | --- |
| 1 | 主干道 | 6~8 | ≥12 | 最大纵向坡度6% |
| 2 | 次干道 | 3.5~6 | ≥9 | 最大纵向坡度8% |
| 3 | 支道 | 3~4.5 | ≥6 | 最大纵向坡度9% |
| 4 | 人行道 | 1~1.5 | — | — |

⑥生产区内道路布置应满足牧场工艺流程的需要，设置环形道路且要避免出现断头路。

⑦饲料区道路布置要充分满足该区域运输频繁且车体较大等因素，宜在饲料区各建筑连接处设置大型硬化区域，以便于各种运输车辆转弯、回车，并由此连接青贮窖、精料库及干草库。

⑧场区道路上方在4 m范围内不得有跨路管线等任何障碍物。

⑨场区道路的路肩宽度宜采用1 m或1.5 m，当受到场地条件限制时，路肩宽度可采用0.5 m或0.75 m。

⑩当牛舍内无回车场地时，牛舍外两端应设≥15 m×15 m的回车场地。

⑪上清液储存塘周边宜布置环形车道，当条件所限只能布置断头路时，其道路端头应设回车场地，且该场地≥15 m×15 m。

⑫当置固定卸牛平台时，其平台前应设≥18 m×18 m的回车场地，场区道路路基排水应防、排、疏结合，并与路面排水、场区排水路基防护等其他处置措施相协调，形成完善的排水系统。

⑬路基排水沟具有下列情况之一者，应采取防渗或防冲的加固措施：位于松软土层；流速较大引起冲刷；位于黄土地区且纵坡较大，有集中水流进入。当上述情况发生时，应采取防渗或防冲的加固措施，如铺草皮、砌石、砌砖、铺水泥混凝土预制块等。

⑭场区道路下排水涵管的进出口处应铺砌加固。

**（3）消防车路**

①牧场内的消防车道可与生产用车道共用，但应满足消防车道的要求。

②牧场宜设置场区环形消防车道，且场区内应设两个可供消防车进出的出入口。环形消防车道至少应有两处与其他道路连通，断头式消防车道应设置回车道或回车场，回车场的面积≥15 m×15 m；供重型消防车使用时，≥18 m×18 m。

③饲料区宜设环形消防车道，确有困难时，应沿饲料库的一个长边设置消防车道，且应设两个可供消防车进出的出入口。

④供消防车取水的天然水源和消防水池应设置消防车道，且消防车道的边缘距离取水点≤2 m。

⑤消防车道的净宽度和净空高度均≥4 m。转弯半径应满足消防车转弯的要求且≥6 m。

消防车道的坡度≤8%。

⑥消防车道与建筑之间不应设置妨碍消防车操作的树木、架空管线等障碍物。

⑦消防车道靠建筑外墙一侧的边缘距离建筑外墙≥5 m。消防车道的边缘距离可燃材料堆垛≥5 m。

（4）消毒池

进入牧场生产区的所有道路入口处均应设置消毒池。

消毒池应符合下列要求：消毒池长度应大于进出生产区大型车辆轮胎的周长，且≥5 m；消毒池的宽度应大于进出生产区大型车辆的轮距，且≥3 m；消毒池的深度≥0.3 m；消毒池应做防水处理。

（5）地磅

地磅房应设置在称重车辆主要行驶方向的右侧，汽车进出地磅前后弯道路面内边缘转弯半径≥12 m，在困难条件下≥9 m；进出地磅的前后路段应为平坡，困难条件下≤3%。

### 1.3.5.6 绿化系统

①场区绿化应根据当地的自然条件，种植适应当地土壤、自然环境生长的树种、草皮、花卉。

②场区绿化应处理好与道路照明、交通设施、地上线杆、地下管线等的关系。

③场区绿化要乔木、灌木、草坪相结合，使绿化更有层次感。

④自然通风牛舍，在长轴方向两侧20 m范围内不得种植乔木，特别是高大乔木，以免影响牛舍的自然通风。

⑤自然通风牛舍，在长轴方向两侧种植灌木时，其高度不得超出通风窗下沿0.2 m。

⑥场区内严禁种植各类有毒植物和带有毛絮的树种。

## 本章小结

本章首先从奶牛场选址入手，详细介绍了奶牛场各功能区域的布局，并依次介绍了生产区中各建筑单体的设计方案与建造工艺。此外，还针对生产中常见的机械设备进行了介绍，为牧场的运营打下基础。最后，针对牧场所必需的辅助系统进行介绍，更加全面地帮助读者理解整个牧场的基础运营方式。

## 思考题

1. 奶牛场选址的关键是什么？
2. 奶牛场中必要设施的工艺参数有哪些？
3. 奶牛场消防的注意事项有哪些？

优秀的育种工作是奶牛场未来生产力的保障。本章主要讲述奶牛育种数据记录、分析评价、繁育计划等，结合国内外实际生产经验，以期改善牛群整体生产水平。

## 2.1 评估清单及关键数据参数

关于育种评估的重要参数见表2-1所列。

**表2-1 关于育种评估的重要参数**

| 评估项目 | 评估内容 | 推荐范围及参数 |
|---|---|---|
| 现场数据 | 是否佩戴耳牌 | 佩戴耳牌，耳号符合12位编号规则 |
| | 生产事件记录是否完整清晰 | 包后出生、配种、妊检、产犊、干奶、疾病、离群等资料的记录，日期和信息完整，字迹清晰 |
| | 体尺体重 | 定期开展，设备误差率≤5%，测量误差≤5% |
| | 体况评分 | 每次评定时最好≥2名技术人员进行评分，评分时间间隔≤30 d |
| | 体型鉴定 | 鉴定头胎牛产后30~180 d的母牛，涵盖20个线性评分和23个缺陷性状；各性状理想分取值：<br>体高：147 cm，得8分；胸宽：≥37 cm，得9分；体深：45:55，得7分；腰强度：极强，得9分；尻角度：4 cm，得5分；尻宽：≥26 cm，得9分；蹄角度：55°，得7分；蹄踵深度：≥4.5 cm，得9分；骨质地：极宽、扁平、细致，得9分；后肢侧视：145°，得5分；后肢后视：后肢平行，得9分；乳房深度：10 cm，得5分；中央悬韧带：≥7 cm，得9分；前乳房附着：极强，得9分；前乳头位置：中间偏内，得6分；前乳头长度：5 cm，得5分；后乳房附着高度：≤16 cm，得9分；后乳房附着宽度：≥20 cm，得9分；后乳头位置：中间偏内，得6分；棱角性：极明显，得9分 |
| 育种规划 | 育种计划 | 有针对牧场牛群育种目标的计划方案 |
| | 选配计划 | 有个体或分群选配方案，所选公牛与育种计划的一致性 |
| 牧场评价 | 系谱准确追溯率 | 三代系谱信息记录完整，追溯准确 |
| | 近交风险可控度 | 避免近交风险，近交系数<6.25%；若存在近交风险，则提供禁配明细 |
| | 生产性能记录 | 连续展开6个月以上，且测定规范 |
| | 体型鉴定覆盖率 | 所有成母牛全部鉴定 |
| | 选配方案精准度 | 使用公牛符合育种目标及改良方向 |
| | 选配方案执行度 | 方案合理，严格执行 |

## 2.2　评估思路与分析维度

育种不仅仅是牧场的一项基础性工作，也逐渐转变成一个可以进行过程管理的事件。育种对于牧场来讲是亟须长期开展的重要工作，牧场同育种团队坚信并坚持高水准实施品种登记、性能测定、遗传评定、精准选配等奶牛群体遗传改良工作，监督过程管理，保障群体改良效果。在以往的工作中，由于育种周期比较长，缺乏过程管理指标，通过"六个百分百"育种服务与遗传审计KPI标准体系可以规避相应风险，对过程管理实施量化，降低工作的失误率，阶段展示工作成效。

### 2.2.1　评估思路

通过牧场生产数据的整理和分析，分析牧场实际生产水平和育种潜力，找到相关缺陷和改良方向，以提高牧场整体牛群的生产潜能，为牧场不断带来经济收益。

### 2.2.2　分析维度

针对牛群生产事件记录和育种数据分析，对奶牛个体系谱记录准确性、近交风险可控度、生产性能完整性、体型外貌鉴定率、选配方案实施度和改良方向准确度逐一量化分解。

育种评估分析维度主要包括3个方面：生产数据的评估（客观存在）、表型数据采集评估（鉴定员）、实际奶牛性能表现（奶牛角度）。

例如，完整、准确、可追溯的品种登记记录是奶牛遗传改良的基础，是有效降低近交风险、实施遗传评估的基础。若牧场牛群父亲系谱追溯率为70%，外祖父系谱追溯率为50%，则无法有效规避可能存在的近交风险，遗传评估数据的可靠性大打折扣。

体型外貌是全球最重要的奶牛改良性状，良好的体型是奶牛实现高产、长寿重要的保障。奶牛体尺测量、体况评分、体型鉴定等数据采集至关重要，可以科学准确地评估牧场遗传缺陷和生产管理反映的实际问题。

牧场是否真正能实现经济效益，唯一的评价者只有奶牛个体。不同个体在固有气候、环境、管理等模式下，将会表现高低不同的生产能力和潜力，因此牧场需要挖掘符合本土化养殖特点的最佳种源群体，并在数据中寻找真正答案。

## 2.3　评估内容与方法

### 2.3.1　育种数据测定及记录评估

有效的个体记录是开展育种工作的基础，规模化牧场只有对每头奶牛在各生产环节的性能或表现进行完整详细的记录，才能有机会全面深入地认识牛群当前的遗传水平、确定牛群的改良方向，进而由专业的育种人员制订适合牛群的育种计划，最终落实为最优的选种选配方案。此外，详尽的个体记录也可以用于牛群的精细化管理，以提高牧场的生产水平。本节将从牧场的育种资料记录和育种数据现场监测等方面对规模化牧场育种数据测定和记录的完整性和准确性进行评估。

#### 2.3.1.1　育种资料记录评价

从出生至淘汰的整个过程中，每头奶牛会在场内产生大量的个体记录，我们将这些个体记录统称为生产事件，如出生事件、配种事件、产犊事件和离群事件等。这些生产事件除了可以用于牧场的管理考核外，还可以形成各类重要的育种资料。此外，对场内的每头奶牛进行规范的标识和编号是开展上述工作的前提。因此，本节将从个体标识系统和生产事件记录两个方面对规模化奶牛场育种资料的记录情况进行评估，建议评估项目见表2-2所列。

**表2-2 育种资料记录和测定评估表**（满分100分）

| 项目名称 | 评估内容 | 权重 |
|---|---|---|
| 个体标识系统 | 场内牛只编号规则的规范性、编号规则的实施情况、牛只耳标佩戴情况、场内编号记录情况等 | 40% |
| 生产事件记录 | 出生事件、配种事件、妊检事件、产犊事件、干奶事件、离群事件等必记生产事件的完整性和准确性，以及犊牛被动免疫、后备牛转群称重、初乳测定等可选事件的记录情况、完整性和准确性 | 60% |
| 综合评分=个体标识系统得分×权重+生产事件记录得分×权重 | | |

注：①综合评分<60：牧场尚未建立规范的个体标识系统，对主要的生产事件没有进行有效的记录；牧场此项评估不合格，建议牧场根据评估结果规范个体示识，对重要的生产事件进行记录，加强育种资料的管理。

②60≤综合评分<80：牧场具有规范的个体标识系统，对少量生产事件进行了记录；但数据记录的质量差，生产事件记录不够完整；牧场此项评估合格，仍需大幅改进，建议牧场根据评估结果对育种资料记录的完整性和准确性进行针对性提高。

③综合评分≥80：牧场具有规范的个体标识系统，并能严格按照规则进行编号和记录；对大多数生产事件进行了记录，但在数据记录的准确性、完整性等方面表现稍差；牧场此项评估优秀，还可以进行优化，建议牧场通过加强数据记录的细节管理，进一步提高数据的完整性和准确性，尽可能利用所记录的数据开展牧场的育种工作。

**（1）个体标识系统**

个体标识系统是奶牛场进行牛只个体管理和育种资料记录的基础，在规模化奶牛场，应在每头奶牛佩戴的耳标或电子标记及牛只档案等数据资料中有所体现。完整的牛只编号由12个字符组成，分为4个部分（图2-1）：①全国各省（自治区、直辖市）编号（2个数码组成）；②牛场编号（4个字符，由数字或数字和字母混合组成）；③牛只出生年度的后两位数（2个数码组成）；④年内牛只出生的顺序号（4个数码组成，不足4个数时顺序号前方以0补齐）。其中，③和④构成每头奶牛的场内编号。

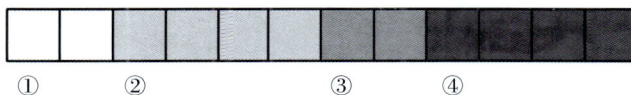

**图2-1 完整的牛只编号示意图**

除场内自繁的奶牛外，对于经繁育活动而引入牛群的公牛，牧场也应按照相应的标识系统在数据资料中对其进行标识记录。我国培育的种公牛，其标准编号由8个数码组成，分为3个部分（图2-2）：①公牛站代号（3个数码组成）；②出生年份（2个数码组成）；③年内顺序号（3个数码组成）。其他国家培育的种公牛，牧场应按照种牛国际注册编号进行记录，国际注册编号由14个字符组成，分为4个部分（图2-3）：①品种代号（2个字母组成）；②注册国家代号（3个字母组成）；③性别（1个字母组成）；④注册编号（8个数码组成）。

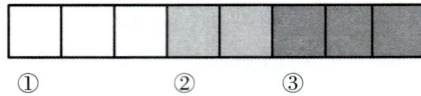

图2-2　国产种公牛标准编号示意图

图2-3　种牛国际注册编号示意图

在牧场进行牛群繁育工作中，应通过所用细管冻精的冻精编号正确对公牛进行标识。国产细管冻精的冻精编号由16个字符组成，分为4个部分（图2-4）：①公牛站代号（3个数码组成）；②品种代号（2个字母组成）；③冻精生产日期（6个数码组成）；④公牛号（5个数码组成）。进口细管冻精应按相应育种公司的标识规则，在数据资料中进行记录，如先马士公司进口的细管冻精编号由5个部分组成：①国际注册编号；②公牛名；③公牛站代号（如can071）；④冻精生产批次日期（如120120，即2012年1月20日）；⑤冻精编号（如0200hO02537，0200为公牛站编码，hO为品种代号，后5位数字为公牛站内编号）。

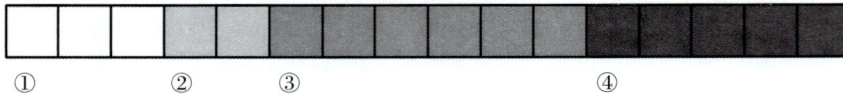

图2-4　国产细管冻精编号示意图

开展牧场评估时，应采取现场抽查和资料查询的方式，对被评估牧场的场内牛只编号原则、牛群耳标佩戴情况、牛号记录情况等进行评价，奶牛场个体标识系统评估见表2-3所列。

表2-3　奶牛场个体标识系统评估（满分100分）

| 项目 | 评估内容 | 分值 | 评估标准 |
| --- | --- | --- | --- |
| 场内编号原则 | 通过询问，了解并记录场内编号原则，判断场内编号原则是否符合唯一性要求，判断并记录在多长时间内不会出现重复 | 15 | 场内编号为标准6位数字组成，得15分；<br>场内编号不标准，但能做到场内不重复，得5分；<br>否则不得分 |
| 牧场编号 | 询问牧场管理人员和资料员各一名，了解其是否熟知本场的牧场编号，并做记录 | 20 | 管理人员和资料员均熟知牛场编号，得20分；<br>管理人员或资料员中一人熟知牛场编号，得10分；<br>管理人员和资料员均不熟知牛场编号，不得分 |
| 耳标佩戴 | 现场随机抽查50头奶牛，统计耳标残缺牛只数目 | 15 | 无耳标残缺牛只，得满分；<br>耳标残缺牛只1~2头，得10分；<br>耳标残缺牛只3~5头，得5分；<br>耳标残缺牛只>5头，不得分 |
| 场内编号原则实施 | 现场记录10头奶牛的场内编号，判断是否遵守前述编号原则 | 20 | 所有牛只符合编号原则，得满分；<br>不符合编号原则牛只1头，得15分；<br>不符合编号原则牛只2头，得10分；<br>不符合编号原则牛只3头，得5分；<br>不符合编号原则牛只>3头，不得分 |
| 场内编号记录 | 查询前述记录的10头奶牛在纸版或电子数据库中的记录情况 | 30 | 全部查到且牛号记录一致，得满分；<br>发现无记录或牛号记录不一致牛只1头，得20分；<br>发现无记录或牛号记录不一致牛只2~3头，得10分；<br>发现无记录或牛号记录不一致牛只>3头，不得分 |

（2）生产事件记录

规模化奶牛场应结合人工及专门化信息管理系统，对每头奶牛从出生至淘汰整个生命中的重要生产环节进行记录，为牧场的群体遗传改良提供有效的育种资料。对各生产事件记录进行评估时，同一生产事件如有多份记录，应对记录最全面的版本进行评估。评估人员应结合纸版记录和软件电子记录，对各生产事件记录的完整性、有效性进行客观评价，规模化奶牛场各生产事件记录评估见表2-4所列。被评估牧场同时拥有纸版记录和软件电子记录时，每项生产事件随机抽查10条记录，检查两套记录系统是否一致。对于纸版记录系统，应检查资料存档收纳工作；对于软件电子记录系统，应检查数据定期备份情况。

表2-4 规模化奶牛场各生产事件记录评估（满分100分）

| 类别 | 生产事件 | 应记录项目 | 附加项 | 分值 | 评价标准 |
|---|---|---|---|---|---|
| 必记项（共90分） | 出生记录 | 出生日期（年月日）、牛号、母亲号、性别、是否多胎 | 出生重、出生时间等 | 15 | 应记项完整，出生日期和牛号记录无省略，字迹清晰可辨，不扣分；牛号或出生日期缺失，扣10分；母亲号、性别和是否多胎缺失，酌情扣5~10分；附加项每项加1分（本项不重复扣分） |
| | 配种记录 | 配种日期（年月日）、牛号、胎次、与配公牛号、配种员、配种次数、品种、配种时间 | 输精角、发情日期、发情时间等 | 15 | 应记项完整，配种日期、牛号和公牛号无省略，字迹清晰可辨，不扣分；配种日期或牛号缺失，扣10分；胎次、与配公牛号、配种员、配种次数、品种和配种时间缺失，酌情扣3~12分；附加项每项加1分（本项不重复扣分） |
| | 妊检记录 | 妊检日期（年月日）、牛号、妊检结果 | 妊检员、妊检方法等 | 10 | 应记项完整，妊检日期和牛号无省略，妊检结果明确，字迹清晰可辨，不扣分；应记项每缺1项，扣5分；附加项每项加1分 |
| | 产犊记录 | 产犊日期（年月日）、牛号、胎次、犊牛号、产犊难易 | 接产员等 | 15 | 应记项完整，产犊日期、牛号和犊牛号无省略，字迹清晰可辨，不扣分；产犊日期或牛号缺失，扣10分；胎次、犊牛号和产犊难易缺失，酌情扣3~12分；附加项每项加1分（本项不重复扣分） |
| | 干奶记录 | 干奶日期（年月日）、牛号、胎次 | 干奶时乳房健康状况、干奶时肢蹄健康状况和干奶时体况评分等 | 10 | 应记项完整，干奶日期和牛号记录无省略，字迹清晰可辨，不扣分；干奶日期或牛号缺失，扣10分；胎次缺失，扣5分；附加项每项加1分（本项不重复扣分） |
| | 疾病记录 | 发病日期（年月日）、牛号、胎次、疾病名称、疾病情况 | 兽医、处理信息 | 15 | 应记项完整，发病日期和牛号记录无省略，疾病名称明确，字迹清晰可辨，不扣分；发病日期或牛号缺失，扣10分；疾病名称和疾病情况记录不明确，酌情扣5~10分；附加项每项加1分（本项不重复扣分） |
| | 离群记录 | 离群日期（年月日）、牛号、离群原因、离群胎次 | 离群去向等 | 10 | 应记项完整，离群日期和牛号无省略，离群原因明确，字迹清晰可辨，不扣分；离群日期或牛号缺失，扣10分；离群原因或离群胎次缺失，扣5分；附加项每项加1分（本项不重复扣分） |

（续）

| 类别 | 生产事件 | 应记录项目 | 附加项 | 分值 | 评价标准 |
|---|---|---|---|---|---|
| 数据管理（10分）（电子记录或纸版记录选评一项） | 电子记录 | 检查数据定期备份情况 | — | 10 | 有定期备份，历史数据均可查，得10分；否则，酌情扣分 |
| | 纸版记录 | 检查资料存放环境、收纳整齐度 | — | 10 | 资料存放环境干燥，存放整齐，得10分；否则，酌情扣分 |
| 可选项（每项加5分） | 后备牛称重记录 | 称重日期（年月日）、牛号、体重 | 称重人员等 | 5 | 应记项完整，检测日期和牛号记录无省略，字迹清晰可辨，得5分；体重缺失，不得分；其他必记项缺失，酌情评2~3分 |
| | 犊牛被动免疫检测记录 | 检测日期（年月日）、牛号、血清总蛋白含量 | 初乳灌服量、初乳来源母牛号、初乳质量等 | 5 | 应记项完整，检测日期和牛号记录无省略，字迹清晰可辨，得5分；血清总蛋白检测值缺失，不得分；其他必记项缺失，酌情评2~3分 |
| | 初乳记录 | 牛号、初乳质量、初乳产量 | 挤初乳时间等 | 5 | 应记项完整，牛号无省略，字迹清晰可辨，得5分；初乳质量或产量缺失，得2分；其他必记项缺失，酌情评2~3分 |
| | 其他牛只生产事件 | 牛号、事件内容等 | — | 5 | 评估人员根据牧场记录的牛只生产事件内容及记录情况，酌情评分，合情合理即可 |

#### 2.3.1.2　现场育种数据监测评估

在规模化奶牛场，除了应记录生产过程中主动产生的各项事件信息外，还有必要对牛只各阶段的体尺和体重、体况评分、体型外貌等外部表现进行现场监测和记录，这些资料是开展牛群遗传改良和选种选配工作重要的数据，同时也可以用于牧场的考核管理。对牧场的育种资料进行评估时，也应对被评估牧场现场育种数据进行监测和评估，评估项目见表2-5所列。

表2-5　现场育种数据监测评估（满分100分）

| 项目名称 | 评估内容 | 权重 |
|---|---|---|
| 体尺和体重测量及应用 | 牧场的测量设备、测量的准确性和数据的应用情况 | 30% |
| 体况评分及应用 | 牧场的评分人员、评分准确性、评分频率和评分应用情况 | 30% |
| 体型外貌鉴定 | 牛群主要有待改进的体型性状情况 | 40% |
| 综合评分=体尺和体重测量及应用×权重+体况评分及应用×权重+体型外貌鉴定×权重 | | |

注：①综合评分<60：被评估牧场缺乏进行现场育种数据监测的人员和设备；尚未建立起定期对牛群进行体尺体重、体况评分和体型外貌监测的工作体系；牛群有待改进的体型性状较多；牧场此项评估不合格，需大幅提高，建议牧场根据评估结果，增加育种现场监测的人员和设备，定期对牛群进行体尺体重、体况评分和体型外貌进行监测。

②60≤综合评分≤80：被评估牧场具有进行现场育种数据监测的人员和设备；但现场育种数据监测的准确性较差，监测频率较低；牛群中存在少数有待改进的体型性状；牧场此项评估合格，但仍具有较大的提升空间，建议牧场根据评估结果，有针对性地加强现场监测的准确性和监测频率等。

③综合评分>80：被评估牧场具有完善的现场育种数据监测体系，并能定期、规范地开展相关工作；牛群中几乎无有待改进的体型性状；但现场监测的育种数据在生产实践中的应用情况较差；牧场此项评估优秀，建议牧场根据评估结果，完善有关指标，重点加强对现场监测结果的应用情况。

（1）体尺和体重测量及应用

在奶牛出生、断奶、6月龄、初配前和成年后分别测量牛只的体尺和体重，可以判断奶牛的生长发育和营养状况等。体尺是牛体各部位的长、宽、高和围度等数量化的指标，常用的体尺性状有十字部高、体斜长、胸围和管围等。奶牛体尺测量的器具主要有测杖、卷尺和电子秤等；不便称重时，可借助体尺测量值估算牛只体重。进行牧场评估时，应从牧场是否具有体尺和体重的测量设备、测量的准确性和测量数据应用生产情况进行评估，评估项目见表2-6所列。

**表2-6　体尺和体重测量及应用评估**（满分100分）

| 项目 | 分值 | 评估内容 | 评估标准 |
| --- | --- | --- | --- |
| 测量工具[a] | 30 | 检查牧场是否具有用于体尺和体重测量的设备（测杖、卷尺和电子秤），并评估设备的准确性 | 牧场具有体尺和体重测量所需的所有设备，且设备误差[b]均≤5%；测量设备不能缺失；测量设备误差需要≤5%；测量设备不能损坏，可以正常使用 |
| 测定人员测量准确性 | 30 | 随机选择10头牛，场内技术人员和评估人员分别进行测量后，检查测量结果 | 测量误差[c]≤5% |
| 测量数据应用情况 | 40 | 体尺和体重数据应用于：①犊牛生产管理；②育成牛生长发育管理；③青年母牛配种管理；④干奶期饲养管理 | 评估过程中，应详细记录每项应用的应用情况 |

注：a.同类设备以质量最好的为准；b.设备误差=$\dfrac{|测量值-标准值|}{标准值}$；c.测量误差=$\dfrac{|技术人员测量值-评估人测量值|}{评估人测量值}$。

（2）体况评分及应用

体况评分是衡量奶牛体脂含量和能量代谢情况的指标。体况评分不仅可以用于评价牛群的饲养管理水平，同时在部分发达国家的奶牛选育体系中，体况评分也是一个重要的选育性状。进行牧场评估时，应对牧场的评分技术人员、评分频率和评分结果的应用情况等进行评估，评估项目见表2-7所列。

**表2-7　体况评分及应用评估**（满分100分）

| 项目 | 分值 | 评估内容 | 评估标准 |
| --- | --- | --- | --- |
| 技术人员 | 20 | 检查牧场能熟练进行体况评分的技术人员数量 | 评分技术人员≥2人，得20分；评分技术人员仅1人，得10分；无评分技术人员，不得分 |
| 体况评分准确性 | 30 | 随机选择10头母牛，场内技术人员和评估人分别进行评分后，检查评分结果 | 评分差的绝对值<0.5分，每头牛得3分 |
| 体况评分频率 | 20 | 检查牧场对每头母牛进行体况评分的频率 | 评分间隔≤30 d，得20分；30 d<评分间隔≤60 d，得10分；评分间隔>60 d，不得分 |
| 生产应用 | 30 | 体况评分结果应用于：①调整饲料配比；②调群管理；③后备牛饲养管理；④泌乳牛饲养管理；⑤干奶牛和围产牛饲养管理 | 每项应用，得6分；评估人员了解并记录每项应用的应用情况，酌情根据应用情况对每项应用评分 |

### （3）体型外貌鉴定

体型外貌鉴定是奶牛群体遗传改良计划的重要组成部分，具体参考《中国荷斯坦牛体型鉴定技术规程》（GB/T 35568—2017）。通过定期对牛群进行体型外貌鉴定，牧场能够发现当前牛群体型在功能性和生理性方面存在的不足，通过制订更合理的选种选配计划，可以优化牛群的体型外貌，减少体型外貌问题对牛群效益的影响。

中国荷斯坦牛体型性状线性评分应按照表2-8执行。

**表2-8　中国荷斯坦牛体型性状线性评分**

| 部位 | 体型性状 | 线性评分 | | | | | | | | |
|---|---|---|---|---|---|---|---|---|---|---|
| | | 1 | 2 | 3 | 4 | 5 | 6 | 7 | 8 | 9 |
| 体躯容量 | 体高/cm | ≤130 | 132 | 135 | 137 | 140 | 142 | 145 | 147 | ≥150 |
| | 胸宽/cm | ≤10 | 13 | 16 | 19 | 22 | 25 | 28 | 31 | ≥34 |
| | 体深 | 60:40 | — | 55:45 | — | 50:50 | — | 45:55 | — | 40:60 |
| | 腰强度 | 极弱 | — | 弱 | — | 中等 | — | 强 | — | 极强 |
| 尻部 | 尻角度/cm | ≤-4 | -2 | 0 | 2 | 4 | 5.5 | 7 | 8.5 | ≥10 |
| | 尻宽/cm | ≤10 | 12 | 14 | 16 | 18 | 20 | 22 | 24 | ≥26 |
| 肢蹄 | 蹄角度/° | ≤20 | 30 | 35 | 40 | 45 | 50 | 55 | 60 | ≥70 |
| | 蹄踵深度/cm | ≤0.5 | 1 | 1.5 | 2 | 2.5 | 3 | 3.5 | 4 | ≥4.5 |
| | 骨质地 | 极粗、圆、疏松 | — | — | — | 中等 | — | — | — | 极宽、扁平、细致 |
| | 后肢侧视/° | ≥165 | 160 | 155 | 150 | 145 | 140 | 135 | 130 | ≤125 |
| | 后肢后视 | 飞节内向后肢X状 | — | — | — | 中等 | — | — | — | 飞节间宽后肢平行 |
| 泌乳系统 | 乳房深度/cm | ≤-1 | 0 | 4 | 7 | 10 | 12 | 14 | 16 | ≥18 |
| | 中央悬韧带/cm | ≤0 | 0.5 | 1.5 | 2 | 3 | 4 | 5 | 6 | ≥7 |
| | 前乳房附着 | 极弱 | — | 弱 | — | 中等 | — | 强 | — | 极强 |
| | 前乳头位置 | 极外 | — | 偏外 | — | 中间 | — | 偏内 | — | 极内 |
| | 前乳头长度/cm | ≤2 | 3 | 3.5 | 4 | 5 | 6 | 7 | 8.5 | ≥10 |
| | 后乳房附着高度/cm | ≥32 | 30 | 28 | 26 | 24 | 22 | 20 | 18 | ≤16 |
| | 后乳房附着宽度/cm | ≤8 | 9.5 | 11 | 12.5 | 14 | 15.5 | 17 | 18.5 | ≥20 |
| | 后乳头位置 | 极外 | — | 偏外 | — | 中间 | — | 偏内 | — | 极内 |
| 乳用特征 | 棱角性 | 极差 | — | 差 | — | 中等 | — | 明显 | — | 极明显 |

进行牧场评估时，评估人员应观察并记录牛群中有待改进的体型性状，评估项目见表2-9所列。

表2-9　体型性状评估（满分100分）

| 体型性状 | 评估内容¹ | 评分方法参考图 |
|---|---|---|
| 体高 | 记录体高线性评分为1~4分的母牛头数 | <br>A. 测量部位后视　　B. 测量部位俯视 |
| 胸宽 | 记录胸宽线性评分为1~2分的母牛头数 | <br>A. 极窄评1分　　B. 极宽评9分 |
| 腰强度 | 记录胸宽线性评分为1~4分的母牛头数 | <br>A. 极弱评1分　　B. 极强评9分 |
| 尻宽 | 记录尻宽线性评分为1~4分的母牛头数 | <br>A. 极窄评1分　　B. 极宽评9分 |
| 尻角度 | 记录尻角度线性评分为1~3分和8~9分的母牛头数 | <br>A. 逆斜评1分　　B. 极斜评9分 |
| 蹄角度 | 记录蹄角度线性评分为1~3分的母牛头数 | <br>A. 极低评1分　　B. 极陡评9分 |

（续）

| 体型性状 | 评估内容[a] | 评分方法参考图 |
|---|---|---|
| 后肢侧视 | 记录后肢侧视线性评分为1~2分和8~9分的母牛头数 | <br>A. 极直评1分　　B. 极曲评9分 |
| 后肢后视 | 记录后肢侧视线性评分为1~4分的母牛头数 | <br>A. 极X型1分　　B. 极平行9分 |
| 乳房深度 | 记录乳房深度线性评分为1~2分和8~9分的母牛头数 | <br>A. 极深评1分　　B. 极浅评9分 |
| 中央悬韧带 | 记录中央悬韧带线性评分为1~4分的母牛头数 | <br>A. 极弱评1分　　B. 极强评9分 |
| 前乳房附着 | 记录前乳房附着线性评分为1~4分的母牛头数 | <br>A. 极弱评1分　　B. 极强评9分 |
| 后乳房附着高度 | 记录后乳房附着高度线性评分为1~4分的母牛头数 | <br>A. 极低评1分　　B. 极高评9分 |

（续）

| 体型性状 | 评估内容[a] | 评分方法参考图 |
|---|---|---|
| 后乳房附着宽度 | 记录后乳房附着宽度线性评分为1~4分的母牛头数 | <br>A. 极窄评1分　　B. 极宽评9分 |
| 后乳头位置 | 记录后乳头位置线性评分为1~2分的母牛头数 | <br>A. 极向侧评1分　　B. 极内侧评9分 |

注：a. 各体型性状得分 = $\dfrac{30-\text{评估内容中记录的母牛头数}}{30} \times 10$，每一项体型性状得分最高为10分。每项体型性状，随机评定30头泌乳天数30~180 d的健康母牛。

### 2.3.2　繁育计划及相关指标评价

建立奶牛繁育体系的组织体系框架、技术体系框架和奶牛繁育体系运转机制，对加快奶牛遗传改良进程、提高牛群的遗传水平和生产水平具有显著的推动作用。为加快牧场群体遗传改良效率，进行牧场评估时，应对被评估牧场的繁育计划进行评估，评估项目见表2-10所列。

表2-10　繁育计划评估（满分100分）

| 项目名称 | 评估内容 | 权重 |
|---|---|---|
| 育种计划 | 牧场育种计划的制订、更新，育种目标的确立，牛群遗传评估，牧场育种计划实施情况总结 | 40% |
| 选配计划 | 个体选配方案的制订、更新和执行情况，所选公牛与育种计划的一致性，公牛信息存留情况 | 60% |

综合评分=育种计划得分×权重+选配计划得分×权重

注：①综合评分<60：被评估牧场无健全的育种计划；选配计划不合理、执行力不足、更新不及时；牧场此项评估不合格，牧场需大幅改进，建议牧场建立牛群的育种计划，完善选配计划。

②60≤综合评分≤80：被评估牧场有育种计划，但内容不够完善、合理；选配计划基本合理，执行力有待提高，有配种现场记录，种公牛与育种目标有偏离，种公牛信息存留较为完整；牧场此项评估合格，建议牧场根据评估结果，加强育种计划和选配计划的细节管理。

③综合评分>80：被评估牧场有规范、合理的育种计划；选配计划合理，执行力强，能够进行定期的总结分析，种公牛信息留存完整；牧场此项评估优秀，建议牧场按照评估结果，进一步优化育种计划，使育种计划更适合牛群当前的水平。

### 2.3.2.1 育种计划

只有重视提高牛群的遗传水平，规模化奶牛场才能从遗传水平提高群体的生产性能、延长利用年限。如要对牛群进行遗传改良，必须制订科学、健全的育种计划，并严格按照育种计划选用最适合牛群的冻精产品。科学的育种计划需要遵循遗传规律，结合牛群当前的性能水平，制订牛群阶段性的改良目标，并最终落实为合理的选种选配方案。因此，对牧场的育种计划进行评估十分必要，评估项目见表2-11所列。

**表2-11 育种计划评估**（满分100分）

| 项目 | 评估内容 | 分值 | 评估标准 |
|---|---|---|---|
| 制订育种计划 | 牧场是否有明确的育种方案、科学的群体遗传分析、合理的个体选配等 | 20 | 有详细规范的育种计划（20分） |
| 育种目标 | 询问牧场是否有明确的育种目标，如优质、高产、健康、长寿等 | 10 | 有明确、合理的育种目标（10分）；育种目标宽泛（5分）（二选一，该项总得分不累加） |
| 育种计划更新频率 | 牧场是否根据牛群性能的变化情况，定期修改或重新制订育种计划 | 10 | 一年一次（10分）；两年一次（8分）；三年一次（6分）；五年一次（4分）；建场以来只有一次（2分）（五选一，该项总得分不累加） |
| 利用牛群基础数据确定改良方向 | 基于母牛群的性能数据（如生产性状、体型性状、健康性状和繁殖性状等），通过分析确定遗传改良方向 | 20 | 是否进行表型数据分析（6分）；是否进行遗传评估（6分）；是否有明确的牛群遗传改良方向（8分）（该项总得分可累加） |
| 确定牧场选择指数并对牛群进行排序 | 询问牧场是否有牧场指数及指数内容，是否根据牧场指数计算牛只综合育种指数 | 20 | 是否根据牧场的育种目标制订场内综合育种指数（10分）；是否根据牛群排序结果确定核心群、生产群和淘汰群（满分10分）（该项总得分可累加） |
| 育种计划总结 | 总结育种计划的实施情况，评价育种目标的实现程度，监督和检查牧场对个体选配计划的执行情况 | 20 | 对育种目标实现程度的总结（10分）；牧场对个体选配计划执行情况的监督检查（10分）（该项总得分可累加，可酌情评分） |

### 2.3.2.2 选配计划

加强奶牛场的选种选配是落实育种计划的重要步骤，科学的选配计划可以使牛群的遗传水平提高。选配计划的严格执行和及时更新是评价牧场繁育工作的重要指标。进行牧场评估时，应从个体选配、执行情况、更新频率和种公牛的选择等方面评估选配计划，评估项目见表2-12所列。

## 2.3.3 育种数据分析评价

在以往的工作中，由于育种周期比较长，缺乏过程管理指标，现如今在育种服务过程中，逐步推行"六个百分百"育种服务与遗传审计KPI标准体系（表2-13），可以对过程管理实施量化，实施标准化服务考核，降低工作的失误率，保障群体改良的效果。

**表2-12　选配计划和种公牛相关信息评估**（满分100分）

| 选配计划（三年内的选配计划留存）（满分60分） | | | |
|---|---|---|---|
| 个体选配 | 评估内容 | 分值 | 评估标准 |
| 执行力 | 选种选配时，是否控制近交、考虑公牛的遗传缺陷和极端不足性状等，是否根据与配母牛的性能水平进行优质选配 | 20 | 近交系数控制在6.25以内（5分）；是否考虑公牛携带遗传缺陷（5分）；查看每头公牛的信息，是否个别性状存在显著不足（5分）；通过科学合理的选种选配计算最佳组合，最大程度发挥公牛和母牛的遗传潜力（5分）（该项总得分可累加） |
| 选配计划更新频率 | 随机抽查40头参配母牛的配种记录，核对配种记录与选配计划的匹配度 | 10 | ≤1头不匹配（10分）；2~4头不匹配（8分）；5~1C头不匹配（5分）；11~16头不匹配（5分）；>16头（0分）（该项得分不累加） |
| 配种现场记录 | 选配计划是否按规定时间进行更新 | 10 | 2~3月更新一次（20分）；半年以上更新一次（10分）；超过一年以上未进行更新（0分）（该项得分不累加） |
| 选配计划现场执行情况 | 两种方式：①输精人员领取的配种任务表格；②输精人员是否携带牧场移动APP查询任务 | 10 | 两种方式满足其一，该项得满分，其余情况均不得分 |
| 种公牛相关信息记录 | 现场随机检查配种记录表 | 10 | 配种记录表记录完整、数据详细，得满分；配种记录表登记不全或留存不完整，酌情扣分 |
| 种公牛相关信息评估（满分40分） | | | |
| 种公牛信息 | 评估内容 | 分值 | 评估标准 |
| 种公牛的选择 | 系谱、综合性能指数、生产性能育种值、体型育种值、功能性状育种值等种公牛评估成绩 | 15 | 存留公牛信息包括：种公牛宣传图册（6分）、国内外种公牛信息网站公布的公牛评估成绩（9分）（该项总得分可累加）；只要留存该项内容，即可得分 |
| 种公牛信息存留完整性 | 选择最近3月内使用的与配种公牛（最多查看10头），检查种公牛的性能优势与当前育种目标的契合程度 | 10 | 全部符合育种目标（10分）；80%符合育种目标（8分）；50%符合育种目标（5分）；<50%符合育种目标（0分）（该项总得分不累加） |
| 留存时间和留存比例 | 种公牛评估成绩留存时间和留存比例 | 15 | 留存三年，留存率≥90%，得15分；留存三年且>90%留存率≥75%，或留存两年且留存率≥90%，得10分；留存三年，>75%留存率≥60%，得5分；其余情况均不得分（该项总得分不累加） |

注：若选配计划不全或缺失则本项不得分。

**表2-13　"六个百分百"育种服务与遗传审计KPI标准体系**

| 评估项目 | KPI | KPI评估指标分项 |
|---|---|---|
| 系谱准确追溯率 | 100% | 记录完整，追溯准确 |
| 近交风险可控度 | 100% | 避免近交风险，若存在则提供禁配明细 |
| 生产性能记录 | 100% | 连续展开6个月以上，且测定规范 |
| 体型鉴定覆盖率 | 100% | 成母牛全部鉴定 |
| 选配方案精准度 | 100% | 使用公牛符合育种目标及改良方向 |
| 选配方案执行度 | 100% | 方案合理，严格执行 |

对牛群的育种资料进行汇总和分析，可以帮助牧场发现牛群中可能存在的繁育问题。建立完整的牛群系谱记录、控制牛群近交程度是防止牛群出现近交衰退的关键。本节将通过简单的统计计算对被评估牧场的系谱记录质量和近交控制情况进行分析评估，具体内容见表2-14所列。

**表2-14　育种数据分析评估**（满分100分）

| 项目名称 | 评估内容 | 权重 |
|---|---|---|
| 系谱记录质量 | 系谱记录方式、母牛父亲的记录率和可追溯率、母牛外祖父的记录率和可追溯率 | 60% |
| 近交控制情况 | 群体近交系数高于阈值的个体比例 | 40% |
| 综合评分=系谱记录质量得分×权重+近交控制情况得分×权重 | | |

注：①综合评分<60：被评估牧场尚未建立起完整的系谱记录体系；牛群近交的控制情况不理想，近交系数高于阈值的比例过高；牧场此项评估不合格，需大幅度改进，建议牧场根据评估结果，建立牧场的系谱记录体系，在选用种公牛时，根据牛群的系谱记录，避免近交的发生。

②60≤综合评分≤80：被评估牧场具有系谱记录体系，但系谱记录质量较差，父亲和外祖父的可追溯率过低；牛群中存在少量个体近交系数高于阈值；牧场此项评估合格，但仍有较大改进空间，建议牧场按照评估结果，针对性地提高系谱记录的质量，进一步控制牛群的近交水平。

③综合评分>80：被评估牧场具有完整且质量较高的系谱记录；牛群近交情况控制得当，近交系数高于阈值的个体比例较低；牧场此项评估优秀，可以进一步优化，建议牧场按根据评估结果，进一步进行优化。

## 2.3.3.1　系谱记录规范性评估

对牛群进行遗传改良和近交控制时，系谱是牧场应具备的重要育种资料，规模化奶牛场应具有记录完整且质量较高的系谱文件，系谱中每头牛的个体编号应符合2.3.1.1中个体标识系统的有关要求。进行牧场评估时，随机抽查40头在群泌乳牛的系谱记录，根据表2-15所列的评分标准依次对各项进行评分，最终获得系谱记录规范性评估总分。

**表2-15　系谱记录规范性评估**

| 项目 | | 分值 | 评估标准 | |
|---|---|---|---|---|
| 系谱基本情况 | | 20 | 若无系谱记录，系谱记录规范性总分为0；<br>若记录方式为一种（纸质版或电子版），则此项得分为10；<br>若记录方式为两种（纸质版和电子版），则此项得分为20 | |
| 父亲记录 | 记录率 | 25 | 记录率得分标准：<br>0~40%，得5分；<br>41%~60%，得10分；<br>61%~80%，得15分；<br>81%~90%，得20分；<br>91%~100%，得25分 | 可追溯率得分标准：<br>0~60%，得3分；<br>61%~75%，得6分；<br>76%~85%，得9分；<br>86%~95%，得12分；<br>96%~100%，得15分 |
| | 可追溯率 | 15 | | |
| 外祖父记录 | 记录率 | 25 | | |
| | 可追溯率 | 15 | | |

注：①记录率指有父亲或外祖父记录的泌乳牛头数占抽查泌乳牛头数的比例。

②可追溯率指可有效追溯父亲或外祖父的泌乳牛头数占有父亲或外祖父记录的泌乳牛数的比例。其中，可有效追溯指公牛编号记录规范，符合2.2.1中的有关要求，并可在中国奶牛数据库中心或加拿大奶业网查询到公牛记录。

#### 2.3.3.2 近交控制情况

（1）近交定义

近交又称近亲繁殖。近亲交配的个体血缘关系极为相近并有着共同的祖先或基因来源。在育种中，近交可用于固定优良性状，但也会导致隐性有害基因纯合，从而引起近交衰退。在繁育计划中，牧场不仅需要通过遗传改良提高群体的生产性能，同时必须考虑群体近交情况，以避免牛群近交程度过高。

（2）近交计算方法

评估人员可以借助于专业软件计算牛群的近交系数。评估前，需准备被评估牧场的场内系谱文件，包括个体号、父亲号和母亲号（父母缺失时，填充为0），并将文件保存为tex格式。软件使用步骤：导入文件（file-open）—计算（tools-inbreeding-compute）—导出结果（file-save as），即可得到个体的近交系数，详细步骤见软件使用规则。

（3）牧场近交情况评定标准

统计被评估牧场在群泌乳牛中近交系数>6.25%的个体比例，并根据表2-16进行评分。群体近交系数高于阈值的个体比例越低，得分越高。

**表2-16 规模化奶牛场牛群近交情况评估**

| 近交系数>6.25%的个体比例 | <20% | 20%~30% | 31%~40% | 41%~50% | 51%~60% | 61%~80% | >80% |
|---|---|---|---|---|---|---|---|
| 分值 | 100 | 90 | 80 | 70 | 60 | 40 | 20 |

#### 2.3.3.3 生产性能记录

奶牛群体改良（dairy herd improvement，DHI），也称奶牛生产性能测定。奶牛群体改良是一套完整的生产记录和管理体系，是通过泌乳牛的生产性能数据测定和牛群的基础资料分析，了解现有牛群和个体牛只的产奶水平、乳成分等情况。奶牛群体改良标准化采样流程如图2-5所示。

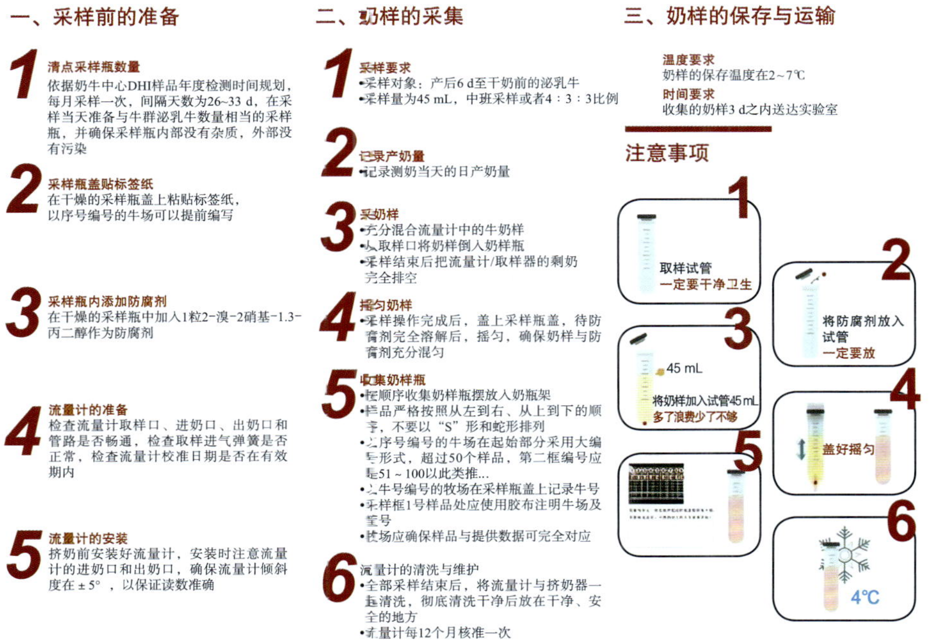

**图2-5 奶牛群体改良标准化采样流程**

根据表2-17中的评分标准依次对各项进行评分，最终获得生产性能记录评估总分。

**表2-17 规模化奶牛场牛群生产性能记录评估**

| 项目 | 分值 | 评估标准 |
|---|---|---|
| 连续参测率 | 25 | 牧场全年12月连续参测率 |
| 参测覆盖率 | 25 | 3个月平均DHI测定数量占全群泌乳牛总数的比例 |
| 个体异常占比 | 50 | 个体测定日产奶量、乳脂率、乳蛋白率、脂蛋白异常数数值（以脂蛋比>1计算）（以中国奶业协会标准核算） |

#### 2.3.3.4 体型鉴定覆盖率

牧场内成母牛鉴定率为100%，鉴定项目及标准参照表2-8。

#### 2.3.3.5 选配方案精准度

选配方案中所使用公牛符合育种目标及改良方向。

#### 2.3.3.6 选配方案执行度

牧场严格执行选配方案。

### 2.3.4 遗传进展评估

遗传进展是指经过选择后，子代性状均值超过亲代均值的部分。只有不断获得遗传进展，群体的遗传水平才能不断迈上新的台阶。遗传进展按式（2-1）进行计算：

$$遗传进展=\frac{选择强度\times遗传变异\times选择准确性}{世代间隔} \tag{2-1}$$

遗传进展受选择强度、遗传变异、选择准确性和世代间隔影响。其中，选择强度和世代间隔由育种措施和育种方案而定；遗传变异是指个体之间遗传水平的差异程度，是遗传改良的基础；选择准确性取决于育种值估计的方法和利用的信息量大小。本节将从以上4个因素入手，通过基本指标评价和系谱指数评价对被评估牧场的遗传进展进行评估。进行牧场评估时，评估人可根据表2-18中的评估标准对牛群的遗传进展进行综合评估。

**表2-18 遗传进展总体评价标准**（满分100分）

| 评估项目 | 评估内容 | 分值 | 评价标准 |
|---|---|---|---|
| 数据可操作性 | 牧场数据情况是否可以满足评估人完成所有内容的评估 | 30 | 对于基本指标评价和近似系谱指数评价，每完成一项，得15分；全部完成，得30分 |
| 育种新技术应用 | 被评估牧场对基因组检测的认识及应用情况 | 25 | 被评估牧场进行了基因组检测，得10分；初步应用基因组检测数据进行亲子关系鉴定和遗传缺陷诊断等，得5分；基于基因组选择策略，利用基因组水平的遗传信息实现早期选择，提高选育效率，得10分（得分可累加） |
| 系谱指数 | 被评估牛群的近似系谱指数是否有上升趋势 | 25 | 被评估牧场群体的近似系谱指数呈现上升趋势，评估人员根据一段时间内上升趋势和幅度酌情进行评分 |
| 主观评价 | 评估人的主观评价 | 20 | 除以上评估内容，评估人员在深入了解被评估牧场遗传改良情况后，可根据牧场的实际改良情况，从其他角度进行评价，对表现出色的部分酌情评分，合情合理即可 |

#### 2.3.4.1　基本指标评价

选择强度、遗传变异、选择准确性和世代间隔4个因素相互联系、相互制约，育种方案的优化需要在以上4个因素之间找到最佳的平衡点。在进行牧场评估时，可通过计算或调查以下指标，初步了解被评估牧场的遗传进展情况。

（1）留种率（$p$）

定义：被选留种用个体占被测个体的比例。

计算公式：

$$p=\frac{被选留个体数}{参加性能测定个体数} \tag{2-2}$$

实际意义：选择强度（$i$）是一个没有单位的相对值，其大小只取决于留种率。选择强度随留种率的增加而减小。如果评估性状表型标准差未知，在所选择的数量性状符合正态分布的条件下，可通过留种率近似计算选择强度（误差在2%～3%）。计算公式：

当$0.015 \leqslant p < 0.35$时，$i \approx 0.811\,3 - 0.042\,91\ln\left(\dfrac{1}{p}-1\right)$；

当$0.35 \leqslant p < 0.70$时，$i \approx 0.801\,2 + 0.374\,6\ln\left(\dfrac{1}{p}-1\right)$；

当$0.70 \leqslant p < 0.92$时，$i \approx 0.069\,2 - 1.253\,1\left(\ln p\right)$。

（2）选择差（$\Delta p$）

定义：选留个体均数与群体均数的差异。

计算公式：

$$\Delta p=被选留个体性状表型均值-所有经性能测定个体性状表型均值 \tag{2-3}$$

实际意义：选择差表示被选留个体所具有的表型优势。选择反应（通过人工选择，在一定时间内，使性状向育种目标方向的改进量）表示被选留个体所具有的遗传优势。针对具体的性状，在遗传力一定的情况下，性状的选择差越大，选择反应也越大，选择差越小，选择反应也越小。选择差的大小能够直接影响选择反应的大小。

（3）世代间隔（$L$）

定义：留种个体出生时其父母的平均年龄。

计算公式：

将父母平均年龄相同的分为一组，共为$n$组，则世代间隔为

$$L=\frac{第1组父母后代数 \times 第1组父母平均年龄 + \cdots + 第n组父母后代数 \times 第n组父母平均年龄}{第1组父母子女数 + \cdots + 第n组父母后代数} \tag{2-4}$$

实际意义：世代间隔与遗传进展成反比。在其他条件相同时，世代间隔越短，单位时间内的遗传进展越大。例如，仅使用经后测的验证公牛进行配种时，世代间隔53～70个月；使用基因组评估的青年公牛配种时，世代间隔可缩短至21个月。

（4）基因组检测情况评估

随着高通量基因组检测技术的发展，基因组选择技术给传统的奶牛育种提供了新的工具。该方法利用基因组水平的分子遗传信息对个体进行评估，可大幅提高育种值估计的准确性并缩短世代间隔，加快牛群的遗传进展。例如，通过对犊牛进行基因组检测，可以预测其将来的性能表现，提前淘汰性能较差的犊牛，大幅增加牛群的选择强度，最终加快遗传进展。因此，了解被评估牧场的基因组检测应用情况，有助于评价被评估牧场对育种新技术应用的认识与态度。进行牧场评估时，评估人员应与被评估牧场的管理人员和技术人员等进行交流、

访谈，了解并记录以下问题：

①该牧场是否进行了基因组检测？

②如果已进行检测，检测牛头数为多少？占牛群比例为多少？基因分型芯片密度为多少？询问并记录牧场最初进行检测的原因（主动或被动）。是否应用基因组信息对牛群进行选择？未来还会增加个体进行检测吗？

③如果已利用基因组信息对牛群进行选择，遗传进展是否提高？是否为牧场带来经济利润？若未利用基因组信息，询问并记录原因。

④如果未进行检测，询问管理人员未进行检测的原因（资金、不了解、不需要等）。未来是否有进行基因组检测的计划？

### 2.3.4.2 系谱指数评估

系谱指数是根据亲代和祖代的遗传水平对后代的性能表现进行预测的一种方法，系谱指数可以近似反映个体的遗传水平，计算公式：

$$系谱指数=亲代成绩之和×0.3+祖代成绩之和×0.1 \tag{2-5}$$

在无法获得个体育种值的情况下，可以使用系谱指数的年变化趋势代替育种值的年变化趋势，以近似评估牛群的遗传进展。此外，在实际评估时，由于可能无法获取母牛（个体母亲及外祖母）的评估成绩，本节仅利用父亲和外祖父的评估成绩计算近似系谱指数，从而实现对牛群遗传进展的近似评估。

（1）数据项目及来源

用于计算近似系谱指数的数据项目及来源见表2-19所列。

表2-19　计算近似系谱指数所需数据项目及来源

| 序号 | 项目名称 | 信息来源 |
| --- | --- | --- |
| 1 | 个体编号及出生日期 | 出生记录 |
| 2 | 个体父亲编号（国际标准号） | 系谱文件 |
| 3 | 个体父亲的评估成绩（综合选择指数及各性状的估计值） | 育种公司提供的公牛概要或查询加拿大奶业网 |
| 4 | 个体外祖父编号（国际标准号） | 系谱文件 |
| 5 | 个体外祖父的评估成绩（综合选择指数及各性状的估计值） | 育种公司提供的公牛概要或查询加拿大奶业网 |

（2）评估步骤

①根据系谱信息，查询匹配被评估牧场所有母牛（包括已淘汰离群的历史牛只）的父亲及外祖父选择指数及各性状的评估成绩。

②计算被评估牧场所有母牛的系谱指数，个体系谱指数的近似计算公式：

$$系谱指数=（父亲评估成绩×0.5+外祖父评估成绩×0.25）/0.75 \tag{2-6}$$

其中，父亲或外祖父评估成绩缺失的个体不纳入统计。

③根据所有母牛的出生年份，统计不同年份出生的个体数量、系谱指数均值、标准差等统计量。

④为避免对分析结果造成误差，建议对个体数较少的出生年份（根据被评估牛群的规模确定）不予评估。

⑤通过图、表等方式展示不同年份出生的个体系谱指数的变化趋势。

⑥除分析牛群系谱指数的变化趋势外，还可以利用系谱指数对个体进行排列，进一步了解被评估牧场中的个体遗传水平的优劣情况。

（3）某牧场终生性能指数（lifetime performance index，LPI）的系谱指数评估示例

①通过查询网站，获取被评估牛群所有母牛的父亲及外祖父终生性能指数的评估成绩。

②进行数据整理后，计算母牛近似系谱指数，数据格式见表2-20所列。

**表2-20　某牧场近似系谱指数计算数据准备**

| 个体编号 | 出生年份 | 父亲终生性能指数评估成绩 | 外祖父终生性能指数评估成绩 | 系谱指数 |
|---|---|---|---|---|
| 110001150001 | 2015 | 2 001 | 1 958 | 1 987 |
| 110001140002 | 2014 | 1 943 | — | — |
| 110001130003 | 2013 | — | 1 921 | — |
| … | … | … | … | … |

③剔除系谱指数缺失的个体后，根据个体的出生年份，分别对不同年份出生个体的系谱指数进行描述性统计，见表2-21所列。

**表2-21　某牧场终生性能指数近似系谱指数描述性统计**

| 出生年 | 计数 | 平均值 | 标准差 | 最大值 | 最小值 |
|---|---|---|---|---|---|
| 2012 | 109 | 1 859 | 42 | 1 942 | 1 552 |
| 2013 | 388 | 1 715 | 137 | 1 942 | 1 552 |
| 2014 | 134 | 1 732 | 136 | 1 936 | 1 552 |
| 2015 | 354 | 1 918 | 83 | 2 072 | 1 678 |
| 2016 | 639 | 1 932 | 93 | 2 206 | 1 805 |
| 2017 | 661 | 2 150 | 164 | 2 456 | 1 837 |
| 2018 | 500 | 2 238 | 126 | 2 578 | 1 999 |

④绘制该牧场2012—2018年终生性能指数的系谱指数变化趋势图，如图2-6所示。该图中，折线图表示该牛群终生性能指数的系谱指数变化趋势，条形图表示各出生年份参与评估的个体数。由该图可知，2012—2018年该场终生性能指数的系谱指数逐年递增。2013年和2014年终生性能指数的系谱指数群体均值均＜2012年。总体上，该场2012—2018年终生性能指数的系谱指数均值呈逐年上升趋势。

## 2.3.5　综合选择指数简介

奶牛育种中，经常需要同时对多个性状进行改良，不同性状之间存在不同的遗传联系；若仅对某一或某一类性状进行改良，可能会导致其他性状发生不利的变化。在育种中，需要根据不同性状的经济重要性，制订综合选择指数，同时兼顾多个性状的遗传选育，以追求牛群在不同方面的整体提高。由于生产水平及育种理念的不同，不同国家采用的综合选择指数各不相同，本节对主要奶业大国的综合选择指数（仅限荷斯坦牛）及其发展过程进行简要介绍。

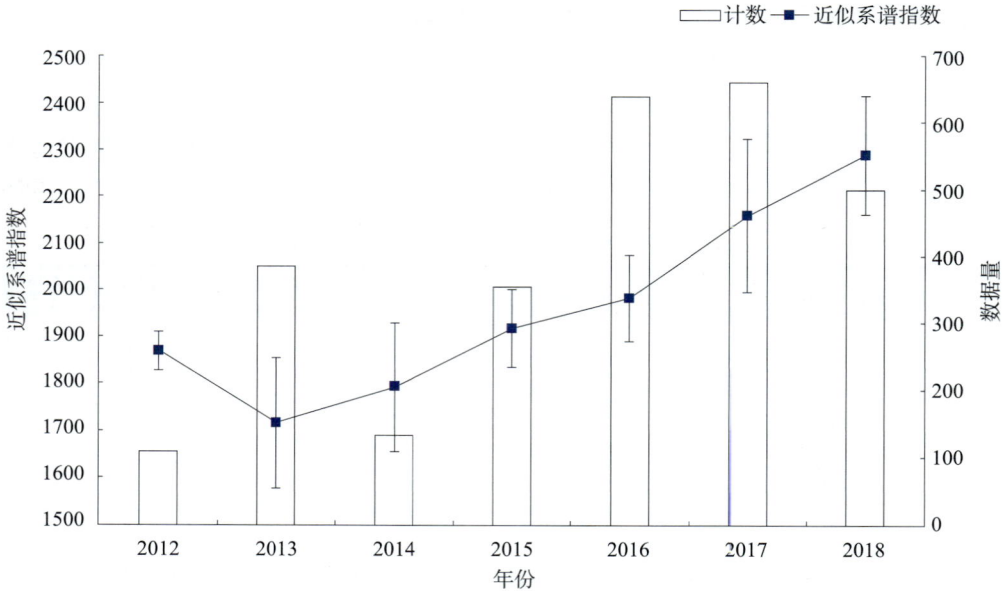

图2-6　某牧场2012—2018年终生性能指数的系谱指数变化趋势

### 2.3.5.1　美国

#### （1）总性能指数

总性能指数（total performance index，TPI）为美国的综合选择指数之一，美国荷斯坦牛协会对总性能指数进行过多次修订，见表2-22所列。1997年总性能指数仅包含产量性状和体型性状；2001年将体细胞评分和长寿性纳入总性能指数；2002年调整了部分性状的权重；2004年增加了3个繁殖性状，包括女儿妊娠率、女儿产犊难易和女儿死胎率；2014年增加了繁殖指数和饲料效率，以"体细胞评分"为准。繁殖指数包括女儿妊娠率（64%）、头胎牛受胎率（18%）和成母牛受胎率（18%），饲料效率则表示牛奶价值减去饲料成本和管理费用等之后的经济效益；2020年增加了健康指数，并对繁殖指数进行了调整，健康指数包括低血钙症、真胃移位、酮病、临床乳房炎、子宫炎和胎衣不下，繁殖指数增加了头胎产犊日龄。

通过总性能指数的变化情况可以看出，一直以来，美国在育种中最关注奶牛的产量性状，对健康、繁殖等功能性状的关注也不断加大。在历次修订中，不断调整乳蛋白量和乳脂量的权重；减小了体型的权重，并持续重视泌乳系统和肢蹄的选育；减小了长寿性的权重，对于母牛繁殖性能的考虑更加全面。

目前，最新的总性能指数于2021年4月公布，主要包含乳蛋白量（*PTAP*）、乳脂量（*PTAF*）、饲料效率（*FE*）、体型（*PTAT*）、泌乳系统（*UDC*）、肢蹄（*FLC*）、长寿性（*PL*）、健康指数（*HT*）、存活力（*LIV*）、体细胞评分（*SCS*）、繁殖指数（*FI*）、女儿产犊难易（*DCE*）、女儿死胎率（*DSB*），不同性状权重如图2-7所示，总性能指数（*TPI*）计算公式：

$$TPI = \left( \begin{array}{l} 19 \times \dfrac{PTAP}{17} + 19 \times \dfrac{PTAF}{22} + 8 \times \dfrac{FE}{52} + 8 \times \dfrac{PTAT}{0.8} + 11 \times \dfrac{UDC}{0.8} + 6 \times \dfrac{FLC}{0.8} \\ + 5 \times \dfrac{PL}{1.6} + 2 \times \dfrac{HT}{2.0} + 3 \times \dfrac{LIV}{1.4} - 4 \times \dfrac{SCS}{0.13} + 13 \times \dfrac{FI}{1.3} - 0.5 \times \dfrac{DCE}{0.5} - 1.5 \times \dfrac{DSB}{0.8} \end{array} \right) \times 3.8 + 2\,363$$

表2-22　美国总性能指数中各性状的占比变化情况　　　　　　%

| 组成 | 性状 | 1997年 | 2001年 | 2002年 | 2004年 | 2007年 | 2010年 | 2011年 | 2014年 | 2020年 |
|------|------|--------|--------|--------|--------|--------|--------|--------|--------|--------|
| 产量性状 | 乳蛋白量 | 50 | 41 | 36 | 32 | 28 | 26 | 27 | 27 | 19 |
| | 乳脂量 | 17 | 16 | 18 | 18 | 17 | 16 | 16 | 16 | 19 |
| | 饲料效率 | — | — | — | — | — | — | — | 3 | 8 |
| | 总计 | 67 | 57 | 54 | 50 | 45 | 42 | 43 | 46 | 46 |
| 体型性状 | 体型 | 17 | 14 | 15 | 13 | 13 | 10 | 10 | 8 | 8 |
| | 乳用特征 | — | — | — | -2 | -1 | -1 | -1 | -1 | 0 |
| | 泌乳系统 | 11 | 9 | 10 | 10 | 10 | 10 | 12 | 11 | 11 |
| | 肢蹄 | 5 | 5 | 5 | 5 | 5 | 5 | 6 | 6 | 6 |
| | 总计 | 33 | 28 | 30 | 30 | 29 | 26 | 29 | 26 | 25 |
| 健康和繁殖性状 | 体细胞评分 | — | -1 | -5 | -5 | -5 | -5 | -5 | -5 | -4 |
| | 长寿性 | — | 13 | 11 | 8 | 10 | 14 | 9 | 7 | 8 |
| | 女儿妊娠率 | — | — | — | 4 | 8 | 10 | 11 | — | 0 |
| | 女儿产犊难易 | — | — | — | -2 | -2 | -2 | -2 | -2 | -1 |
| | 女儿死胎率 | — | — | — | -1 | -1 | -1 | -1 | -1 | -1 |
| | 繁殖指数 | — | — | — | — | — | — | — | 13 | 13 |
| | 健康指数 | — | — | — | — | — | — | — | — | 2 |
| | 总计 | 0 | 14 | 16 | 20 | 26 | 32 | 28 | 28 | 29 |

注：表中部分性状权重为负，则表示该性状为逆向选择性状。

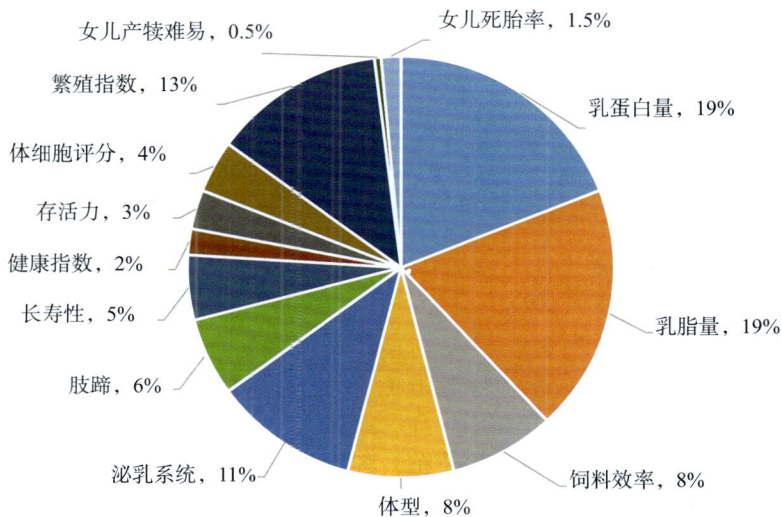

图2-7　2021年4月发布总性能指数中各性状的占比情况

（2）NM$指数

NM$指数（net merit index）作为一个衡量牛只经济价值的指数也经常用于美国的奶牛育种，该指数于1994年开始实施。最初，该指数仅包含产量、健康和繁殖性状，且产量性状权重较大。随着行业的不断发展，NM$指数也在不断调整完善。2000年，体型性状纳入NM$指数，并适当降低了产量性状的权重；2003年，繁殖性状中加入了女儿妊娠率；2006年，繁殖性状中加入了产犊性能；2017年，加入了体重指数和存活力；2018年，增加了健康指数。与总性能指数相比，NM$指数中健康和繁殖性状的权重更高，NM$更趋向于选择体型较小且产量、健康和繁殖表现更优秀的奶牛（表2-33）。

表2-23　美国NM$指数中各性状的占比变化情况　　　　　%

| 组成 | 性状 | 1994年 | 2000年 | 2003年 | 2006年 | 2010年 | 2014年 | 2017年 | 2018年 |
|---|---|---|---|---|---|---|---|---|---|
| 产量性状 | 产奶量 | 6 | 5 | 0 | 0 | 0 | −1 | −0.7 | −0.7 |
| | 乳脂量 | 25 | 21 | 22 | 23 | 19 | 22 | 23.7 | 26.8 |
| | 乳蛋白量 | 43 | 36 | 33 | 23 | 16 | 20 | 18.3 | 16.9 |
| | 总计 | 74 | 62 | 55 | 46 | 35 | 43 | 42.7 | 44.4 |
| 体型性状 | 泌乳系统 | — | 7 | 7 | 6 | 7 | 8 | 7.4 | 7.4 |
| | 肢蹄 | — | 4 | 4 | 3 | 4 | 3 | 2.7 | 2.7 |
| | 体型 | — | −4 | −3 | −4 | −6 | −5 | — | — |
| | 体重指数 | — | — | — | — | — | — | −5.9 | −5.3 |
| | 总计 | — | 15 | 14 | 13 | 17 | 16 | 16 | 15.4 |
| 健康和繁殖性状 | 长寿性 | 20 | 14 | 11 | 17 | 22 | 19 | 13.4 | 12.1 |
| | 体细胞评分 | −6 | −9 | −9 | −9 | −10 | −7 | −6.5 | −4.0 |
| | 女儿妊娠率 | — | — | 7 | 9 | 11 | 7 | 6.7 | 6.7 |
| | 经产牛受胎率 | — | — | — | — | — | 2 | 1.6 | 1.6 |
| | 头胎牛受胎率 | — | — | — | — | — | 1 | 1.4 | 1.4 |
| | 产犊性能 | — | — | — | 6 | 5 | 5 | 4.8 | 4.8 |
| | 存活力 | — | — | — | — | — | — | 7.4 | 7.3 |
| | 健康指数 | — | — | — | — | — | — | — | 2.3 |
| | 总计 | 26 | 23 | 27 | 41 | 48 | 41 | 41.8 | 40.2 |

注：表中部分性状权重为负，表示该性状为逆向选择性状。

目前，最新的NM$指数于2021年8月公布，各性状权重如图2-8所示，NM$指数的计算公式（$n$为性状个数，各性状标准差及加权值见表2-24所列）：

$$NM\$ = \sum_{i=1}^{n} PTA_i \times 加权值_i$$

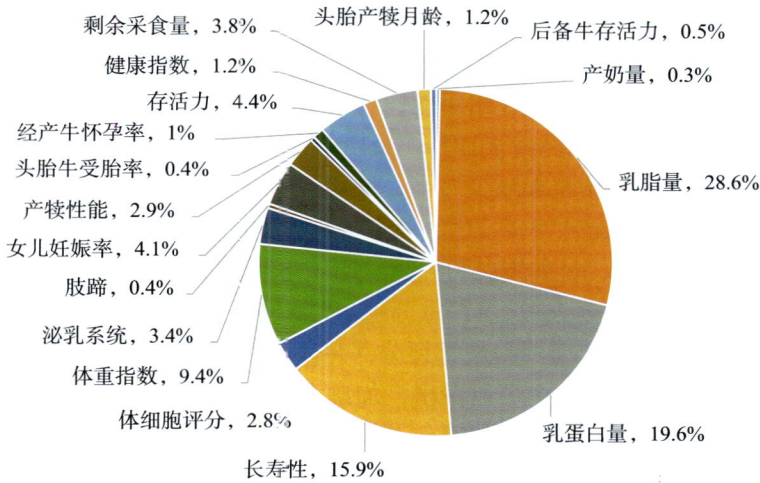

图2-8　2021年8月发布NM$指数中各性状的占比情况

表2-24　2021年8月发布NM$指数中各性状的标准偏差及加权值

| 性状 | 单位 | 标准差 | 加权值（$/PTA unit） |
|---|---|---|---|
| 产奶量 | 磅[①] | 567.00 | 0.002 |
| 乳脂量 | 磅 | 25.00 | 4.18 |
| 乳蛋白量 | 磅 | 15.00 | 4.67 |
| 泌乳系统 | — | 0.65 | 19.00 |
| 肢蹄 | — | 0.53 | 3.00 |
| 体重指数 | — | 0.76 | −45.00 |
| 长寿性 | 月 | 1.70 | 34.00 |
| 体细胞评分 | — | 0.14 | −74.00 |
| 女儿妊娠率 | % | 1.40 | 11.00 |
| 经产牛受胎率 | % | 1.60 | 2.20 |
| 头胎牛受胎率 | % | 1.30 | 1.10 |
| 产犊性能 | 美元 | 10.41 | 1.00 |
| 存活力 | % | 1.60 | 0.80 |
| 健康指数 | 美元 | 4.54 | 1.00 |
| 剩余采食量 | 磅 | 46.2 | −0.30 |
| 头胎产犊月龄 | 天 | 2.05 | 2.10 |
| 后备牛存活力 | % | 0.40 | 5.00 |

注：①1磅≈0.45 kg。

### 2.3.5.2　加拿大

#### （1）终生性能指数

终生性能指数（lifetime performance index，LPI）是加拿大使用时间较长的一个综合选择指数。1991年，加拿大正式使用终生性能指数，并在使用中不断进行调整和修订（表2-25）。

2001年8月，终生性能指数中加入了长寿性和体细胞评分；2004年，在产量性状中增加了乳蛋白量和乳脂肪离差，增加了女儿繁殖力和体细胞评分以应对牛群的健康和繁殖问题；2008年，调整了三大组成的权重，产量性状和耐用性性状权重略微减小，健康和繁殖性状的权重有所增加，女儿繁殖力的权重由5%提高至10%；2013年，将终生性能指数中各组分的系数减小，调整后的终生性能指数均值比原来减少一半，增加了一个常数项，调整了产量性状中各性状的权重；2016年，增加了临床乳房炎抗性，将三大组成的比例调整为2∶2∶1，产量性状中不再考虑乳蛋白量和乳脂肪离差，将乳蛋白和乳脂量的权重调整为3∶2，健康和繁殖性状中，仅考虑女儿繁殖力和临床乳房炎抗性，二者权重分别为67%和33%；2019年，将乳蛋白量和乳脂量的权重调整为4∶6，增加了蹄部健康及尻部评分，并调整了耐用性性状中的各性状占比。

从终生性能指数的修订过程中可以看出，加拿大在奶牛育种中同样最关注奶牛的产量性状，对健康和繁殖方面的重视在不断提高。其中，产奶性能重视乳蛋白量和乳脂量，而非直接选择产奶量，并独创了耐用性性状，其包括长寿性及体型评分中泌乳系统、肢蹄、乳用特征、蹄部健康和尻部评分。

表2-25　加拿大终生性能指数中各性状的占比变化情况　　　　%

| 组成 | 性状 | 2004年 | 2008年 | 2016年 | 2019年 |
|---|---|---|---|---|---|
| 产量性状 | 乳蛋白量 | 30.8 | 29.1 | 24.0 | 16.0 |
| | 乳蛋白离差 | 1.6 | 1.5 | — | — |
| | 乳脂量 | 20.5 | 19.4 | 16.0 | 24.0 |
| | 乳脂肪离差 | 1.1 | 1.0 | — | — |
| | 总计 | 54 | 51 | 40 | 40 |
| 耐用性性状 | 长寿性 | 7.2 | 6.8 | 8.0 | 8 |
| | 泌乳系统 | 14.4 | 13.6 | 16.0 | 14.8 |
| | 肢蹄 | 10.8 | 10.2 | 12.0 | 8.4 |
| | 乳用特征 | 3.6 | 3.4 | 4.0 | 4.0 |
| | 蹄部健康 | — | — | — | 2.8 |
| | 尻部评分 | — | — | — | 2.0 |
| | 总计 | 36 | 34 | 40 | 40 |
| 健康和繁殖性状 | 体细胞评分 | 3.0 | 3.0 | — | — |
| | 乳房深度 | 1.5 | 1.5 | — | — |
| | 泌乳速度 | 0.5 | 0.5 | — | — |
| | 女儿繁殖力 | 5.0 | 10.0 | 13.4 | 13.4 |
| | 临床乳房炎抗性 | — | — | 6.6 | 6.6 |
| | 总计 | 10 | 15 | 20 | 20 |

目前，最新的终生性能指数于2023年4月公布，主要包含乳蛋白量（PY）、乳脂量（FY）、长寿性（HL）、泌乳系统（MS）、肢蹄（FL）、乳用特征（DS）、蹄部健康（HH）、尻部评分（RP）、临床乳房炎抗性（MR）和女儿繁殖力（DF），不同性状占比如图2-9所示，终生性能指数（LPI）计算公式：

$$LPI=40\times0.541\,0\times\left(4.0\times\frac{PY+6}{21}+6.0\times\frac{FY+11}{28}\right)+20\times0.686\,9\times\left(6.7\times\frac{DF-100}{5}+3.3\times\frac{MR-100}{5}\right)$$
$$+40\times0.797\,1\times\left(2.0\times\frac{HL-100}{5}+3.7\times\frac{MS}{5}+2.1\times\frac{FL}{5}+0.7\times\frac{HH-100}{5}+1.0\times\frac{DS}{5}+0.5\times\frac{RP}{5}\right)$$

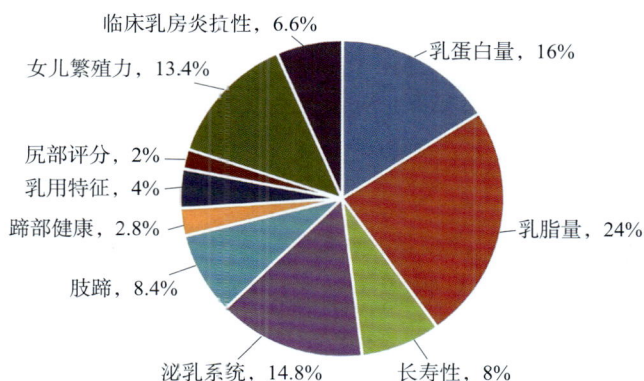

图2-9　2023年4月发布终生性能指数中各性状的占比情况

（2）Pro$指数

为了满足奶农对经济效益的追求，加拿大于2015年8月推出了一个新的经济效益指数——Pro$（pronounced pro dollars）指数。Pro$指数和终生性能指数之间存在较强的关联，且两个指数中产量、耐用性、健康与繁殖的比例均为2∶2∶1，但二者之间也存在区别，通过Pro$指数选择排名靠前的公牛，其女儿的终身经济效益也较高。2019年和2020年，加拿大对Pro$指数的经济效益值进行了两次调整，具体见表2-26所列。

表2-26　计算Pro$指数的经济效益值

| | 经济效益项目 | 2019年 | 2020年 |
|---|---|---|---|
| 支出 | 牛只2岁前培育成本/$ | 2 650 | 3 140 |
| | 后备牛管理费用/（$/d） | 1.78 | 1.86 |
| | 维持饲料成本/（$/d） | 2.82 | 2.82 |
| | 泌乳牛管理费用/（$/d） | 7.38 | 7.37 |
| | 干奶牛管理费用/（$/d） | 2.49 | 2.49 |
| | 每千克脂肪的边际饲喂成本/（$/kg fat） | 2.16 | 2.49 |
| | 每千克蛋白质的边际饲喂成本/（$/kg protein） | 1.77 | 1.55 |
| | 养殖配额的机会成本/（$/kg fat） | 1.88 | 1.56 |
| 收入 | 乳脂量/（$/kg） | 12.41 | 12.42 |
| | 乳蛋白量/（$/kg） | 6.01 | 6.68 |
| | 其他固形物/（$/kg） | 1.34 | 1.38 |

### 2.3.5.3　中国

2007年，中国奶业协会育种专业委员会依据中国荷斯坦牛的育种目标，提出了中国奶牛性能指数（China performance index，CPI）。最初，中国奶牛性能指数仅包含产奶量、乳脂率和乳蛋白率3个产奶性状。2008年，将体细胞评分纳入中国奶牛性能指数中；2010年，增加了体型总分、泌乳系统和肢蹄等体型性状；2012年，建立了结合基因组评估信息与常规遗传评估信息的奶牛综合性能选择指数（genomic China performance index，GCPI）；2020年将产量性状由产奶量、乳脂率和乳蛋白率替换为乳蛋白量和乳脂量，并更新了遗传标准差。GCPI指数中，各性状占比如图2-10所示，产量、体型和健康占比为6:3:1。GCPI指数最新的计算公式：

$$GCPI = 4 \times \left( \begin{array}{c} 35 \times \dfrac{GEBV_{prot}}{20.7} + 25 \times \dfrac{GEBV_{fat}}{24.6} + 8 \times \dfrac{GEBV_{type}}{5} \\ + 14 \times \dfrac{GEBV_{ms}}{5} + 8 \times \dfrac{GEBV_{fl}}{5} - 10 \times \dfrac{GEBV_{scs} - 3}{0.16} \end{array} \right) + 1\,800$$

式中，$GEBV$为各性状基因组估计育种值；prot为乳蛋白量；fat为乳脂量；type为体型总分；ms为泌乳系统；fl为肢蹄；scs为体细胞评分。

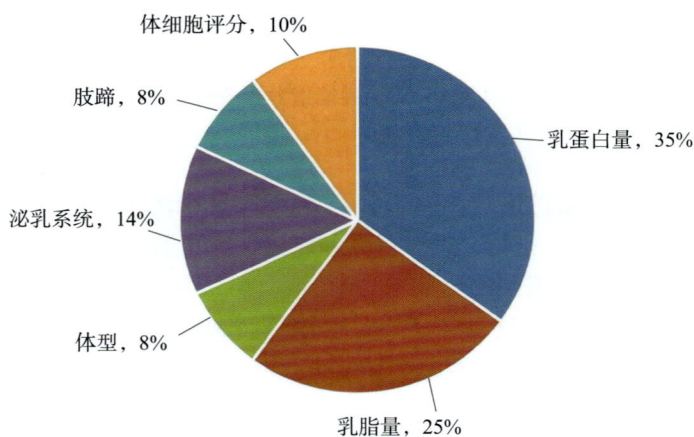

**图2-10　2020年GCPI指数中各性状的占比情况**

## 本章小结

本章主要介绍了奶牛育种数据的测定、评估和分析评价，简要介绍奶牛的繁育计划（包括育种计划与选配计划）及其相关的评价指标。最后，针对奶牛不同性状的经济重要性、性状的遗传选育等方面，引出了奶牛的综合选择指数这个概念。

## 思考题

1. 育种资料记录评价包含哪几个方面？它们分别有哪些项目？

2. 繁育计划由哪两部分构成？涉及的相关评价指标有哪些？

3. 中国奶牛选择指数包含了哪些性状？如何计算？

奶牛繁殖性能评估可以揭示过去一段时间牧场的繁殖工作成绩和将来一段时间牧场的产犊、产奶水平和盈利能力。本章主要结合当前奶牛养殖业快速发展的实际情况并根据牧场繁育技术团队的人力配置及技术能力评估、牛群结构、健康状况、繁殖流程、繁殖数据分析等几个方面，结合国内外养殖经验和相关指标，通过座谈询问、现场观察、牧场管理软件数据调查、综合分析反映出奶牛的整体繁殖性能和不足之处，并提出改善建议和措施。

## 3.1 评估清单及关键数据参数

表3-1中列出了奶牛繁殖性能评估项目、指标、推荐范围及参数。

表3-1 奶牛繁殖性能评估参数

| 评估项目 | 评估内容 | 推荐范围及参数 |
|---|---|---|
| 人员结构 | 配种员配置 | 成母牛每500头配置1人；后备牛每600头配置1人 |
| | 团队工作分工 | 成母牛与后备牛分工；产后保健专人负责；是否涉及牛群转群及耳标身份管理、产房接产助产等工作 |
| 专业素质 | 人员能力 | 是否具备输精能力、徒手孕检能力、B超诊断能力、激素使用与理论知识 |
| 牛群表现 | 体况评分（5分制） | 围产牛3.0~3.5，体况合格率≥85% |
| | 胎衣不下 | 发病率<5% |
| | 产犊难易度（5分制） | 1分比例≥90% |
| | 助产比例 | <10% |
| | 死胎比例 | 头胎牛<10%；经产牛<6% |
| | 子宫复旧检查天数 | 产后28~34 d |
| | 子宫复旧评分（4分制） | 小于2分比例≥80% |
| | 子宫炎发病率 | <5% |
| | 发情揭发率 | 成母牛≥65%；青年牛≥70% |
| | 首配天数 | 后备牛13月龄；经产牛产后60~70 d |
| | 参配后备牛体尺 | 体高≥130 cm；体重≥400 kg（或达到成年体重的55%） |
| | 产后90 d参配率 | ≥90% |
| | 月情期受胎率 | 青年牛（性控冻精）≥50%；青年牛（普通冻精）≥55%；成母牛≥40% |

（续）

| 评估项目 | 评估内容 | 推荐范围及参数 |
|---|---|---|
| 牛群表现 | 21 d怀孕率 | 青年牛≥35%；成母牛≥28% |
| | 成母牛年实繁率 | ≥75% |
| | 后备牛初产月龄 | ≤24月龄 |
| | 平均产犊间隔 | ≤390 d |
| 现场评估 | 饲养密度 | 散栏卧床牛舍：产房<80%；首配泌乳牛<90%；参配后备牛<90%；大通铺牛舍：泌乳牛及围产牛>11 m²/头 |
| | 卧床上床率 | 发情牛群>75% |
| | 孕检牛上夹率 | ≥95% |
| | 配后孕检时间 | 初检≥28 d；复检≥60 d；血检≥28 d；B超≤36 d |

## 3.2 评估思路与分析维度

奶牛繁殖性能评估可以根据牧场繁殖流程工作的阶段性结果为导向进行，可以分为人与牛两条线路。繁育人员全过程参与奶牛繁殖工作的每一个细节，繁育人员的配置与技术能力强弱在很大程度上决定了奶牛繁殖性能的表现。同时，奶牛繁殖性能评估必须考量牛群自身的整体状况，牛群的健康与舒适（详见第7章）等方面也决定着奶牛繁殖性能的数据指标。

### 3.2.1 评估思路

通过繁殖性能评估，分析繁殖工作的潜在不足，找到相关原因或者主要原因，以改善牧场繁殖技术流程与管理能力。

繁殖性能评估可以从与繁育团队人员或负责人座谈询问开始，按照人—牛群现场—数据—人的顺序进行。

①牧场繁育团队人力配置情况、技术能力情况、牧场总存栏数、成母牛存栏数、牧场建成投产时间、牛群结构中成母牛占比、繁育人员的配置与分工等，要有基本的了解。

②进入牛舍，了解牛群分区与分群，观察牛群的体况、饲养密度、舒适度，观察奶牛个体的外阴分泌物、后躯、尾根、繁育人员的现场作业流程与技术操作等情况，对牛群情况进行现场整体的认知与评估，并初步找出繁殖性能评估的线索或方向。

③打开牧场管理软件，了解牛群结构胎次分布、各项繁殖数据指标，向繁育或信息人员询问数据的传递流程、使用权限、指标算法等，经过分析讨论，对牧场的繁殖性能评估做出总体结论或改善建议，并形成共识。

④与繁育人员或负责人座谈，对于牧场的繁殖工作进行梳理并提出建议和执行措施，完成繁殖性能评估工作。

### 3.2.2 分析维度

繁殖性能评估的分析维度主要可分为人力配置及技术能力评估、牛群健康与现场评估、指标数据评估3个方面。

繁育工作的人力配置情况及技术能力是评估工作的基础，牛群健康与现场情况是评估工作的深入思考，指标数据的评估是前两者评估的核心体现和结果验证。

## 3.3 评估内容与方法

### 3.3.1 人力配置及技术能力评估

#### 3.3.1.1 人力配置评估

评估方法：可以通过询问的方式对接牧场相关负责人，了解繁育团队组织架构、人员数量与分工分组、与成母牛存栏和后备牛存栏相匹配的人力配置是否充足，繁育人员是否驻场及驻场人员数量等，这意味着可以有多少自主选择的时间用于繁殖工作的分工与合作。也需要了解繁育人员的专业背景和从业经历及在本场的工作年限，可以大概评估这个繁育团队的基本技能和工作经验情况。

对于集团牧场的总体评估，可以评估整个繁育线从业人员的年龄、学历、繁育岗位等级、在岗年限、离职率等分布情况，如图3-1和图3-2所示。

评估参考：一个万头规模的牧场，成母牛占比至少50%，所需人力配置至少10人，可参配后备牛（13~18月龄）大约占比12%，所需人力配置2人，繁育团队还要参与牛群的转群、耳标身份管理及产房接产助产等，所需人力配置3~5人，合计所需人力15~17人。繁育工作的人力配置，是当前牧场养殖环境下首要关注的焦点。

人力配置的评估，能够基本了解这方面的保障措施是否有利于促进牧场繁育性能的稳定和提高。良好的可加分项包括合适的年龄、充沛的体力、有专业的学历、有一定的从业年限、有较长的在岗年限、长期驻场、较高的技能等级（如自主制订同期流程的能力、熟练快速的输精技能、徒手孕检技能或B超孕检技能、激素使用与理论知识等）。

#### 3.3.1.2 技术能力评估

评估方法：通过专业询问和查看繁育流程制度进行分析与综合评估。技术能力的评估包括制订流程能力、输精能力、孕检能力、B超诊断能力等。

评估参考：

①在中小规模或单体牧场，一般由繁育主管或技术场长结合本场的实际情况制订繁育流程，而在实际执行过程中需要一定程度的自主规划性。为了提高工作效率，及时完成工作计划，有时需要分解成小流程、小模块、人员小组或牛只小群，可以将工作计划的完成情况（如了解参配率、执行同期完成率、孕检率或上夹率等）作为评估结果的参考。

②输精能力的评估旨在了解或区分熟练者与初学者之间的差异，以及牧场对于输精后输精外套枪头是否带血的管理情况。

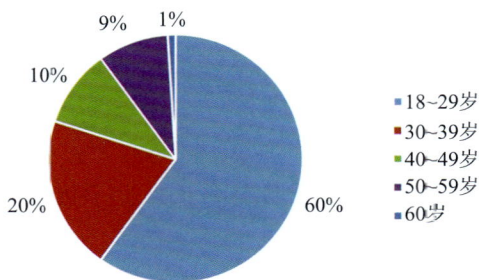

图3-1 繁育线人力配置年龄分布

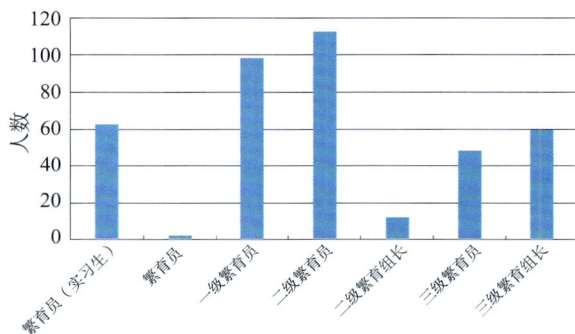

图3-2 繁育线人力配置等级分布

③孕检能力的评估可以分为徒手孕检和B超孕检，徒手孕检一般用于配后60 d复检，有经验的人员可以将复检天数提前。B超孕检较多用于配后35~40 d初检，有经验的人员可以将初检天数提前。

④B超诊断能力的评估可以分为孕检诊断和繁殖疾病的诊断。繁殖疾病的诊断能力包括是否能够诊断卵巢上卵泡和黄体的不同阶段，以及子宫炎症和增生的情况。

从表3-2可以获得牧场繁育团队所有成员的详细情况，根据每一项的具体指标进行选择，再综合评估得出繁育团队人力配置中每一位成员的评估结果。

**表3-2　繁殖性能人力配置及技术能力评估**

| | 年龄 | 专业学历 | 从业年限 | 在岗年限 | 驻场 | 自主制订流程 | 输精能力 | 徒手孕检能力 | B超诊断能力 | 综合评估 |
|---|---|---|---|---|---|---|---|---|---|---|
| 良好 | | | | | | | | | | |
| 一般 | | | | | | | | | | |
| 较差 | | | | | | | | | | |

## 3.3.2　牛群健康与现场评估

牛群的健康状况直接影响繁殖性能的表达，包括发情揭发、受胎率（初检怀孕率、复检怀孕率）、流产率或怀孕损失率等。现场评估是指在牛舍内进行观察、询问，包括牛群分群情况、参配体况、饲养密度、卧床的上床率等舒适度情况，以及繁育人员的现场繁殖流程作业情况等。

评估方法：可以根据奶牛的生产流程进行现场观察和询问。按照产房—产后舍—高产群首配舍—后备牛舍的路线进行观察了解与评估。

### 3.3.2.1　产房评估

（1）饲养密度评估

需了解饲养密度，产房饲养密度过大将负面影响分娩进程，导致胎衣不下和子宫炎的发生。

产房牛的饲养密度建议<80%卧床数量，若是大通铺牛舍，应保证泌乳牛及围产牛拥有>11 m²/头的饲养面积。

（2）围产牛体况评估

围产期奶牛的体况应控制在3.0~3.5分，体况合格率应>85%（详见第7章）。产房牛的群体体况应关注过肥的情况，如果过肥的牛占比多，有可能是参配次数较高的牛导致胎间距拉长。

（3）发病情况评估

需关注产犊场所和产后转群胎衣娩出的环境（环境应激易导致胎衣不下），以及胎衣自落和胎衣自落不全的情况。统计了解产房数据记录，胎衣不下的比例应<5%。

了解接产人员的专业程度和值班情况。接产人员应每小时巡查一次围产牛舍，将进入第二产程的牛转到单独产房，给奶牛60 min完成分娩。这期间应积极评判第二产程的顺利与否，确定合适的助产介入时间。助产比例控制在4%~5%，不超过10%。如果有异常，需进一步分析是否存在胎儿过大、母牛体况评分偏高或产程介入时间过早等问题。在产程中不正常情况下需要人工辅助干预：①当母牛出现不安或反复起卧等临产征兆4 h后仍未见尿膜尿囊液。②可见尿囊液和羊水破出1 h后仍不见胎蹄出现。③当胎蹄露出1 h后无继续娩出。④母牛强力努责超过30 min没有见胎蹄露出或努责时胎蹄露出，停止努责后又退缩回去。⑤仅一只胎蹄露出或两只露出阴门的胎蹄蹄底朝上。

（4）产房工作整体评估

需了解产犊淡旺季、产间垫料或褥草、是否存在应激环境、接产24 h值班情况（值班表）、产犊记录表（分娩日、分娩时间、难产助产、胎衣、单双胎、胎儿出生重、母牛体重等）、是否安装产程监控设备等，知悉产房岗位职责的执行落实和数据记录的真实完整情况。

评估参考：产房评估的参考见表3-3所列。单独产房如图3-3所示，群体产房如图3-4所示。根据表格内容可以了解产房管理水平与技术操作能力的详细情况，根据每一项的具体指标进行选择，再综合评估得出汇总评估结果。

**表3-3　繁殖性能产房评估**

| | 饲养密度 | 群体体况 | 单独产房 | 产程干预能力 | 值班情况 | 产房数据记录 | 监控设备 | 胎衣不下占比 | 助产比例 | 综合评估 |
|---|---|---|---|---|---|---|---|---|---|---|
| 良好 | | | | | | | | | | |
| 一般 | | | | | | | | | | |
| 较差 | | | | | | | | | | |

图3-3　单独产房

图3-4　群体产房

### 3.3.2.2 产后圈舍评估

（1）子宫炎评估

需了解产后子宫炎症的后躯分泌物情况，脓性分泌物过多要询问胎衣不下、助产难产和胎儿出生重的情况。如果这种情况一段时间长期存在，要尤其关注早产死胎和大胎流产的头数和占比。

评估参考：产后子宫炎的发病率应<5%。

（2）子宫复旧评估

子宫复旧一般在产后28~34 d繁殖流程周计划时间内集中进行，有时在现场可以看到繁育人员或小组的操作与检查记录，子宫复旧有评分规则。

评估方法：0分，黏液清亮透明，宫角大小弹性恢复较好；1分，黏液浑浊半透明或斑点状脓或絮状、带状、丝状脓，分泌物中脓性物质<30%，透明黏液≥70%；2分，子宫分泌物中脓性物质≥30%，但有少量透明黏液，子宫角间沟明显，宫角大小基本正常，收缩弹性稍弱；3分，无透明黏液，纯白色、黄色脓性分泌物，子宫角触感有膨大，子宫壁增厚弹性差，收缩反应弱；4分，恶露，红褐色，有异味，无黏稠性，子宫角触感明显膨大，复旧不充分。

评估参考：子宫复旧需要进行经直肠触诊，子宫角、子宫体收缩恢复至骨盆腔内，两个子宫角基本对称，角间沟明显，卵巢有实质感，卵巢输卵管与子宫角与盆腔壁无明显粘连。检查分泌物黏液（图3-5），评分<2分，且<2分的占比需达到80%以上。

图3-5  产后分泌物（体脏、毛乱、体况差，现场管理及子宫复旧不理想）

（3）体况评估

产后30 d左右的体况是奶牛每个胎次内最低的时间阶段，也是体重最低的阶段。在现场应充分关注群体体况，这将影响随后的参配。

评估参考：体况≥2.75分。

评估方法：详见附录。

（4）产后牛舍整体评估

产后牛舍的现场评估见表3-4所列。根据表格内容可以了解到产后牛的子宫健康跟踪与流程操作结果的详细情况；可根据每一项的具体指标进行选择，再综合评估得出汇总评估结果。

表3-4　繁殖性能产后牛舍的现场评估

| | 子宫炎<br>发病率 | 子宫内膜<br>炎发病率 | 复旧检查<br>天数 | 执行繁殖<br>流程 | 数据记录<br>完整性 | 执行评分<br>规则 | <2分<br>占比 | 综合<br>评估 |
|---|---|---|---|---|---|---|---|---|
| 良好 | | | | | | | | |
| 一般 | | | | | | | | |
| 较差 | | | | | | | | |

### 3.3.2.3　开配牛舍评估

奶牛群体繁殖性能的自身表现属于社交行为，牛群繁殖的管理应激尽可能做到最小，在现场需评估以下几个方面。

（1）首次配种评估

规模牧场大多使用电瓶车搭载繁殖流程操作小平台，包括液氮罐、冻精解冻操作台、保温装枪便携包、药品激素冷藏箱、长臂手套、蜡笔、手电筒、输精外套回收桶、垃圾桶等，便于快速高效作业。国内大多数牧场的繁殖工作采用同期流程定时输精程序，激素注射需要熟练、有经验的专人负责跟踪全过程。高度依赖同期程序的牧场，其首次配种统一时间的集中度非常高。但也有很多牧场在执行同期流程的过程中通过发情揭发配种。现场需了解牛群的参配体况、饲养密度和卧床管理，体况不足、不均或密度过大或卧床垫料不足、尺寸不合理将负面影响首次配种受胎率。

评估参考：首次配种天数一般在产后60~70 d，体况评分2.75~3.25；首次配种泌乳牛饲养密度<90%，产后90 d参配率≥90%。

首次配种的繁殖效率占牧场整体繁殖工作和繁殖指标的最大比例。首次配种的现场评估见表3-5所列。根据表格内容可以了解首次配种牛的现场情况与技术操作流程结果，可根据每一项的具体指标进行选择，再综合评估得出汇总评估结果。

表3-5　繁殖性能首次配种的现场评估

| | 参配体况 | 饲养密度 | 操作平台 | 执行同期 | 激素专人 | 产后90 d参配率 | 综合评估 |
|---|---|---|---|---|---|---|---|
| 良好 | | | | | | | |
| 一般 | | | | | | | |
| 较差 | | | | | | | |

（2）发情揭发评估

发情揭发是繁育工作的重点、难点，每天都在进行。现场需了解人员分工与执行情况，爬跨揭发常见于牛舍内和奶厅通道或运动场，尾根常见蜡笔染色。可穿戴设备的使用和普及是发展趋势，其中，有较好效果的发情揭发项圈或计步器能缓解现场揭发的压力。对于奶牛的发情，爬跨揭发相对较容易，人工观情或设备观情基本都可以揭发。安静发情的揭发是难点也是薄弱环节，需要有相应的工作制度排班和辅助措施（手电或头灯等）。同时，也需了解发情揭发人员是否随身携带记录本或手机牧场管理软件，方便现场随时查询牛只繁殖状态，并且是否随身携带长臂手套，方便现场随时进行直肠检查确认判断结果。

评估参考：成母牛发情揭发率>65%；青年牛发情揭发率>70%。

影响因素：发情揭发可以根据牛群自身表现的发情场景（动态、站立、静卧）、揭发区域（奶厅通道、采食通道、主副粪道、卧床等）、揭发时间（奶厅挤奶流程、饲喂时颈夹锁牛放牛时间、卧床充分躺卧时间等）进行深入细致的管理与相应的制度建立。人员分工分组，重点关注早晨和黄昏时期的爬跨发情以及卧床上奶牛静卧时期的安静发情（图3-6）。卧床尺寸及卧床垫料干燥平整程度需要关注，>75%的上床率能提高发情揭发率和繁殖效率（图3-7），人力不足将严重影响发情揭发工作。

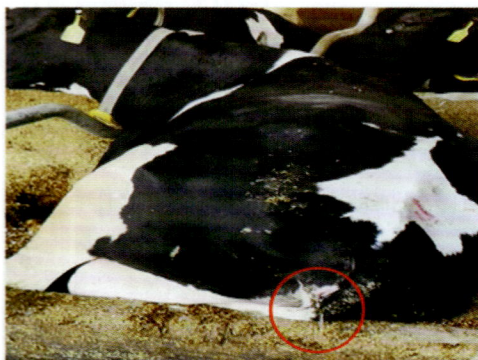

图3-6　卧床上的安静发情

图3-7　良好的上床率能提高安静发情的揭发率

发情揭发的现场评估见表3-6所列。根据表格内容可以了解发情揭发牛群的现场管理与技术操作能力和结果的评估，可根据每一项的具体指标进行选择，再综合评估得出汇总评估结果。

表3-6　繁殖性能发情揭发的现场评估

| | 揭发制度 | 专人负责 | 卧床揭发制度 | 随查能力 | 随检能力 | 卧床尺寸与上床率 | 人力配置 | 发情揭发率 | 综合评估 |
|---|---|---|---|---|---|---|---|---|---|
| 良好 | | | | | | | | | |
| 一般 | | | | | | | | | |
| 较差 | | | | | | | | | |

（3）孕检评估

孕检工作不是每天都在进行，规模牧场的繁殖工作根据流程以周计划的形式循环体现。孕检是对于前一段时间的输精工作进行诊断和评估，以便及时掌握近期繁殖计划的进展。孕检分为初检和复检，初检一般在配后28 d以后进行，每周一次，复检一般在配后60 d，每周一次。常用的初检方法有B超或血检，复检一般用徒手检查和B超（图3-8）。在现场需要了解牛群挤奶后的上夹率（图3-9），或者需要人工辅助上夹的人力配置，以便高效孕检（图3-10），快速作业，减少牛群应激和漏检牛空怀饲养。在现场需要了解孕检人员的分工分组情况，孕检现场需要有人员配合协助完成孕检操作和未孕牛的及时处理或治疗、需要有专人确认牛号和繁殖信息及记录孕检结果，同时也需要了解孕检人员的操作水平，包括配后孕检天数、B超识胎能力、辨别胚胎死亡和双胎能力、未孕牛的诊断能力等。

图3-8　B超孕检与记录

图3-9　上夹率高，提高孕检效率

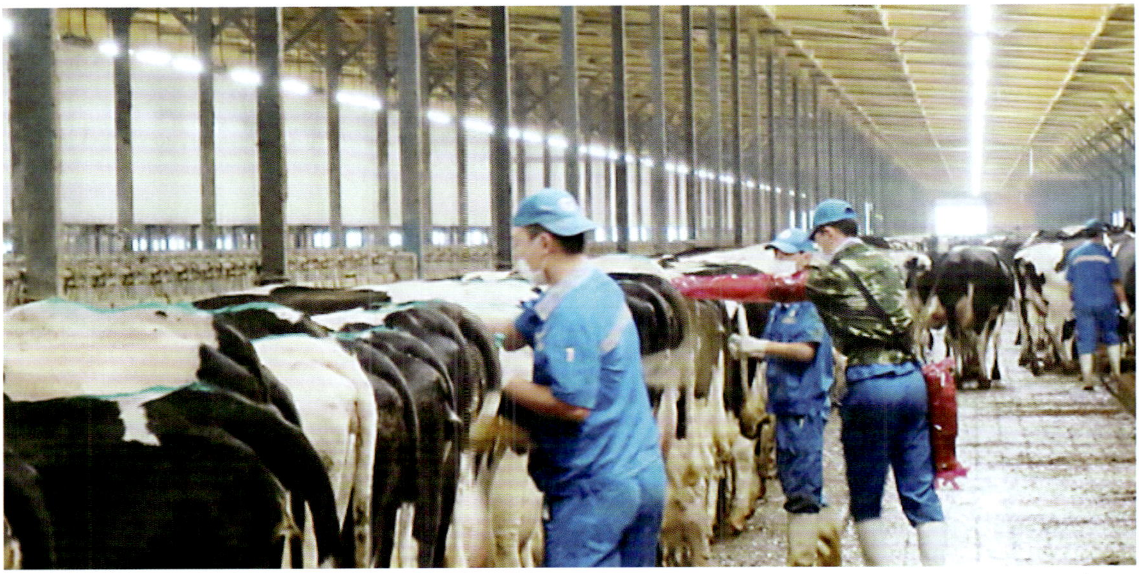

图3-10　高效孕检快速作业

评估参考：孕检牛上夹率需>95%；孕检分工小组配合2~3人；血检天数≥28 d；B超孕检天数≤36 d，具备繁殖疾病的B超诊断能力。

孕检的现场评估见表3-7所列。根据表格内容可以了解孕检操作现场的管理情况与技术操作水平，可根据每一项的具体指标进行选择，再综合评估得出汇总评估结果。

表3-7　繁殖性能孕检的现场评估

|  | 执行周计划 | 初检 | 复检 | 小组人力 | 信息记录 | 操作水平 | 上夹率 | 综合评估 |
|---|---|---|---|---|---|---|---|---|
| 良好 |  |  |  |  |  |  |  |  |
| 一般 |  |  |  |  |  |  |  |  |
| 较差 |  |  |  |  |  |  |  |  |

#### 3.3.2.4 后备参配牛评估

后备牛的繁殖配种工作相对成母牛要简单，但是必须要关注群体的总体均衡情况。在后备牛舍需要了解参配牛舍的存栏头数和颈夹及卧床的数量，计算出饲养密度，要注意后备牛的饲养密度因扩繁扩群经常超出正常范围，密度过大导致社交应激将负面影响繁殖性能。现场观察并询问了解舍内后备牛的月龄分布（≤3个月龄段）并观察体高、体重和整齐度的情况，是否有体重、体高的测量措施，是部分测量还是全群测量，过瘦和过肥牛的占比情况，并了解后备牛的参配标准和使用性控冻精的规则。

评估参考：体高≥130 cm，体重≥400 kg，出于对牛群整齐度和大数据养牛的追求，要求全群测量体重、体高；后备牛参配舍的饲养密度＞90%；后备牛整齐度评估参考：以体重和体高的实际测量值为基础数据，过瘦和过肥牛占群体比例均＜10%。性控冻精的使用规则：前两次配种且性控受胎率≥50%，普精受胎率≥55%。

后备参配牛的现场管理评估见表3-8所列。根据表格内容可以了解孕检操作现场的管理情况与技术操作水平，可根据每一项的具体指标进行选择，再综合评估得出汇总结果。

**表3-8　后备参配牛的现场管理评估**

| | 饲养密度 | 月龄分布 | 体高 | 体重 | 全群测量 | 整齐度 | 肥瘦占比 | 受胎率 | 性控受胎率 |
|---|---|---|---|---|---|---|---|---|---|
| 良好 | | | | | | | | | |
| 一般 | | | | | | | | | |
| 较差 | | | | | | | | | |

注：该表数据全部详细获得可能存在难度，可结合现场与软件数据综合分析评估；肥瘦占比与整齐度表达意思相同，在此只为强调和强化理念的认知。

### 3.3.3　指标数据的评估

#### 3.3.3.1　牛群结构评估

信息部门或繁育负责人协助调取牧场相关指标的数据信息。

（1）群别占比情况

进行牧场的繁殖性能指标数据评估之前，需了解牛群结构，包括各群别的占比，各胎次占比，整体了解该牧场的牛群结构是否在正常范围。一般牧场的成母牛占比在50%~60%，这是由成母牛淘汰率、后备牛增长率、经营决策等因素决定的。一个牧场牛群结构的现状与繁殖性能的关系是互相影响且密不可分的。后备牛投产月龄一般在23~24月龄，那么理论上0~12月龄与13~24月龄的牛头数大致均等，即各占50%左右，否则表明某个对比年度有异常情况，或者繁殖工作有异常，或者存在牛群异动（进场或出场）事件。

评估参考：成母牛占比55%左右，后备牛0~12月龄与13~24月龄占比大致相当。

（2）平均胎次评估

对于成母牛，要了解各胎次分布情况和平均胎次，随着成母牛使用年限的延长和淘汰风险增加，各胎次占比应快速递减，目前各牧场的平均胎次常见于2.0~2.5，胎次偏低的牧场多是新建牧场，或者是高淘汰率的牧场，繁殖工作相对容易一些，反之亦然。

（3）成母牛的怀孕占比

应关注成母牛的怀孕占比，一般在55%以上，有时受产犊季节的影响会有一些大的波动。除去影响因素后仍低于该水平，牧场的繁殖工作可能出了较大的问题。需要进一步深入了解其他繁殖性能指标。

（4）牛群结构综合评估

评估参考：牛群结构的评估（数据来源为牧场管理软件或生产报表）见表3-9所列。根据表格内容可以了解牧场牛群结构的现状与繁殖指标的初步关系，可根据每一项的具体指标进行选择，再综合评估得出汇总评估结果。

表3-9　繁殖性能牛群结构评估

| | 群别占比情况 | 胎次递减情况 | 后备牛分布情况 | 平均胎次 | 怀孕占比 | 综合评估 |
| --- | --- | --- | --- | --- | --- | --- |
| 良好 | | | | | | |
| 一般 | | | | | | |
| 较差 | | | | | | |

注：群别占比情况主要是评估牛群的基本结构是否大致分布正常，如分布均衡可评为良好，局部不均衡可评为一般，整体差异大可评为较差。以下同上。胎次递减情况主要是评估一胎牛与二三胎次的差异大小；后备牛分布情况主要是评估各月龄区间的占比是否均衡；平均胎次主要是评估成母牛的繁殖性能；成母牛怀孕占比主要是评估过去一段时间的繁殖结果。

### 3.3.3.2　月情期受胎率与流产率评估

（1）月情期受胎率评估

月情期受胎率是指本月内配种母牛头次的怀孕占比。成母牛与青年牛分别统计。这个指标反映了参配牛的怀孕效率和输精技术。

评估方法：可根据牧场管理软件生成。也可参考以下计算公式：

成母牛月情期受胎率：本月配种成母牛孕检后怀孕牛头数/本月配种母牛头次 ×100%

青年牛月情期受胎率：本月配种青年牛孕检后怀孕牛头数/本月配种青年牛头次 ×100%

评估参考：成母牛月情期受胎率≥40%；青年牛月情期受胎率≥55%。

影响因素：配种季节、胎次、配次、输精技术等。

（2）月情期受胎率配次评估

月情期受胎率反映了过去的两个月参加配种的牛受胎的情况。关于发情揭发率前面已经提到过，也称配种率。这两个指标基本决定了21 d怀孕率的高低，当然也有其他影响因素，如妊娠损失（又称早期流产）、孕检时间等。

月情期受胎率需要从不同的维度深入分析，可以按照配次受胎率了解每个配次之间的差异大小，一般常见首次配种受胎率最高，二次配种受胎率有所降低，三次配种受胎率较二次配种受胎率低；也可以按照胎次受胎率了解每个胎次之间的差异大小，一般常见头胎受胎率最高，二胎受胎率有所降低，三胎受胎率较二胎受胎率低。如果出现差异过大如接近10%或者更高，或者出现指标倒挂，要进一步深入了解其他指标。

评估方法：可根据牧场管理软件生成报表。

评估参考：常见较好的月情期受胎率首次配种与二次配种差距3%~5%；二次配种与三次配种接近，二次配种略高。

影响因素：首配的妊娠损失、体况、子宫复旧、同期程序执行力等，以及开配天数、人员稳定性、疫病等。

**（3）流产率评估**

关于流产率的指标在实践中的评估比较复杂，国内很多牧场对于流产的定义、统计方式、计算方法各有不同，并且不同的牧场管理软件之间的参数设置也存在差异。

评估方法：可根据牧场管理软件生成报表。也可参考以下公式手动计算：

成母牛流产率：本月流产成母牛头数/本月总怀孕成母牛平均饲养头日×100%

青年牛流产率：本月流产青年牛头数/本月总怀孕青年牛平均饲养头日×100%

评估参考：成母牛月流产率<3%，青年牛月流产率<1.5%。

影响因素：管理应激、疫病、日粮品质等。

### 3.3.3.3　21 d怀孕率与年繁殖率评估

**（1）21 d怀孕率评估**

21 d怀孕率是牧场繁殖性能数据评估的核心指标。这个指标可以反映出繁殖性能的发情揭发率，同时也可以反映出受胎率和繁育团队的配种技术及孕检技术，该指标可以有效地监督繁育人员进行发情揭发和及时孕检，从而提高怀孕率和减少空怀天数。有研究显示，21 d怀孕率同时受受胎率和参配率的影响，受胎率每提高10%，21 d妊娠率提高4.3%；参配率每提高10%，21 d怀孕率提高3.6%。提高21 d怀孕率需特别关注产后首配受胎率，因为首次配种牛占参配牛比例大、效率高，同时也必须关注提高发情揭发率和揭发质量。

21 d怀孕率需要成母牛和后备牛分别统计，成母牛也可以根据胎次统计，同时要了解初检和复检的怀孕率差异（早期胚胎损失）。不同的牧场管理软件都有报告体现。但需注意的是，不同的牧场管理软件之间，21 d怀孕率等指标会有差异，总体上国内的软件要比国外的软件指标高3%~5%。

评估方法：可根据牧场管理软件生成报表。也可参考以下公式手动计算：

本月周期内成母牛怀孕头数/本月周期内成母牛理论发情情期数×100%

本月周期内青年牛怀孕头数/本月周期内青年牛理论发情情期数×100%

评估参考：成母牛21 d怀孕率在规模牧场常见范围为25%~30%，建议≥28%；青年牛35%~40%，建议≥35%。

影响因素：发情揭发率与发情质量、受胎率或配种效率、季节应激、体况、疫病等。

**（2）年繁殖率评估**

年繁殖率（成母牛）是所有繁殖性能阶段指标的综合体现，也是年度繁殖性能评估的终极指标。21 d怀孕率与年繁殖率高度正相关。一般在牧场实践中，评估阶段性的核心指标是21 d怀孕率，这个指标综合体现的是阶段性的繁殖效率，如参配率、月情期受胎率、胎儿损失率等。评估成母牛的年繁殖率一般是用上一年度的结果作为评估依据和对下一年度预测的重要参考，很多牧场在生产实践中非常关注年繁殖率的每月进展，以预测本生产年度每月产犊计划和终极指标完成情况。北方牧场的年繁殖率总体要比南方牧场高5%~10%，近年有些南方牧场的年繁殖率也做得很好，达到80%以上。

评估方法：可根据牧场管理软件生成报表。也可参考以下公式手动计算：

计算公式：年内成母牛分娩总头数/年初成母牛头数×100%

评估参考：成母牛年繁殖率常见范围为70%~80%，建议≥75%。

影响因素：牛群健康状况、人力配置与技术能力、饲养环境等。

### 3.3.4　繁殖性能综合评估

评估参考：结合以上各小节内容中的评估结果，可以进行核心数据的评估汇总，见表 3-10 所列。根据表格内容可以从总体上对牧场繁殖性能现状的关键指标进行评估，以之前的 8 张评估表作为基础和参考，根据该表每一项的具体指标进行选择，再综合评估得出汇总结果。可根据此表的结果，列出牧场繁殖性能评估后得出的薄弱项，为牧场提供改善建议。

表3-10　繁殖性能评估汇总

| 等级评定 | 人力配置 | | | 牛群繁殖健康与现场管理 | | | | | | | | | 繁殖指标 | | | 综合评估 |
| | | | | 产房牛 | | 产后牛 | | 开配牛 | | | 后备牛 | | | | | |
| | 人数 | 技能 | 学历 | 体况 | 环境与应激 | 操作技能 | 炎症 | 复旧水平 | 体况 | 揭发水平 | 孕检水平 | 密度 | 整齐度 | 受胎率 | 胎次结构 | 受胎率 | 繁殖率 |
| 良好 | | | | | | | | | | | | | | | | |
| 一般 | | | | | | | | | | | | | | | | |
| 较差 | | | | | | | | | | | | | | | | |

## 本章小结

本章从人、牛、数据三方面介绍了如何对奶牛繁殖性能进行评估。考虑到学员与牧场管理者的实际情况并与教学实践相结合，对上述三方面进行剖析，最终进行综合评价使之具有初步的可学习性。繁殖技术流程与细节指标没有过多深入。

## 思考题

1. 奶牛繁殖性能评估的内容包括哪几个方面？
2. 奶牛繁殖性能评估中为何有人力配置的评估？与当前奶牛养殖环境有怎样的关系？
3. 奶牛繁殖性能评估中，发情揭发率与年繁殖率有怎样的关系？繁殖率如何能做得更好？

# 第 4 章
## 饲养评估

对于牧场，奶牛产奶量关乎牧场的经济效益，饲料、营养、管理和环境等是影响奶牛生产性能的重要因素。本章主要介绍通过感官评定或利用工具设备评估牧场的常见饲料原料管理、后备牛饲养管理和成母牛饲养管理情况，以期改善和充分发挥奶牛的生产潜能。

## 4.1 评估清单及关键数据参数

在饲养评估之前，首先了解针对哪些指标的何种关键参数进行评估，详见表4-1所列。

表4-1　关于饲养评估的关键参数

| 评估项目 | 评估内容 | 推荐范围及参数 |
|---|---|---|
| 饲料原料 | 玉米 | 籽粒均匀整齐，色泽鲜艳、有光泽 |
| | | 容重≥710 g/L，不完整颗粒≤5% |
| | 蒸汽压片玉米 | 呈金黄色或黄色，色泽均匀一致；无发酵、无霉变、无结块 |
| | | 容重≤370 g/L |
| | 豆粕 | 色泽一致，呈浅黄褐色或淡黄色，不规则的碎片状，无发酵、霉变、虫蛀及杂物 |
| | | CP≥45% |
| | 菜粕 | 优质菜籽粕为黄色或浅褐色，有一定的油光性 |
| | | CP≥37% |
| | 棉粕 | 颜色一致，呈黄色或黄褐色 |
| | | CP≥44% |
| | 花生粕 | 色泽一致，呈新鲜的黄褐色或浅褐色，无发酵、霉变、虫蛀、结块 |
| | | CP≥37% |
| | 大豆皮 | 呈黄白色，质地均一，粒度会有不同，有呈片状，有呈粗粉状 |
| | 喷浆玉米皮 | 呈暗金黄色、暗黄色、淡褐色和深褐色 |
| | | CP≥20% |
| | 甜菜颗粒 | 外表光亮，呈淡灰色、淡绿色或深灰色 |
| | | 灰分≤10% |

（续）

| 评估项目 | 评估内容 | 推荐范围及参数 |
|---|---|---|
| 饲料原料 | 啤酒糟 | 外观颜色变化大，应为浅至中等巧克力色，不能出现烧焦现象 |
| | | CP≥25% |
| | 玉米干酒糟及其可溶物 | 呈金黄色，外观呈不规则的碎片状，无霉变、结块 |
| | | CP≥25% |
| | 全棉籽 | 带绒棉籽呈白色，籽粒饱满 |
| | | CP≥20% |
| | 全株玉米青贮 | 呈青绿色或黄绿色，有光泽，近于原色 |
| | | DM>30%，淀粉>30%，ADF<30%，NDF<40% |
| | 苜蓿干草 | 呈草绿色，现蕾期收割，无霉变 |
| | | CP≥20%，ADF≤30%，NDF≤40% |
| | 燕麦干草 | 呈鲜绿色、淡绿色或绿色，抽穗前收割 |
| | | WSC≥15%，ADF<37%，NDF<60% |
| | 羊草 | 呈浅绿色或枯黄色，无霉变 |
| | | ADF<40%，NDF<65% |
| | 小麦秸秆 | 呈浅黄色，无霉变 |
| | | ADF<50%，NDF<75% |
| 新生犊牛 | 难产率 | <10% |
| | 死胎率 | 头胎牛<10%，经产牛<6% |
| | 接产成活率 | 头胎牛≥93%，经产牛≥97% |
| | 0~2月龄犊牛成活率（产后24 h外） | ≥98% |
| | 挤初乳时间 | 产犊后2 h内 |
| | 喂初乳时间 | 出生后1 h内 |
| | 初乳首次饲喂量 | 4 L |
| | 优质初乳 | IgG >50 mg/mL，Brix%>22% |
| | 合格初乳 | 25<IgG<50 mg/mL，20%<Brix%<22% |
| | 不合格初乳 | IgG <25 mg/mL，Brix%<20% |
| | 初乳巴氏杀菌 | 60℃持续60 min |
| | 初乳解冻温度 | <60℃ |
| | 犊牛被动免疫成功率 | ≥95% |
| 哺乳犊牛 | 犊牛舍面积 | 哺乳犊牛饲养面积≥3 m²/头，群养犊牛躺卧区域面积≥3.6 m²/头，舍内面积≥4.2 m²/头 |
| | 犊牛岛间距 | 相邻两犊牛岛之间的间距应≥30 cm，前后两排犊牛岛间距应≥3 m |
| | 防贼风 | ≤0.3 m/s |
| | 通气量 | 哺乳犊牛在寒冷条件下需要25 m³/（h·头）的换气量，温和环境下需要84 m³/（h·头）的换气量，炎热条件需要150 m³/（h·头）的换气量；在寒冷季节牛舍封闭的状态下，新风系统需要保证整舍换气次数为4~6次 |

（续）

| 评估项目 | 评估内容 | 推荐范围及参数 |
|---|---|---|
| 哺乳犊牛 | 垫草厚度 | 室内温度>0℃，垫草厚度应≥20 cm；室内温度<0℃，垫草厚度应≥30 cm；垫草应足够干燥，以膝盖跪在垫草上20 s，膝盖不湿为标准 |
| | 奶温 | 37~39℃ |
| | 牛奶饲喂量 | 体重10%~15% |
| | 饲喂次数 | 2~3次 |
| | 开始提供开食料时间 | 3日龄内 |
| | 开始提供优质饲草时间 | 15日龄 |
| | 开始提供饮水时间 | 1日龄；每天至少更换2次，冬季应提供温水 |
| | 固体饲料、水饲喂量 | 自由采食、饮水，无空槽 |
| | 去角时间 | 15日龄内 |
| | 兽医巡诊频次 | ≥2次/d |
| | 日增重 | ≥0.85 kg/d |
| | 腹泻月发病率 | <15%（0~2月龄） |
| | 成活率 | ≥98% |
| | 断奶颗粒料采食量 | 开始断奶前3 d颗粒料采食量≥0.9 kg/d |
| 断奶犊牛 | 日增重 | ≥1.0 kg/d |
| | 肺炎月发病率 | <10%（断奶~4月龄）；<2%（4~6月龄） |
| | 成活率 | ≥98% |
| | 转群 | 约6月龄，体重>220 kg，体高>105 cm |
| 育成牛 | 参配 | 12~13月龄，体重达到成母牛55%，体高>130 cm |
| 青年牛 | 体况评分 | 3.0~3.5 |
| | 产前体重 | 达到成母牛95% |
| | 产后体重 | 达到成母牛85% |
| 干奶牛 | 干物质采食量（DMI） | 干奶牛>13 kg/d，经围产>12 kg/d，青围产>11 kg/d |
| | 经围产尿液pH值 | 5.5~6.5 |
| | 青围产乳房水肿 | <20% |
| | 体况评分 | 3.0~3.5，体况合格率≥85% |
| | 围产前期血液指标 | NEFA<0.3 mEg/L，BHBA<0.6 mmol/L |
| 泌乳牛 | 产后代谢疾病 | 低血钙症<2%，临床酮病<3%，胎衣不下<5%，子宫炎<5% |
| | 产后60 d死淘率 | <8% |
| | 高峰产量 | 头胎>40 kg/d，经产>50 kg/d |
| | 体况评分 | 新产牛3.0~3.5，高产牛2.5~3.25，中后期3.0~3.5，体况合格率≥85% |
| | 饲料转化效率 | 全群>1.50 |

注：CP. 粗蛋白；DM. 干物质；ADF. 中性洗涤纤维；NDF. 酸性洗涤纤维；WSC. 水溶性碳水化合物；Brix. 白利糖度；NEFA. 非酯化脂肪酸；BHBA. $\beta$-羟基丁酸。

## 4.2　评估思路与分析维度

　　牧场饲养评估分为定性评估和定量评估。定性评估是一种描述性的评估，通过描述分析研究对象的特征来评估，主要依赖于感官观察。定量评估是使用定量数据来衡量和评估某种现象或结果的程度，主要依赖于大量的数据分析。

### 4.2.1　评估思路

　　"外行看热闹，内行看门道"，观察是一门重要的技术。通过观察，透过现象看本质，及时发现和解决问题，甚至能够预防问题的发生。

　　饲养评估应该从牧场整体观察开始，遵循"整体—局部—个体"的原则：

　　①观察牧场整体，了解生活区、生产区、生产辅助区、粪污处理区等各个功能区域分布情况，是否合理。

　　②观察重点牛群的情况，包括哺乳犊牛、断奶犊牛、参配后备牛、围产前期牛、新产牛和高产牛。

　　③进入牛舍内，观察个体牛只情况，包括体况、体型、瘤胃充盈、乳房结构、肢蹄健康及躯体卫生情况，观察点至少需要涵盖畜舍两端和中段。

### 4.2.2　分析维度

　　随着奶业技术的发展，牧场每天都会产生大量的数据。例如，饲料品质、日粮制作、饲喂、挤奶、行为活动、健康和遗传繁殖数据等，这些数据如何真正转化为决策者所需的有效信息，就需要进行分析。数据分析包含描述性分析、诊断性分析、预测性分析和决策性分析4个维度，其中，描述性分析主要提供可视化的直观的图像数据，诊断性分析则用数据解释现状和原因，预测性分析则使用历史数据和统计模型来预测未来的趋势和变化。以上3个维度的评估最终目的是用于决策性分析，帮助管理者在复杂的环境中做出最优决策。

## 4.3　评估内容与方法

### 4.3.1　常用饲料原料评估

#### 4.3.1.1　精饲料

##### （1）玉米

　　玉米为禾木科一年生草本作物，又名玉蜀黍、苞谷、苞米、苞芦等，按国际饲料分类原则属能量饲料，如图4-1所示。

　　①感官指标：颜色、气味、味道和触感，参考《玉米》（GB 1353—2018），见表4-2所列。

　　②质量指标：等级标准参考《饲料用玉米》（GB/T 17890—2008），见表4-3所列。

　　③营养成分：蛋白、纤维和能量等，见表4-4所列。

图4-1　玉米

表4-2　玉米的感官指标

| 感官 | 评定标准 |
|---|---|
| 视觉 | 优质玉米，籽粒均匀整齐，色泽鲜艳、有光泽；劣质玉米，颜色发暗、无光泽，有的胚部有黄色、绿色或黑色的菌丝 |
| 嗅觉 | 优质玉米哈气后会嗅到本身固有的气味；劣质玉米哈气后会闻到霉味、腐败气味 |
| 味觉 | 优质玉米咀嚼后有甜味；劣质玉米咀嚼后会有酸味、苦味等不良气味 |
| 触觉 | 手捏玉米粒感受硬度，手扒听哗哗声，以及用手感受玉米堆内的温度，用来比较水分的高低 |

表4-3　玉米的质量标准

| 等级 | 容重/（g/L） | 不完善粒/% |
|---|---|---|
| 一级 | ≥710 | ≤5.0 |
| 二级 | ≥685 | ≤6.5 |
| 三级 | ≥660 | ≤8.0 |

表4-4　玉米的主要营养成分

| 项目 | 干物质基础含量 | 项目 | 干物质基础含量 |
|---|---|---|---|
| 干物质/% | 86 | 粗脂肪/% | 3.4~5.3 |
| 粗蛋白/% | 8.4~10.3 | 粗灰分/% | 1.2~1.3 |
| 粗纤维/% | 2.2~2.6 | 钙/% | 0.01~0.16 |
| 中性洗涤纤维/% | 9.1~9.4 | 磷/% | 0.25~0.36 |
| 酸性洗涤纤维/% | 2.7~4.2 | 泌乳净能/（MJ/kg） | 7.66~7.70 |

注：引自《中国饲料成分及营养价值表》，2022。

图4-2　蒸汽压片玉米

## （2）蒸汽压片玉米

压片玉米是玉米粒经过蒸汽加热和机械碾压后，成为具有一定密度及厚度的薄片，也是能量饲料的一种，如图4-2所示。

①感官指标：颜色和气味，见表4-5所列。

②质量指标：等级标准参考《饲料原料　压片玉米》（GB/T 40848—2021），见表4-6所列。

③营养成分：蛋白、纤维和能量等，见表4-7所列。

表4-5　蒸汽压片玉米的感官指标

| 感官 | 评定标准 |
|---|---|
| 视觉 | 压片玉米色泽金黄色或黄色，色泽均匀一致；无发酵、无霉变、无结块 |
| 嗅觉 | 具有玉米固有的芳香味，无霉变味 |

表4-6　蒸汽压片玉米的质量标准

| 项目 | 等级 | | |
| --- | --- | --- | --- |
| | 一级 | 二级 | 三级 |
| 淀粉糊化度/% | ≥70 | ≥58 | ≥50 |
| 容重/（g/L） | ≤300 | ≤410 | ≤470 |
| 水分/% | ≤12 | ≤12 | ≤12 |

表4-7　蒸汽压片玉米的主要营养成分　　　　　　　　　　　　　%

| 项目 | 干物质基础含量 | 项目 | 干物质基础含量 |
| --- | --- | --- | --- |
| 粗蛋白 | 9.43±0.86 | 粗灰分 | 1.29 |
| 中性洗涤纤维 | 19.28±2.11 | 钙 | 0.24±0.01 |
| 酸性洗涤纤维 | 2.97±0.57 | 磷 | 0.19±0.02 |
| 粗脂肪 | 5.28±1.80 | | |

注：引自曹志军，2015。

### （3）豆粕

豆粕（饼）是以大豆为原料取油后的副产品。由于取油工艺不同，通常将用浸提法或经预压后再浸提取油后的副产品称为豆粕（图4-3），用压榨法或夯榨法取油后的副产品称为豆饼。

①感官指标：颜色、气味和触感，见表4-8所列。

②质量指标：等级标准参考《饲料原料　豆粕》（GB/T 19541—2017），见表4-9所列。

③营养成分：蛋白、纤维和脂肪等，一般配方中各营养成分参考值见表4-10所列。

图4-3　豆粕

表4-8　豆粕（饼）的感官指标

| 感官 | 评定标准 |
| --- | --- |
| 视觉 | 色泽新鲜一致，豆粕呈浅黄褐色或淡黄色，豆饼呈黄褐色；豆粕呈不规则的碎片状，豆饼呈饼状或小片状，无发酵、霉变、虫蛀及杂物 |
| 嗅觉 | 具有烤大豆香味，无生豆味，无酸败、霉变、焦化等味道 |
| 触觉 | 剥开后用手指捻可见白色粉末状物 |

注：引自刘宪明，2013。

表4-9　豆粕（饼）的质量标准

| 项目 | 等级 | | | |
| --- | --- | --- | --- | --- |
| | 特级 | 一级 | 二级 | 三级 |
| 粗蛋白/% | ≥48.0 | ≥46.0 | ≥43.0 | ≥41.0 |
| 粗纤维/% | ≤5.0 | ≤7.0 | ≤7.0 | ≤7.0 |

（续）

| 项目 | 等级 | | | |
|---|---|---|---|---|
| | 特级 | 一级 | 二级 | 三级 |
| 赖氨酸/% | ≥2.50 | ≥2.50 | ≥2.30 | ≥2.30 |
| 水分/% | ≤12.5 | ≤12.5 | ≤12.5 | ≤12.5 |
| 粗灰分/% | ≤7.0 | ≤7.0 | ≤7.0 | ≤7.0 |
| 尿素酶活性/（U/g） | ≤0.30 | ≤0.30 | ≤0.30 | ≤0.30 |
| 氢氧化钾蛋白质溶解度/% | ≥73.0 | ≥73.0 | ≥73.0 | ≤73.0 |

表4-10 豆粕（饼）的主要营养成分

| 项目 | 干物质基础含量 | 项目 | 干物质基础含量 |
|---|---|---|---|
| 干物质/% | 89.0 | 粗脂肪/% | 1.5 |
| 粗蛋白/% | 44.3 | 粗灰分/% | 6.0 |
| 粗纤维/% | 5.4 | 钙/% | 0.33 |
| 中性洗涤纤维/% | 13.6 | 磷/% | 0.78 |
| 酸性洗涤纤维/% | 9.6 | 泌乳净能/（MJ/kg） | 7.45 |

注：引自《中国饲料成分及营养价值表》，2022。

图4-4 菜粕

**（4）菜粕**

以油菜籽为原料，用浸提法或经预压后再浸提取油后的副产品称为菜籽粕，如图4-4所示。

①感官指标：颜色、气味和触感，见表4-11所列。

②质量指标：等级标准参考《饲料用菜籽粕》（GB/T 23736—2009），见表4-12所列。

③营养成分：蛋白、纤维和脂肪等，见表4-13所列。

表4-11 菜粕的感官指标

| 感官 | 评定标准 |
|---|---|
| 视觉 | 优质菜籽粕为黄色或浅褐色，有一定的油光性 |
| 嗅觉 | 具有菜籽粕油香味，无异味异嗅 |
| 触觉 | 抓一把菜粕在手上，拈一拈其分量。若较重，可能有掺砂现象，松开手将菜粕倾倒，使自然落下，观察手中菜粕残留量；若残留较多，则水分及油脂含量都较高；同时，观察其有无霉变、氧化现象；再用手摸菜粕感觉其湿度，一般情况下，温度较高，水分也较高；若感觉烫手，大量堆码很可能会引起自燃 |

注：引自刘宪明，2013。

**表4-12　菜粕的质量标准**　　　　　　　　　　　　　　　　　　　　　%

| 项目 | 等级 | | | |
|---|---|---|---|---|
| | 一级 | 二级 | 三级 | 四级 |
| 粗蛋白 | ≥41.0 | ≥39.0 | ≥37.0 | ≥35.0 |
| 粗纤维 | ≤10.0 | ≤12.0 | ≤12.0 | ≤14.0 |
| 赖氨酸 | ≥1.7 | ≥1.7 | ≥1.3 | ≥1.3 |
| 粗灰分 | ≤8.0 | ≤8.0 | ≤9.0 | ≤9.0 |
| 粗脂肪 | ≤3.0 | ≤3.0 | ≤3.0 | ≤3.0 |
| 水分 | ≤12.0 | ≤12.0 | ≤12.0 | ≤12.0 |

**表4-13　菜粕的主要营养成分**

| 项目 | 干物质基础含量 | 项目 | 干物质基础含量 |
|---|---|---|---|
| 干物质/% | 88.0 | 粗脂肪/% | 1.9 |
| 粗蛋白/% | 38.6 | 粗灰分/% | 6.9 |
| 粗纤维/% | 11.6 | 钙/% | 0.82 |
| 中性洗涤纤维/% | 20.7 | 磷/% | 1.28 |
| 酸性洗涤纤维/% | 16.8 | 泌乳净能/（MJ/kg） | 1.39 |

注：引自《中国饲料成分及营养价值表》，2022。

### （5）棉粕

棉粕是棉籽经脱壳、加热、压扁成薄片用溶剂己烷浸出油后所余下的副产品，是一种优质的蛋白质饲料，如图4-5所示。

①感官指标：颜色、气味和触感，见表4-14所列。

②质量指标：等级标准参考《饲料用棉籽粕》（GB/T 21264—2007），见表4-15所列。

③营养成分：蛋白、纤维和脂肪等，见表4-16所列。

图4-5　棉粕

**表4-14　棉粕的感官指标**

| 感官 | 评定标准 |
|---|---|
| 视觉 | 新鲜棉粕色泽为颜色一致的黄色或黄褐色，若为深褐色则是高温蒸炒过度造成的；棉粕绒多，影响成品的外观，难粉碎，在料仓中易结拱 |
| 嗅觉 | 棉籽粕具有特有气味，无酸、腐、焦、霉、发酵味或其他异味，出现焦煳味为加工过度 |
| 触觉 | 用力抓一把棉粕，再松开，若棉粕被握成团块状，则水分较高，若成松散状，则水分较低；将棉粕倾倒，观察手中残留量，若残留较多，则水分较高，反之较少；用手摸棉粕感觉其湿度，一般情况下，温度较高，水分较高，若感觉烫手，大量堆码很可能会自燃 |

注：引自杨若玉，2006。

**表4-15　棉粕的质量标准**　　　　　　　　　　　　　　　　　　　　%

| 项目 | 等级 | | | | |
|---|---|---|---|---|---|
| | 一级 | 二级 | 三级 | 四级 | 五级 |
| 粗蛋白质 | ≥50.0 | ≥47.0 | ≥44.0 | ≥41.0 | ≥38.0 |
| 粗纤维 | ≤9.0 | ≤12.0 | ≤14.0 | ≤14.0 | ≤16.0 |
| 粗灰分 | ≤8.0 | ≤8.0 | ≤9.0 | ≤9.0 | ≤9.0 |
| 粗脂肪 | ≤2.0 | ≤2.0 | ≤2.0 | ≤2.0 | ≤2.0 |
| 水分 | ≤12.0 | ≤12.0 | ≤12.0 | ≤12.0 | ≤12.0 |

**表4-16　棉粕的主要营养成分**

| 项目 | 干物质基础含量 | 项目 | 干物质基础含量 |
|---|---|---|---|
| 干物质/% | 88~90 | 粗脂肪/% | 0.5~0.8 |
| 粗蛋白/% | 43.9~47.0 | 粗灰分/% | 6.0~7.2 |
| 粗纤维/% | 10.2~11.4 | 钙/% | 0.28~0.30 |
| 中性洗涤纤维/% | 22.5~27.4 | 磷/% | 1.04~1.24 |
| 酸性洗涤纤维/% | 15.3~19.4 | 泌乳净能/（MJ/kg） | 6.53~6.61 |

注：引自《中国饲料成分及营养价值表》，2022。

图4-6　花生粕

**（6）花生粕**

以脱壳后的花生仁为原料，经预压—有机溶剂浸提或直接有机溶剂浸提取油后的副产品称为花生粕，经土法夯榨及机械压榨取油后的副产品称为花生饼，如图4-6所示。

①感官指标：颜色、气味和触感，见表4-17所列。

②质量指标：等级标准参考《饲料用花生粕》（NY/T 133—1989），见表4-18所列。

③营养成分：蛋白、纤维和脂肪等，见表4-19所列。

**表4-17　花生粕的感官指标**

| 感官 | 评定标准 |
|---|---|
| 视觉 | 碎屑状，色泽呈新鲜一致的黄褐色或浅褐色，无发酵、霉变、虫蛀、结块 |
| 嗅觉 | 有淡花生香味，不应有焦糊、酸败等异味异嗅 |
| 触觉 | 用手抓有疏松感觉，掺假花生粕颜色暗淡，用手抓觉较沉 |

注：引自刘宪明，2013。

**表4-18　饲料用花生粕的质量标准**　　　　　　　　　　　　　　　　%

| 项目 | 等级 | | |
|---|---|---|---|
| | 一级 | 二级 | 三级 |
| 粗蛋白 | ≥51.0 | ≥42.0 | ≥37.0 |
| 粗纤维 | <7.0 | <9.0 | <11.0 |
| 粗灰分 | <6.0 | <7.0 | <8.0 |

表4-19　花生粕的主要营养成分

| 项目 | 干物质基础含量 | 项目 | 干物质基础含量 |
|---|---|---|---|
| 干物质/% | 88.0 | 粗脂肪/% | 1.4 |
| 粗蛋白/% | 47.8 | 粗灰分/% | 5.4 |
| 粗纤维/% | 6.2 | 钙/% | 0.27 |
| 中性洗涤纤维/% | 15.5 | 磷/% | 0.56 |
| 酸性洗涤纤维/% | 11.7 | 泌乳净能/（MJ/kg） | 7.53 |

注：引自《中国饲料成分及营养价值表》，2022。

### 4.3.1.2　农副产品

#### （1）大豆皮

大豆皮就是在生产豆粕和油脂的时候，脱皮所得到的一种副产物，如图4-7所示。

①感官指标：颜色、气味、味道和触感，见表4-20所列。

②营养成分：蛋白、纤维和脂肪等，见表4-21所列。

图4-7　大豆皮

表4-20　大豆皮的感官指标

| 感官 | 评定标准 |
|---|---|
| 视觉 | 呈黄白色，质地均一；大豆皮的粒度会有不同，有呈片状，有呈粗粉状 |
| 嗅觉 | 无特殊气味 |
| 味觉 | 无特殊味道 |
| 触觉 | 松软，均有松积性 |

表4-21　大豆皮的主要营养成分

| 项目 | 干物质基础含量 | 项目 | 干物质基础含量 |
|---|---|---|---|
| 干物质/% | 90.9 | 粗灰分/% | 4.9 |
| 粗蛋白/% | 13.9 | 钙/% | 0.63 |
| 中性洗涤纤维/% | 44.6 | 磷/% | 0.17 |
| 酸性洗涤纤维/% | 60.3 | 泌乳净能/（MJ/kg） | 6.11 |
| 粗脂肪/% | 2.7 | | |

注：引自《奶牛营养需要》NRC，2001。

#### （2）喷浆玉米皮

原料玉米除去淀粉、蛋白质和脱油后，所剩下的产品，经过不同的比例的混合，经过干燥，就成为喷浆玉米皮，如图4-8所示。

①感官指标：颜色、气味、味道和触感，见表4-22所列。

②营养成分：蛋白、纤维和脂肪等，见表4-23所列。

图4-8　喷浆玉米皮

表4-22　喷浆玉米皮的感官指标

| 感官 | 评定标准 |
| --- | --- |
| 视觉 | 颜色呈暗金黄、暗黄、淡褐和深褐色；根据加热是否过度和回浆的多少，决定了产品的颜色 |
| 嗅觉 | 特有的酸味；但是，不能有酸败味、霉味和异味 |
| 味觉 | 有一些苦涩味，味道与喷浆的多少会有很大关系 |
| 触觉 | 细粒状，流动性良好；成分、细度和色泽应该保持一致 |

表4-23　喷浆玉米皮的主要营养成分

| 项目 | 干物质基础含量 | 项目 | 干物质基础含量 |
| --- | --- | --- | --- |
| 干物质/% | 91.9 | 粗灰分/% | 6.71 |
| 粗蛋白/% | 22.1 | 钙/% | 0.22 |
| 粗纤维/% | 9.00 | 磷/% | 0.97 |
| 中性洗涤纤维/% | 36.4 | 泌乳净能/（MJ/kg） | 7.53 |
| 酸性洗涤纤维/% | 10.1 | 代谢能/（MJ/kg） | 11.84 |
| 粗脂肪/% | 2.90 | | |

图4-9　甜菜颗粒

图4-10　啤酒糟

（3）甜菜颗粒

甜菜颗粒属于制糖的副产品，是甜菜块根、块茎经过浸泡、压榨提取糖液后的残渣，如图4-9所示。

①感官指标：颜色、气味、味道和触感，见表4-24所列。

②营养成分：纤维、脂肪和灰分等，见表4-25所列。

（4）啤酒糟

啤酒糟是大麦（或者小麦、玉米、稻谷、高粱）等谷物，经过浸泡、发芽、淀粉酶解生糖，而后过滤和发酵生产出啤酒过程中的一个副产品，如图4-10所示。

①感官指标：颜色、气味、味道和触感，见表4-26所列。

②营养成分：干物质、蛋白和纤维等，见表4-27所列。

表4-24　甜菜颗粒的感官指标

| 感官 | 评定标准 |
| --- | --- |
| 视觉 | 外面光亮，呈淡灰色、淡绿色或深灰色 |
| 嗅觉 | 无味或稍有芬香味 |
| 味觉 | 稍有芬芳味 |
| 触觉 | 较硬 |

表4-25　甜菜颗粒的主要营养成分

| 项目 | 干物质基础含量 | 项目 | 干物质基础含量 |
|---|---|---|---|
| 干物质/% | 88.3 | 粗灰分/% | 7.3 |
| 粗蛋白/% | 10.0 | 钙/% | 0.91 |
| 中性洗涤纤维/% | 45.8 | 磷/% | 0.09 |
| 酸性洗涤纤维/% | 23.1 | 泌乳净能/（MJ/kg） | 6.15 |
| 粗脂肪/% | 1.1 | 代谢能/（MJ/kg） | 9.88 |

注：引自《奶牛营养需要》NRC，2001。

表4-26　啤酒糟的感官指标

| 感官 | 评定标准 |
|---|---|
| 视觉 | 外观颜色变化大，应为浅至中等巧克力色，不能出现烧焦现象 |
| 嗅觉 | 有发酵的香味，无刺激性气味 |
| 味觉 | 不应有发霉、发酸或者焦味 |
| 触觉 | 摸起来与壳的多少有关系；粗糟紧握会扎手，细糟均匀而且柔软 |

表4-27　啤酒糟的主要营养成分

| 项目 | 干物质基础含量 | 项目 | 干物质基础含量 |
|---|---|---|---|
| 干物质/% | 21.8 | 粗灰分/% | 4.9 |
| 粗蛋白/% | 28.4 | 钙/% | 0.35 |
| 中性洗涤纤维/% | 47.1 | 磷/% | 0.59 |
| 酸性洗涤纤维/% | 23.1 | 泌乳净能/（MJ/kg） | 7.16 |
| 粗脂肪/% | 5.2 | 代谢能/（MJ/kg） | 11.26 |

注：引自《奶牛营养需要》NRC，2001。

### （5）玉米干酒糟及其可溶物

玉米干酒糟及其可溶物（DDGS）是谷物玉米在生产酒精过程中经过糖化、发酵、蒸馏去除酒精后，残留物再经过干燥处理而得到的产物，如图4-11所示。

①感官指标：颜色、气味、味道和触感，见表4-28所列。

②营养成分：蛋白、纤维和脂肪等，见表4-29所列。

图4-11　玉米干酒糟及其可溶物

**表4-28　玉米DDGS的感官指标**

| 感官 | 评定标准 |
|---|---|
| 视觉 | 外观呈不规则破碎片状，无霉变、结块；颜色为金黄色，颜色越深，营养价值越低 |
| 嗅觉 | 气味芳香，呈发酵性气味；受热过度的玉米DDGS，闻起来有一股煳味或者烟味 |
| 味觉 | 尝起先有微酸味，后有玉米香回味 |
| 触觉 | 用手捻若感觉黏手，则水分较高，反之较低 |

注：引自许小霞，2018。

**表4-29　玉米DDGS的主要营养成分**

| 项目 | 干物质基础含量 | 项目 | 干物质基础含量 |
|---|---|---|---|
| 干物质/% | 88.0 | 粗脂肪/% | 10.0 |
| 粗蛋白/% | 26.9 | 粗灰分/% | 4.4 |
| 粗纤维/% | 8.0 | 钙/% | 0.06 |
| 中性洗涤纤维/% | 38.3 | 磷/% | 0.79 |
| 酸性洗涤纤维/% | 12.5 | 泌乳净能/（MJ/kg） | 8.97 |

注：引自《中国饲料成分及营养价值表》，2022。

**图4-12　全棉籽**

### （6）全棉籽

全棉籽是棉花脱绒后的籽粒，如图4-12所示。
①感官指标：颜色、气味、味道和触感，见表4-30所列。
②营养成分：蛋白、纤维和脂肪等，见表4-31所列。

**表4-30　全棉籽的感官指标**

| 感官 | 评定标准 |
|---|---|
| 视觉 | 带绒棉籽呈白色，籽粒饱满，有时会有少量棉壳 |
| 嗅觉 | 无特殊气味；贮存不好的棉籽会有霉味 |
| 味觉 | 无味 |
| 触觉 | 手感柔软，不同的品种棉籽壳的硬度不一样 |

**表4-31　全棉籽的主要营养成分**

| 项目 | 干物质基础含量 | 项目 | 干物质基础含量 |
|---|---|---|---|
| 干物质/% | 90.1 | 粗灰分/% | 4.2 |
| 粗蛋白/% | 23.5 | 钙/% | 0.17 |
| 中性洗涤纤维/% | 50.3 | 磷/% | 0.60 |
| 酸性洗涤纤维/% | 40.1 | 泌乳净能/（MJ/kg） | 1.94 |
| 粗脂肪/% | 19.3 | 代谢能/（MJ/kg） | 2.91 |

注：引自《奶牛营养需要》NRC，2001。

#### 4.3.1.3　粗饲料

（1）全株玉米青贮

全株玉米青贮是指将新鲜的全株玉米切短装入密封容器里，经过微生物发酵作用，制成一种具有特殊芳香气味、营养丰富的多汁饲料，如图4-13所示。

①感官指标：颜色、气味和质地，见表4-32所列。

②质量指标：等级标准参考《青贮玉米品质分级》（GB/T 25882—2010），见表4-33所列。结合市场价格情况，一般建议采用干物质>30%，淀粉>30%，酸性洗涤纤维<30%，中性洗涤纤维<40%的优质全株玉米青贮。

其中，中性洗涤纤维、酸性洗涤纤维、淀粉以占干物质的量表示。等级按照单项指标最低值分类。

③营养成分：干物质、淀粉和纤维等，见表4-34所列。

图4-13　全株玉米青贮

表4-32　全株玉米青贮的感官评定

| 品质等级 | 颜色 | 气味 | 酸味 | 结构 |
|---|---|---|---|---|
| 优良 | 青绿色或黄绿色，有光泽，近于原色 | 芳香酒酸味，给人以舒服感 | 浓 | 湿润、紧密，茎叶花保持原状，容易分离 |
| 中等 | 黄褐或暗褐色 | 有刺鼻酸味，香味淡 | 中等 | 茎叶花部分保持原状，柔软，水分稍多 |
| 低劣 | 黑色、褐色或暗墨绿色 | 具有特别刺鼻臭味或霉味 | 淡 | 腐烂，污泥状，黏滑或干燥或黏结成块，无结构 |

注：引自王恬，2018。

表4-33　全株玉米青贮的质量标准　　　　　　　　　　　　　%

| 项目 | 等级 | | |
|---|---|---|---|
| | 一级 | 二级 | 三级 |
| 中性洗涤纤维 | ≤45 | ≤50 | ≤55 |
| 酸性洗涤纤维 | ≤23 | ≤26 | ≤29 |
| 淀粉 | ≥25 | ≥20 | ≥15 |

表4-34　全株玉米青贮的主要营养成分

| 项目 | 干物质基础含量 | 项目 | 干物质基础含量 |
|---|---|---|---|
| 干物质/% | 34 | 粗脂肪/% | 3.1 |
| 粗蛋白/% | 8 | 粗灰分/% | 5 |
| 过瘤胃蛋白/%蛋白 | 28 | 钙/% | 0.28 |
| 粗纤维/% | 21 | 磷/% | 0.23 |
| 中性洗涤纤维/% | 46 | 维持净能/（MJ/kg） | 6.90 |
| 酸性洗涤纤维/% | 27 | 生长净能/（MJ/kg） | 4.35 |
| 有效中性洗涤纤维/%中性洗涤纤维 | 70 | 泌乳净能/（MJ/kg） | 6.82 |

注：引自《中国饲料成分及营养价值表》，2022。

图4-14 苜蓿干草

## （2）苜蓿干草

紫花苜蓿在适宜的时期进行收割、晾晒干燥和打捆包装等工艺制成的干草，如图4-14所示。

①感官指标：颜色、气味和收获期等参考《豆科牧草干草质量分级》（NY/T 1574—2007），见表4-35所列。

②质量指标：美国等级标准见表4-36所列。结合市场价格，推荐规模牧场采用粗蛋白>20%，酸性洗涤纤维<30%，中性洗涤纤维<40%的优质苜蓿干草。

③营养成分：蛋白、纤维和灰分等，见表4-37所列。

表4-35 苜蓿干草的感官评定

| 指标 | 等级 | | | |
| --- | --- | --- | --- | --- |
| | 特级 | 一级 | 二级 | 三级 |
| 色泽 | 草绿 | 灰绿 | 黄绿 | 黄 |
| 气味 | 芳香味 | 草味 | 淡草味 | 无味 |
| 收获期 | 现蕾期 | 开花期 | 结实初期 | 结实期 |
| 叶量/% | 50~60 | 49~30 | 29~20 | 19~6 |
| 杂草/% | <3.0 | <5.0 | <8.0 | <12.0 |
| 含水量/% | 15~16 | 17~18 | 19~20 | 21~22 |
| 异物/% | 0 | <0.2 | <0.4 | <0.6 |

表4-36 苜蓿干草的质量标准

| 项目 | 等级 | | | | |
| --- | --- | --- | --- | --- | --- |
| | 特级 | 一级 | 二级 | 三级 | 四级 |
| 粗蛋白/% | >22 | 20~22 | 18~20 | 16~18 | <16 |
| 酸性洗涤纤维/% | <27 | 27~29 | 29~32 | 32~35 | >35 |
| 中性洗涤纤维/% | <34 | 34~36 | 36~40 | 40~44 | >44 |
| 相对饲料价值 | >185 | 175~185 | 150~170 | 130~150 | <130 |
| 总消化养分 | >62 | 60.5~62 | 58~60 | 56~58 | <44 |
| 可消化总养分（90%干物质） | >55.9 | 54.5~55.9 | 52.5~54.5 | 50.5~52.5 | <50.5 |

表4-37 苜蓿干草（初花期）的主要营养成分

| 项目 | 干物质基础含量 | 项目 | 干物质基础含量 |
| --- | --- | --- | --- |
| 干物质/% | 90 | 粗脂肪/% | 2.5 |
| 粗蛋白/% | 19 | 粗灰分/% | 8 |
| 过瘤胃蛋白/%蛋白 | 20 | 钙/% | 1.41 |
| 粗纤维/% | 28 | 磷/% | 0.26 |
| 中性洗涤纤维/% | 45 | 维持净能/（MJ/kg） | 5.44 |
| 酸性洗涤纤维/% | 35 | 生长净能/（MJ/kg） | 2.59 |
| 有效中性洗涤纤维/%中性洗涤纤维 | 92 | 泌乳净能/（MJ/kg） | 5.44 |

注：引自《中国饲料成分及营养价值表》，2022。

（3）燕麦干草

燕麦在适宜的时期进行收割、晾晒干燥和打捆包装等工艺制成的干草，如图4-15所示。

①感官指标：颜色、气味和收获期等参考《禾本科牧草干草质量分级》（NY/T 728—2003），见表4-38所列。

②质量指标：等级标准参考《燕麦干草质量分级》（T/CAAA 002—2018），见表4-39所列。燕麦干草常见A型和B型两种，A型干草特点是含有8%以上的粗蛋白，部分可达14%以上，主要产自我国内蒙古自治区阿鲁科尔沁旗、通辽市、乌兰察布市，河北省坝

图4-15 燕麦干草

上地区、吉林省白城市、黑龙江省、甘肃省定西市等产区及美国、加拿大等国。B型干草特点是含有15%以上的水溶性碳水化合物，部分可达30%以上。主要产自我国甘肃省山丹县、青海省黄南藏族自治州等产区以及澳大利亚等国。

③营养成分：蛋白、纤维和灰分等，见表4-40所列。

表4-38 燕麦干草的感官评定

| 指标 | 等级 | | | |
|---|---|---|---|---|
| | 特级 | 一级 | 二级 | 三级 |
| 色泽 | 鲜绿色或绿色 | 绿色 | 绿色或浅绿色 | 淡绿或浅黄 |
| 气味 | 浓郁的干草香味 | 草香味 | 草香味 | 无味 |
| 收获期 | 抽穗前 | 抽穗前 | 抽穗前初期或抽穗期 | 结实期 |
| 杂草（人工）/% | ≤1 | ≤2 | ≤5 | ≤8 |
| 杂草（天然）/% | ≤3 | ≤5 | ≤7 | ≤8 |
| 异物和霉变 | 无杂物和霉变 | — | — | — |

表4-39 A型和B型燕麦干草的质量标准　　　　　　　　　　　　　　　　　%

| | 项目 | 特级 | 一级 | 二级 | 三级 |
|---|---|---|---|---|---|
| A型 | 中性洗涤纤维 | <55.0 | ≥55.0，<59.0 | ≥59.0，<62.0 | ≥62.0，<65.0 |
| | 酸性洗涤纤维 | <33.0 | ≥33.0，<36.0 | ≥36.0，<38.0 | ≥38.0，<40.0 |
| | 粗蛋白 | ≥14.0 | ≥12.0，<14.0 | ≥10.0，<12.0 | ≥8.0，<10.0 |
| | 水分 | ≤14.0 | ≤14.0 | ≤14.0 | ≤14.0 |
| B型 | 中性洗涤纤维 | <50.0 | ≥50.0，<54.0 | ≥54.0，<57.0 | ≥57.0，<60.0 |
| | 酸性洗涤纤维 | <30.0 | ≥30.0，<33.0 | ≥33.0，<35.0 | ≥35.0，<37.0 |
| | 水溶性碳水化合物 | ≥30.0 | ≥25.0，<30.0 | ≥20.0，<25.0 | ≥15.0，<20.0 |
| | 水分 | ≤14.0 | ≤14.0 | ≤14.0 | ≤14.0 |

表4-40    燕麦干草的主要营养成分

| 项目 | 干物质基础含量 | 项目 | 干物质基础含量 |
|---|---|---|---|
| 干物质/% | 90 | 粗脂肪/% | 2.3 |
| 粗蛋白/% | 10 | 粗灰分/% | 8 |
| 过瘤胃蛋白/%蛋白 | 25 | 钙/% | 0.40 |
| 粗纤维/% | 31 | 磷/% | 0.27 |
| 中性洗涤纤维/% | 63 | 维持净能/（MJ/kg） | 4.98 |
| 酸性洗涤纤维/% | 39 | 生长净能/（MJ/kg） | 1.84 |
| 有效中性洗涤纤维/%中性洗涤纤维 | 98 | 泌乳净能/（MJ/kg） | 4.98 |

注：引自《中国饲料成分及营养价值表》，2022。

图4-16    羊草

（4）羊草

羊草在适宜的时期进行收割、晾晒干燥和打捆包装等工艺制成的干草，如图4-16所示。

①感官指标：颜色、气味和杂质等参考《羊草干草》（NY/T 4381—2023），见表4-41所列。

②质量指标：等级标准参考《羊草干草》（NY/T 4381—2023），见表4-42所列。

③营养成分：蛋白、纤维和灰分等，见表4-43所列。

表4-41    羊草干草的感官评定

| 项目 | 特级 | 一级 | 二级 | 三级 |
|---|---|---|---|---|
| 纯度/% | ≥90 | ≥80 | ≥65 | ≥50 |
| 不可食草比例/% | <1 | <1 | <1 | <1 |
| 颜色 | 呈绿色、黄绿色或枯黄色 | 呈绿色、黄绿色或枯黄色 | 呈绿色、黄绿色或枯黄色 | 呈绿色、黄绿色或枯黄色 |
| 霉变 | 无霉变 | 无霉变 | 无霉变 | 无霉变 |
| 气味 | 草香味、无异味 | 草香味、无异味 | 草香味、无异味 | 草香味、无异味 |
| 杂质 | 不含杂质 | 不含杂质 | 不含杂质 | 不含杂质 |

表4-42    羊草干草的质量指标                                      %

| 项目 | 特级 | 一级 | 二级 | 三级 |
|---|---|---|---|---|
| 粗蛋白 | ≥9 | ≥7 | ≥5 | ≥4 |
| 中性洗涤纤维 | <55 | <60 | <65 | <70 |
| 酸性洗涤纤维 | <30 | <35 | <40 | <45 |
| 水分 | ≤14.0 | ≤14.0 | ≤14.0 | ≤14.0 |

**表4-43　羊草的主要营养成分**

| 项目 | 干物质基础含量 | 项目 | 干物质基础含量 |
|---|---|---|---|
| 干物质/% | 91 | 粗脂肪/% | 2.0 |
| 粗蛋白/% | 7 | 粗灰分/% | 8 |
| 过瘤胃蛋白/%蛋白 | 37 | 钙/% | 0.40 |
| 粗纤维/% | 34 | 磷/% | 0.15 |
| 中性洗涤纤维/% | 67 | 维持净能/（MJ/kg） | 4.60 |
| 酸性洗涤纤维/% | 47 | 生长净能/（MJ/kg） | 1.09 |
| 有效中性洗涤纤维/%中性洗涤纤维 | 98 | 泌乳净能/（MJ/kg） | 4.52 |

## （5）小麦秸秆

小麦秸秆是全株小麦收获籽粒后的干麦秆，如图4-17所示。

①感官指标：颜色、气味和收获期等参阅《常用粗饲料收储与加工标准》（DB37/T 2996—2017），见表4-44所列。

②质量指标：等级标准参考《常用粗饲料收储与加工标准》（DB37/T 2996—2017），见表4-45所列。

③营养成分：干物质、纤维和灰分等，见表4-46所列。

**图4-17　小麦秸秆**

**表4-44　小麦秸秆的感官指标**

| 检验项目 | 评定标准 | 检验项目 | 评定标准 |
|---|---|---|---|
| 颜色 | 浅黄色 | 杂草/% | ≤3.0 |
| 气味 | 无异味 | 水分/% | 9.5~14.0 |
| 是否霉变 | 否 | 异物/% | <0.3 |
| 叶量/% | 45 | | |

**表4-45　小麦秸秆的质量指标**　　　　　　　%

| 检验项目 | 干物质基础含量 | 检验项目 | 干物质基础含量 |
|---|---|---|---|
| 粗蛋白 | 3.0~6.0 | 酸性洗涤纤维 | 40~50 |
| 中性洗涤纤维 | 55~75 | 粗灰分 | 4.5~9.5 |

**表4-46　小麦秸秆的主要营养成分**

| 项目 | 干物质基础含量 | 项目 | 干物质基础含量 |
|---|---|---|---|
| 干物质/% | 91 | 粗脂肪/% | 1.8 |
| 粗蛋白/% | 3 | 粗灰分/% | 8 |
| 过瘤胃蛋白/% | 60 | 钙/% | 0.16 |
| 粗纤维/% | 43 | 磷/% | 0.05 |
| 中性洗涤纤维/% | 81 | 维持净能/（MJ/kg） | 3.97 |
| 酸性洗涤纤维/% | 58 | 泌乳净能/（MJ/kg） | 3.68 |
| 有效中性洗涤纤维/% | 98 | | |

注：引自《中国饲料成分及营养价值表》，2022。

## 4.3.2　后备牛饲养评估

后备牛指的是第一次产犊前的牛，包括哺乳犊牛（0~2月龄）、断奶犊牛（2~6月龄）、育成牛（7~13月龄，即首次配孕前）、青年牛（14月龄~首次产犊前21 d）和青围产（首次产犊前21 d~产犊），这一阶段从犊牛出生持续到22~24月龄，如图4-18所示。

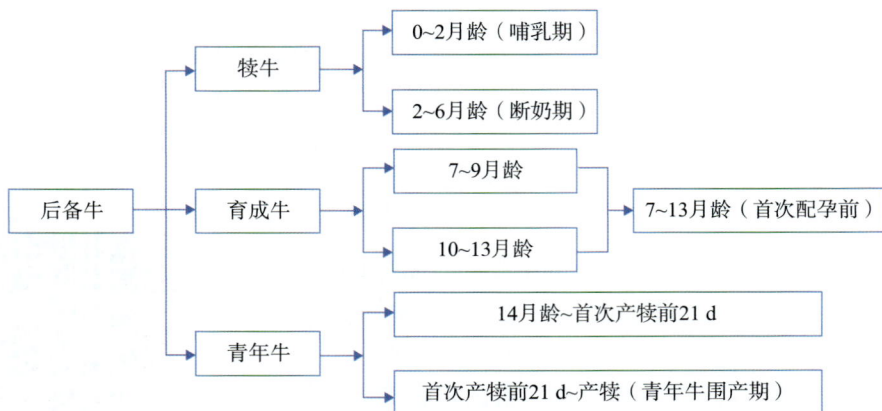

**图4-18　后备牛群划分**

### 4.3.2.1　新生犊牛

犊牛的顺利出生、存活和获得足够的被动免疫力是培育优秀后备的良好开端，精确把控新生犊牛的接产护理、初乳的收储利用等各个环节，可为后备牛的健康和快速生长发育奠定扎实基础。

（1）新生犊牛接产程序评估

①产房：产房需干净、安静、相对隐蔽、垫草充足，应常备消毒洗液（外科肥皂）、润滑剂、长臂手套、助产绳、助产器等接助产工具。

②助产：如需助产，应把握合适的助产时机，提早介入是牧场常见问题。一般在以下5种情形需要对母牛状况进行检查、助产。

a. 母牛阴门已出现明显"水泡"，但母牛无任何分娩反应。

b. 母牛已努力分娩30 min以上，但无任何进展。

c. 分娩过程中，停止分娩时间超过20 min。

d. 胎犊出现舌头红肿等缺氧症状或母牛出现严重的出血症状。

e. 已发现胎位不正。

③注意事项：检查母牛产道时，应使用消毒洗液对阴门及周边部位进行清洗、消毒，同时佩戴长臂手套，且长臂手套表面应涂抹专业润滑剂润滑。

不同胎位及特殊情况下的助产方式。

a. 正产犊牛：在头部通过子宫颈时先向上拉，鼻子漏出阴门后水平拉，髋关节漏出后向斜下方拉。

b. 倒产犊牛：当尾巴通过子宫颈，臀部露出后，应快速将胎犊拉出，以免吸入羊水。

c. 胎位不正犊牛：应先将娩出的部分肢体重新推回产道，在产道内将胎犊摆正后再行拖拽。

d. 双胎：生产中常见双胎为一正产一倒产，条件允许的情况下，应先将倒产胎犊拉出。

e. 胎犊体型过大：应提早寻求兽医帮助。新生犊牛接产程序如图4-19所示。

---

**接产准备工作**

- 产房：清洁、干燥、阳光充足、无贼风、宽敞
- 药品及工具：接产所需物品应放在指定位置，准备10%碘酊、消毒液、干粉润滑剂、助产绳、助产器、长臂手套、照明设备（夜用）等

↓

**接产**

- 接产应在严格遵守消毒的原则下按照以下步骤和方法进行，保证胎儿顺利产出和母牛安全

**正常分娩**

- 工作人员仔细观察临产牛的情况
- 产出期开始时，观察母牛的体质情况和母牛胎膜露出至排羊水这一段时间（唇至二蹄）俱全，可等候它自然出生
- 头胎牛分娩时间不超过2 h，经产牛不超过1.5 h。如果超时要考虑人工干预

**难产**

- 如果前腿以露出很长而不见唇部
- 只见尾巴，而不见一或两后腿
- 产道狭窄（骨盆狭窄），犊牛特大
- 倒生（包括仰卧倒生）或仰卧顺产
- 母牛的产力不足（母牛患病）
- 双胎【一倒生一正生或四条腿一起出现（畸形）】

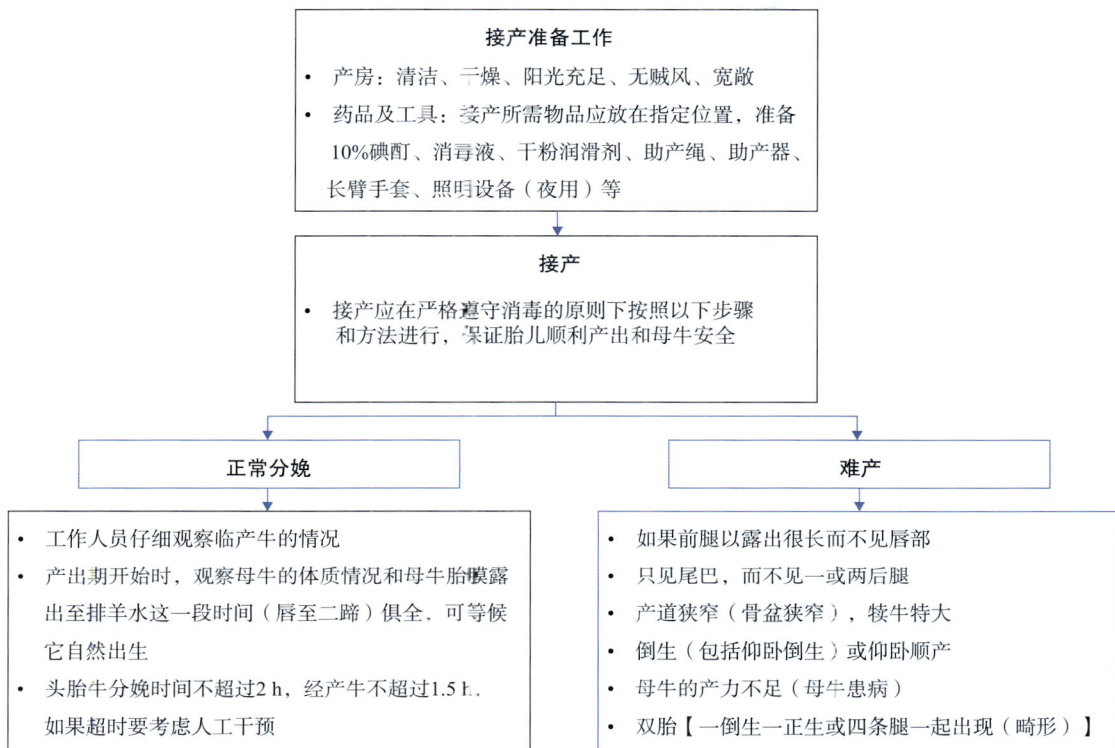

**图4-19　新生犊牛接产程序**

**（2）新生犊牛护理评估**

①建立呼吸：新生犊牛护理一般从犊牛头部娩出即已开始。为确保犊牛开始呼吸时，呼吸道畅通，顺产时，应确保犊牛口鼻处无黏膜甚至是水泡覆盖，助产时，当犊牛头部露出后应立即停止拖拽，先将犊牛鼻孔黏液清理干净。

②脐带消毒：在距离犊牛腹部5~10 cm处剪断脐带，并使用7%~10%的碘酊浸润消毒，以防止病原体通过脐带进入犊牛体内。

③毛巾擦拭：使用干净毛巾擦拭犊牛3 min，一方面帮助犊牛建立正常呼吸，刺激肌肉收缩及体表血液循环；另一方面擦干体表起到一定保温作用。

④身份记录：打耳标、称量体重，并做好产犊记录。

⑤转至新生犊牛舍：新生犊牛舍应干净、干燥、通风良好，且应做好防潮（垫草充足）、防寒（加温设备）、防热（降温设备）工作。新生犊牛护理程序如图4-20所示。

**（3）新生犊牛饲喂评估**

①初乳质量评估：初乳中含有丰富的营养成分和生物活性物质，有助于犊牛生长发育，尤其是初乳中高浓度的免疫球蛋白（IgG），其对于犊牛获取足够的被动免疫力，减少哺乳期疾病发病率和死亡率至关重要。生产中常用比重计、光学白利糖度折光计和数显白利糖度折光计快速评估初乳品质，如图4-21所示。根据初乳质量情况，进行选择性饲喂，见表4-47所列。

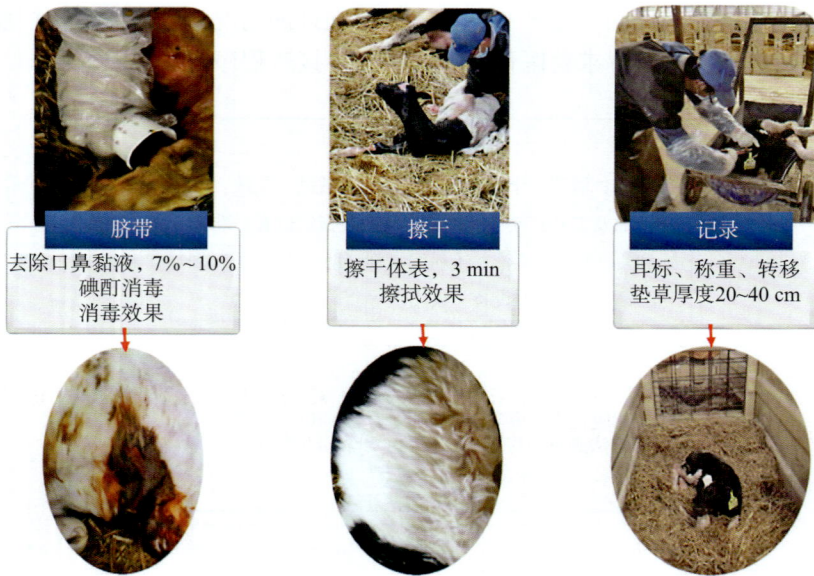

| 脐带 | 擦干 | 记录 |
|---|---|---|
| 去除口鼻黏液，7%~10%碘酊消毒<br>消毒效果 | 擦干体表，3 min<br>擦拭效果 | 耳标、称重、转移<br>垫草厚度20~40 cm |

图4-20　新生犊牛护理程序

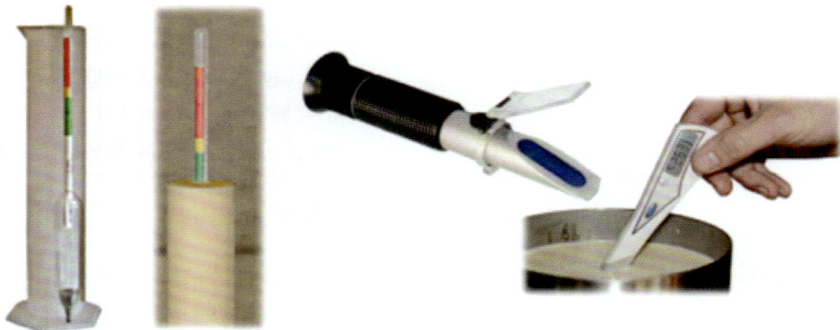

图4-21　初乳质量评估方法

表4-47　初乳质量标准

| 颜色 | 折光率/% | 初乳IgG范围/（mg/mL） | 初乳品质 | 建议 |
|---|---|---|---|---|
| 绿色 | >22 | >50 | 优质 | 可以饲喂 |
| 黄色 | 20~22 | 25~50 | 合格 | 不用于首次初乳饲喂 |
| 红色 | <20 | <25 | 不合格 | 不可以饲喂 |

此外，比重计对于初乳温度有一定的要求，温度过高或过低均会导致对初乳品质的误判。生产中，一般认为刚挤出的初乳（温度偏高）读值在黄绿交界处时，冷却至室温读值会落在绿色区域；相反，冷藏的初乳（温度偏低）读值在黄绿交界处时，加温至室温读值会落在黄色，甚至红色区域，应慎重使用。折射仪初次使用或长时间不用时，应首先使用蒸馏水进行校准，蒸馏水读数应为0。检测完一个样品后，需要将棱镜和样品盖擦拭干净，以免影响下一个样品检测。

①初乳质量评估注意事项：初乳品质随挤初乳时间后延而呈下降趋势，故应在产犊后2 h

内挤出初乳。牧场应有充足的初乳储备。初乳袋上应标注挤初乳时间、初乳来源、初乳品质等信息。初乳储存前，应进行巴氏杀菌，巴氏杀菌条件为60℃持续60 min。冻存初乳解冻时，解冻水温应≤60℃。

②初乳饲喂评估：新生犊牛对初乳免疫球蛋白的表观吸收效率随初乳饲喂时间延后呈递减态势，故建议在犊牛出生后1 h内饲喂初乳。为保证犊牛获取足够的被动免疫，建议至少一次性饲喂4 L初乳。在灌服初乳时，请按要求进行操作，以免初乳进入肺部，诱发吸入性肺炎。

灌服初乳注意事项：检查胃导管是否放置在食管处（而不是气管），然后再打开控制阀进行灌服；灌服时，确保小牛站立或躺卧时胸骨直立；灌服的过程中，确保胃导管位置固定；允许初乳通过重力自然流动；胃导管取出前，一定要关闭阀门（或软管）阻止初乳侧漏；胃导管在使用前后必须严格清洗与消毒；检查胃导管表面的光滑程度，定期更换。

③初乳饲喂效果评估：犊牛被动免疫效果直接影响犊牛的疾病发病率和死淘率，通过对犊牛被动免疫效果的评估，不仅可以及早发现被动免疫失败犊牛，提前进行人工干预，减少疾病的发生，且方便牧场追溯初乳收储与饲喂等环节的问题，整体提升牧场新生犊牛饲养管理水平。犊牛出生24~72 h，颈静脉采血，通过折光仪测定犊牛血清总蛋白浓度对犊牛被动免疫状态进行评估，一般认为犊牛血清IgG含量<10 mg/mL时为被动免疫失败，见表4-48所列。

表4-48　新生犊牛被动免疫水平评估标准

| 类别 | 总蛋白/（g/dL） | IgG/（mg/mL） | 占比/% |
|---|---|---|---|
| 优质 | ≥6.7 | ≥24.0 | >40 |
| 良好 | 6.0~6.6 | 18.0~23.9 | 35 |
| 一般 | 5.2~5.9 | 10.0~17.9 | 25 |
| 较差 | <5.2 | <10.0 | <5 |

注：引自曹志军，2020。

### （4）新生犊牛饲养效果评估

新生犊牛的饲养效果评估指标：难产率<10%、头胎牛死胎率<10%，经产牛死胎率<6%、经产牛接产成活率≥97%、头胎牛接产成活率≥93%，0~2月龄犊牛成活率（产后24 h外）≥98%，被动免疫成功率≥95%。若饲养效果没有达到以上指标，需要按照表4-49进行原因排查。

表4-49　新生犊牛饲养不良情况及可能原因

| 不良情况 | 可能原因 |
|---|---|
| 难产率高 | 胎儿体型过大，胎位不正，母牛体况过肥，产道狭窄或扭转，助产时机不当，母牛疾病，遗传因素 |
| 死产率高 | 母牛体况过肥，胎位不正，助产时机把握不当，呛羊水或初乳，母牛或胎儿疾病，遗传因素 |
| 被动免疫失败 | 饲喂初乳不及时，饲喂初乳量不足，初乳品质低下，初乳管理不当 |
| 肢蹄疾病 | 接助产时暴力拉拽，遗传性疾病等 |
| 呼吸系统疾病 | 呛羊水，呛初乳，新生犊牛舍通风不足，新生犊牛舍垫草尘土大，传染性疾病等 |
| 腹泻 | 初乳污染，胃导管细菌滋生，新生犊牛舍垫草太少、湿冷，传染性疾病等 |

（续）

| 不良情况 | 可能原因 |
|---|---|
| 脐带感染引发系列疾病 | 断脐操作不规范，脐带消毒碘酊浓度不够、用量不足、消毒不完全，新生犊牛舍垫草少、卫生条件差 |
| 新生犊牛聚集在一起，身体因寒冷而不停颤抖 | 新生犊牛体表黏液未擦干，新生犊牛舍无加热、保温装置，垫草不均或不足，有贼风 |
| 长久无法站立 | 暴力助产导致中枢神经受损，肢蹄、呼吸、腹泻等疾病影响，营养摄入严重不足或消耗过大 |
| 母犊牛耳号缺失 | 母犊牛不符合收养条件（如体重不足、异性双胎等），接产人员未及时给新生犊牛分配耳号，耳号未固定导致丢失 |
| 新生犊牛出生信息缺失或错误 | 接产人员未及时记录犊牛出生信息 |

#### 4.3.2.2　哺乳犊牛

哺乳犊牛生长发育情况关系其未来的生产性能，犊牛的日粮营养、饲喂管理流程和犊牛舍/岛的设计/安放等均应围绕着健康生长的培育目标制订。

（1）哺乳犊牛日粮营养评估

①液态奶营养评估：牛奶和代乳粉是哺乳犊牛主要的液态奶来源，二者都有一些已知的优势和缺势，见表4-50所列。对于犊牛来说，饲喂常乳或高质量的代乳粉都可以达到良好的健康和生长性能。

若饲喂牛奶，则主要评估巴氏杀菌后的卫生指标，见表4-51所列。

表4-50　牛奶和代乳粉的优劣势

| 来源 | 优势 | 劣势 |
|---|---|---|
| 牛奶 | 天然物质、脂肪含量高、消化和适口性、犊牛生长良好 | 生物安全性低、从母牛到犊牛的质量保障风险高、巴氏杀菌费用高 |
| 代乳粉 | 便利、稳定、细菌含量低、添加剂（维生素、微量元素、离子载体）多 | 质量参差不齐、相对牛奶脂肪含量较低、成本高 |

表4-51　牛奶的卫生指标

| 指标 | 细菌总数（TBC） | 肠杆菌数（TCC） |
|---|---|---|
| 巴氏杀菌前/（CFU/mL） | <10 000 | <1 000 |
| 巴氏杀菌后/（CFU/mL） | <1 000 | 0 |

若饲喂废弃奶，除了卫生指标外，还需关注乳固体含量的稳定性，可采用折光仪进行检测，建立乳固体含量与折光仪读数之间的关系式。根据该关系式，采用代乳粉进行调整，保障乳固体含量在12%~13%。

若饲喂代乳粉，除了感官指标外（表4-52），需要重点评估蛋白质、脂肪、矿物质和维生素指标。

**表4-52　代乳粉的感官指标**

| 感官指标 | 描述 |
| --- | --- |
| 颜色 | 乳白色至浅褐色，无结块和异抄；如果粉末的颜色是橙色到橙棕色，并且有烧焦或焦糖化的气味，则产品可能由于储存过程中过热而发生了"美拉德褐变"；如果产品已经"褐变"，营养品质和产品适口性就会有所下降 |
| 气味 | 有一种温和到令人愉快的气味；如果气味特征是闻起来像油漆、草、黏土或汽油，那么产品中的脂肪可能存在腐臭 |
| 混合 | 容易溶解，呈溶液或悬浮液，湾液表面或桶底没有未溶解的粉末结块，如图4-22所示 |

注：引自Bovine Alliance on Management and Nutrition（BAMN），2017。

**图4-22　代乳粉混合均匀度情况**（左：混合均匀；右：需进一步混合）

　　美国标准委员会要求代乳粉的蛋白质含量≥20%，我国的牛代乳粉标准规定蛋白质含量≥22%。除此之外，还需关注代乳粉中蛋白质来源情况，最优选择为牛奶或牛奶制品，见表4-53所列。代乳粉中的粗纤维含量与其所用的植物源蛋白质有关，优质代乳粉中粗纤维的含量<0.1%，该数值每增加0.1%，则约10%的总蛋白来自植物源蛋白质。通常情况下，代乳粉中粗纤维含量>0.15%时，则判断其存在植物源蛋白质。

**表4-53　代乳粉中不同的蛋白质来源**

| 优先 | 可接受 | 勉强可接受 | 不可接受 |
| --- | --- | --- | --- |
| 脱脂奶粉 | 大豆分离蛋白 | 大豆粉 | 小麦粉 |
| 乳清浓缩蛋白 | 大豆浓缩蛋白 | — | 可溶性肉粉 |
| 乳清粉 | 小麦分离蛋白 | — | 鱼粉浓度蛋白 |
| 酪蛋白 | 动物血浆 | — | — |
| 乳清粉产品 | — | — | — |

注：引自Bovine Alliance on Management and Nutrition（BAMN），2017。

　　代乳粉中的脂肪含量在很大程度上会影响其能量浓度，BAMN推荐代乳粉中的脂肪含量≥20%，乳脂肪或植物油都可作为脂肪来源。考虑到代乳粉中脂肪含量太高会影响犊牛开食料的采食量，通常建议其含量在15%~20%。关于代乳粉中的矿物质和维生素含量情况，见表4-54所列。

②开食料营养评估：出生3日龄左右开始诱导哺乳犊牛采食优质开食料，使用适口性较好的饲料原料制作哺乳犊牛开食料，开食料中需含有充足的蛋白质、中性洗涤纤维和非结构性碳水化合物。犊牛不喜欢粉状，开食料的粉化率<5%。此阶段，增加开食料的采食量有利于促进犊牛瘤胃的发育，其营养需要见表4-55和表4-56所列。

表4-54　代乳粉中的矿物质和维生素含量

| 指标 | 代乳粉 | | 指标 | 代乳粉 | |
|---|---|---|---|---|---|
| | NRC2001 | NASEM2021 | | NRC2001 | NASEM2021 |
| Ca/% | 1.0 | 0.80 | I/（mg/kg） | 0.50 | 0.80 |
| P/% | 0.70 | 0.60 | Fe/（mg/kg） | 100.0 | 85.0 |
| Mg/% | 0.07 | 0.15 | Mn/（mg/kg） | 40.0 | 60.0 |
| K/% | 0.65 | 1.10 | Se/（mg/kg） | 0.30 | 0.30 |
| Na/% | 0.40 | 0.40 | Zn/（mg/kg） | 40.0 | 65.0 |
| Cl/% | 0.25 | 0.32 | 维生素A/（IU/kg） | 9 000 | 11 000 |
| Co/（mg/kg） | 0.11 | — | 维生素D/（IU/kg） | 600 | 3 200 |
| Cu/（mg/kg） | 10.0 | 5.0 | 维生素E/（IU/kg） | 50 | 200 |

注：引自《奶牛营养需要》NRC，2001；《奶牛营养需要》NASEM，2021。

表4-55　典型开食料的营养成分

| 指标 | 低蛋白低淀粉 | 低蛋白高淀粉 | 高蛋白低淀粉 | 高蛋白高淀粉 |
|---|---|---|---|---|
| 干物质/% | 87.5 | 86.3 | 87.8 | 89.0 |
| 淀粉/% | 20.7 | 39.0 | 25.5 | 32.9 |
| 粗蛋白/% | 20.0 | 20.2 | 24.7 | 25.0 |
| 酸性洗涤纤维/% | 14.2 | 7.6 | 9.4 | 7.0 |
| 中性洗涤纤维/% | 29.5 | 15.9 | 16.3 | 13.7 |
| 48 h NDF消化率/% | 60.0 | 55.4 | 65.3 | 59.6 |
| 木质素/% | 2.19 | 1.83 | 1.61 | 1.61 |
| 灰分/% | 9.1 | 7.9 | 7.0 | 8.8 |
| 水溶性碳水化合物/% | 3.5 | 7.2 | 12.0 | 9.2 |
| 粗脂肪/% | 5.1 | 3.6 | 3.3 | 3.2 |
| 代谢能/（MJ/kg） | 12.5 | 12.4 | 14.1 | 13.1 |

注：引自《奶牛营养需要》NASEM，2021。

表4-56　开食料的矿物质和维生素含量

| 指标 | 开食料 | | 指标 | 开食料 | |
|---|---|---|---|---|---|
| | NRC2001 | NASEM2021 | | NRC2001 | NASEM2021 |
| Ca/% | 0.70 | 0.75 | I/（mg/kg） | 0.25 | 0.80 |
| P/% | 0.45 | 0.37 | Fe/（mg/kg） | 50.0 | 60.0 |
| Mg/% | 0.10 | 0.15 | Mn/（mg/kg） | 40.0 | 40.0 |
| K/% | 0.65 | 0.60 | Se/（mg/kg） | 0.30 | 0.30 |
| Na/% | 0.15 | 0.22 | Zn/（mg/kg） | 40.0 | 55.0 |
| Cl/% | 0.20 | 0.17 | 维生素A/（IU/kg） | 4 000 | 3 700 |
| Co/（mg/kg） | 0.10 | 0.20 | 维生素D/（IU/kg） | 600 | 1 100 |
| Cu/（mg/kg） | 10.0 | 12.0 | 维生素E/（IU/kg） | 25 | 67 |

注：引自《奶牛营养需要》NRC，2001；《奶牛营养需要》NASEM，2021。

（2）哺乳犊牛饲喂管理流程评估

①哺乳犊牛饲喂评估：犊牛饲喂主要涉及奶、开食料、水和（或）粗饲料的供给，充足的营养供给是犊牛快速生长的基础。具体包括以下内容：

a. 巴氏杀菌乳或代乳粉：定时、定量、定温和定质，奶温在37～39℃，饲喂量应为犊牛体重的10%～15%，日饲喂次数应为2～3次。当犊牛舍温度<0℃时，应增加饲喂量。

b. 开食料：3日龄应开始提供，每天清理并更换开食料；第15天开始可提供一定量优质牧草。

c. 饮水：1日龄开始自由饮水，每天至少更换2次饮水，保持水质清洁卫生，喂奶与饮水间隔30 min以上。

d. 去角：若采用电烙方法，则在犊牛出生后约15 d去角。若采用去角膏，则在犊牛出生后1～3 d去角（图4-23和图4-24）。

e. 副乳头：犊牛出生15～21 d后剪掉，断奶时再剪一次，副乳头剪除后要严格使用碘酊进行消毒。

f. 每天清洁奶桶、料桶和水桶。每天对犊牛进行巡视、评估，记录采食、健康和治疗信息。

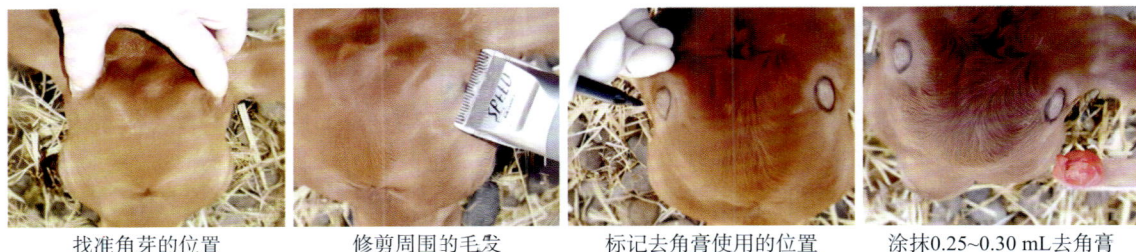

| 找准角芽的位置 | 修剪周围的毛发 | 标记去角膏使用的位置 | 涂抹0.25～0.30 mL去角膏 |

图4-23　去角流程图

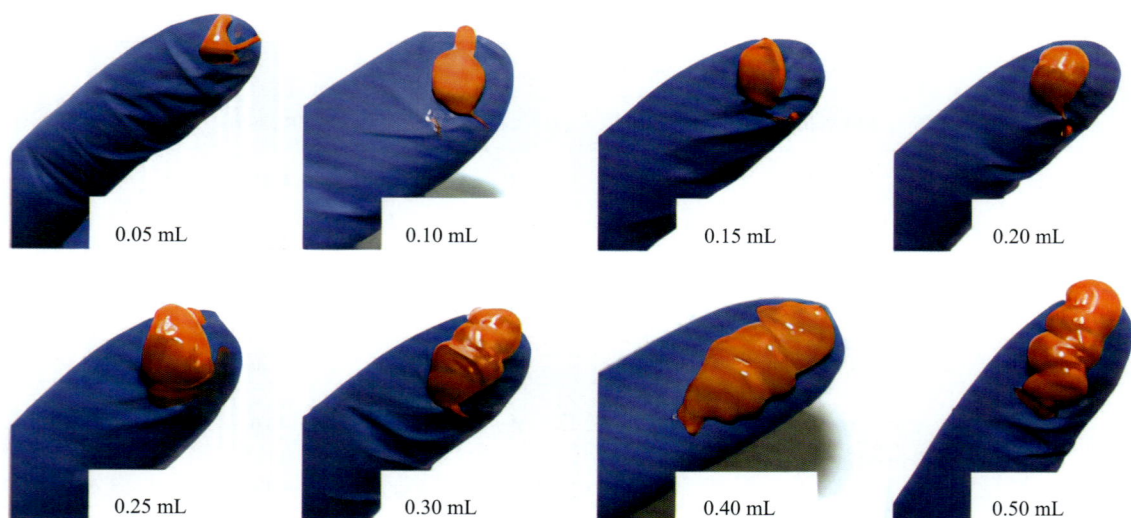

图4-24　去角膏用量

②哺乳犊牛健康评估：犊牛健康状况直接关系犊牛生长发育，进而影响其未来生产性能。呼吸道疾病和腹泻是犊牛最常见的两种疾病，借鉴威斯康星大学的犊牛健康评分表对犊牛呼吸道疾病关联症状及粪便进行评分，不仅有助于及时发现易感群体，提前进行人工干预，而且有助于找出诱发疾病的根源，提升牧场犊牛养殖水平，见表4-57所列。

表4-57　健康犊牛的体征指标

| 指标 | 正常情况描述 | 指标 | 正常情况描述 |
| --- | --- | --- | --- |
| 直肠温度 | 37.8～39.4℃ | 耳朵情况 | 无耷拉，无分泌物 |
| 呼吸频率 | 22～44次/min | 鼻子情况 | 无分泌物，或仅有点轻透性的分泌物 |
| 心率情况 | 80～120次/min | 腹部情况 | 无蜷缩，无膨胀 |
| 体况评分 | 2.5～3.5（5分制） | 脐部情况 | 干燥，无肿胀，无疼痛 |
| 行为情况 | 机敏活跃，有吮吸反射 | 关节情况 | 无肿胀，无跛足 |
| 眼睛情况 | 无凹陷，无分泌物 | 粪便情况 | 成型均匀一致 |

注：引自Abby Bauer，2022。

a. 粪便评分标准：对犊牛粪便情况进行评分（附录5），2分时需要观察，3分时则需要治疗，根据表4-58进行脱水程度判断。根据《荷斯坦后备牛培育技术规范》（T/DACS 019—2024），哺乳犊牛腹泻发病率<15%。

b. 呼吸道疾病关联症状评分标准：对犊牛体温、咳嗽、鼻腔及眼睛分泌物、耳朵状态进行评分，将鼻腔分泌物评分、眼睛分泌物和耳朵评分中的最高分、咳嗽评分、体温评分4个分值相加核算出总的呼吸道评分，分值为4分时需要观察，分值为5分或更高时则需要治疗，见表4-59所列。根据《荷斯坦后备牛培育技术规范》（T/DACS 019—2024），哺乳犊牛肺炎月发病率<10%。

表4-58　犊牛脱水程度判断

| 脱水 | 状态 | 眼球凹陷/mm | 皮肤回弹时间/s | 脱水程度/% |
|---|---|---|---|---|
| 轻微 | 精神轻微萎靡（可站立） | 2～4 | 1～3 | <6 |
| 中度 | 精神萎靡 | 4～6 | 2～5 | 6～8 |
| 重度 | 非常萎靡（不能站立，无吮吸反射） | 6～8 | 5～10 | 8～10 |

注：引自Abby Bauer，2021。

表4-59　犊牛呼吸道疾病评分标准

| 分值 | 0 | 1 | 2 | 3 |
|---|---|---|---|---|
| 鼻腔分泌物 | 鼻腔有正常水样分泌物 | 单侧鼻孔少量白色分泌物 | 双侧鼻孔多量白色分泌物 | 双侧鼻孔大量脓性黏液分泌物 |
| 眼睛分泌物 | 正常，无分泌物 | 有少量分泌物 | 两只眼睛均有多量分泌物 | 两只眼睛均有大量分泌物 |
| 耳朵 | 正常 | 耳朵扇动或头部晃动 | 双侧耳朵出现轻微下垂 | 头部倾斜或双侧耳朵下垂 |
| 咳嗽 | 不咳嗽 | 手指刺激喉头引起单次咳嗽 | 手指刺激喉头引起反复咳嗽或偶尔自然咳嗽 | 反复自然咳嗽 |
| 体温 | 37.8～38.2℃ | 38.3～38.8℃ | 38.9～39.3℃ | ≥39.4℃ |
| 总分 | 鼻腔分泌物评分、眼睛分泌物和耳朵评分中的最高分+咳嗽评分+体温评分 | | | |

注：引自威斯康星大学，2013。

③哺乳犊牛断奶过渡评估：从完全断奶前1周开始逐渐减少喂奶量，直至完全断奶。犊牛连续3 d采食量达到1.2 kg/d以上时断奶。采食量不足延长断奶日龄。犊牛断奶后，在犊牛岛或原舍继续停留1周，继续饲喂原犊牛开食料。对体重和体高等生长指标进行监测。

（3）哺乳犊牛舍环境评估

①牛舍结构：犊牛转入前应打扫干净并严格消毒。哺乳犊牛舍应有足够的空间，能够保证犊牛自由行走、躺卧等；如使用犊牛岛（图4-25）饲养犊牛，还应注意犊牛岛间距离，以降低疾病传播风险且便于犊牛饲喂管理。哺乳犊牛饲养面积应满足≥3.0 m²/头的国标要求。对于群养犊牛的饲养密度，犊牛躺卧区域面积要求平均每头犊牛最小3.6 m²，舍内面积要求平均每头犊牛最小4.2 m²。相邻两岛之间的间距应≥30 cm，前后两排犊牛岛间距应≥3.0 m。

图4-25　犊牛岛

②牛舍温度：犊牛可以生活在低温环境，但必须有干燥松软厚实的褥草及充足的营养供应，不应有贼风（风速≤0.3 m/s）等其他应激因素。寒冷季节需要给犊牛配备犊牛保暖马甲。当夜间温度开始低于10℃时，就要增加垫料的厚度；当日夜温度都持续低于10℃时，可以采用犊牛马甲或毯子。若白天和夜晚的温度存在波动，犊牛不要穿马甲，因为马甲内部的汗水会加剧夜晚的寒冷。

③牛舍通风：应保证牛舍通风及空气质量，在寒冷季节的封闭犊牛牛舍，通风的重要性高于保温。对于群养犊牛舍，由于条件限制无法保证有效通风时，应降低饲养密度以维持舍内空气的清新，氨气浓度≤10 mg/m³。

④牛舍地面：单栏饲养模式，犊牛舍地面应设置一定坡度，方便液体及时排出；群养模式，在采食区和躺卧区之间应预留有排水沟；对于设置有自动饲喂站的牛舍，自动饲喂站奶嘴下方应设计地漏。

⑤牛舍躺卧区垫料：寒冷地区及寒冷季节采用垫草，当室内温度降至0℃以下时应额外增加垫草厚度，犊牛躺卧时大部分躯体应陷于垫草中（图4-26）。垫草应该干燥，勤添加，以保证犊牛躺卧时躯体干燥。当室内温度>0℃，垫草厚度应≥20 cm；当室内温度<0℃，垫草厚度应≥30 cm；垫草应足够干燥，以膝盖跪在垫草上20 s而膝盖不湿为标准。炎热地区或炎热季节可采用沙子为垫料，但应避免沙子过细及粉尘。

图4-26　犊牛垫草

（4）哺乳犊牛饲养效果评估

哺乳犊牛的饲养效果评估指标：日增重≥0.85 kg/d，达标率≥90%，腹泻月发病率<15%，肺炎月发病率<10%，成活率≥98%。若饲养效果没有达到以上指标，需要按照表4-60进行原因排查。

**表4-60　哺乳犊牛饲养不良情况及可能原因**

| 不良情况 | 可能原因 |
|---|---|
| 采食量低 | 日粮适口性差，患有腹泻等疾病，犊牛接触日粮难度大（如奶桶/料桶太深或挂的太高、采食通道舒适度差等），饮水供应不足 |
| 日增重低 | 采食量低，营养不足，舒适度差，外界寒冷致使维持需要高，患有腹泻、肺炎、肢蹄病等疾病，遗传因素 |
| 腹泻发病率高 | 被动免疫失败，牛奶污染，饲料霉变，致病菌传染，饲喂时间、饲喂量、奶温等不合适或不固定，垫料不足，环境差 |
| 肺炎发病率高 | 固体饲料粉尘太多，训练自主采食液体日粮时出现呛奶，空气质量差，垫料尘土多，致病菌传染 |
| 肢蹄病发病率高 | 暴力助产遗留问题，牛舍地面坚硬，内有尖锐物，工作人员暴力管理，细菌或病毒感染 |
| 死亡率高 | 犊牛被动免疫失败比例高，腹泻治疗不及时导致脱水，大量采食泥沙导致幽门口堵塞，长期营养不良，呛奶，瘤胃胀气发现不及时，各种疾病发病率高 |

#### 4.3.2.3　断奶犊牛

断奶后，犊牛的食物由固体饲料和液体饲料变成单纯的固体饲料，必然对其消化系统产生一定的应激，犊牛的生理机能变化较大，容易引起犊牛机体免疫力降低，导致死亡率升高。这个阶段供给犊牛日粮营养是否均衡，会直接影响犊牛成年后乳用特征的形成、奶牛的初产日龄、生产性能、使用寿命和总体的经济效益，所以对断奶犊牛的营养需要必须重视。

（1）断奶犊牛日粮营养评估

断奶犊牛的营养仍主要来源于颗粒料，见表4-61和表4-62所列，其次为干草，最常见为燕麦草。

**表4-61　断奶犊牛典型开食料的营养成分表**

| 指标 | 20%蛋白低淀粉 | 20%蛋白高淀粉 | 18%蛋白低淀粉 | 18%蛋白高淀粉 |
|---|---|---|---|---|
| 干物质/% | 87.5 | 86.3 | 87.7 | 88.7 |
| 淀粉/% | 20.7 | 39.0 | 15.1 | 36.9 |
| 粗蛋白/% | 20.0 | 20.2 | 18.8 | 18.7 |
| 酸性洗涤纤维/% | 14.2 | 7.6 | 10.1 | 7.9 |
| 中性洗涤纤维/% | 29.5 | 15.9 | 24.8 | 18.9 |
| 48 h NDF消化率/% | 60.0 | 55.4 | 49.1 | 53.1 |
| 木质素/% | 2.19 | 1.83 | 2.91 | 2.09 |
| 灰分/% | 9.1 | 7.9 | 8.0 | 8.3 |
| 水溶性碳水化合物/% | 3.5 | 7.2 | 4.2 | 8.2 |
| 粗脂肪/% | 5.1 | 3.6 | 6.9 | 3.9 |
| 代谢能/（MJ/kg） | 2.99 | 2.97 | 2.48 | 2.99 |

注：引自《奶牛营养需要》NASEM，2021。

表4-62　生长料中矿物质和维生素含量

| 指标 | NRC2001 | NASEM2021 | 指标 | NRC2001 | NASEM2021 |
|---|---|---|---|---|---|
| Ca/% | 0.60 | 0.65 | I/（mg/kg） | 0.25 | 0.50 |
| P/% | 0.40 | 0.33 | Fe/（mg/kg） | 50.0 | 55.0 |
| Mg/% | 0.10 | 0.16 | Mn/（mg/kg） | 40.0 | 60.0 |
| K/% | 0.65 | 0.60 | Se/（mg/kg） | 0.30 | 0.30 |
| Na/% | 0.14 | 0.20 | Zn/（mg/kg） | 40.0 | 50.0 |
| Cl/% | 0.20 | 0.15 | 维生素A/（IU/kg） | 4 000 | 3 700 |
| Co/（mg/kg） | 0.10 | 0.20 | 维生素D/（IU/kg） | 600 | 1 100 |
| Cu/（mg/kg） | 10.0 | 12.0 | 维生素E/（IU/kg） | 25 | 67 |

注：引自《奶牛营养需要》NRC，2001；《奶牛营养需要》NASEM，2021。

（2）断奶犊牛饲养评估

①断奶犊牛颗粒料和干草的采食量见表4-63所列，干草长度以2~4 cm为最佳，添加量占总固体饲料采食量5%~10%。

表4-63　断奶犊牛颗粒料和干草采食量　　　　　　　　　　　　　　　　　kg/d

| 月龄 | 颗粒料 | 干草 | 月龄 | 颗粒料 | 干草 |
|---|---|---|---|---|---|
| 2~3 | 2.5~3.0 | 0.1~0.2 | 4~5 | 3.5~4.0 | 0.3~0.4 |
| 3~4 | 3.0~3.5 | 0.2~0.3 | 5~6 | 4.0~4.5 | 0.4~0.5 |

②按月龄和体格大小分群，群体规模逐步扩大。3~4月龄，8~12头/群，4月龄以上，30~50头/群，密度6~8 m²/头。

③根据体高、体况、健康状况微调，保证每群牛只均匀一致性。

④病牛单独隔离集中饲养管理，严禁病牛与健康牛只混群饲养管理。

（3）断奶犊牛饲养效果评估

断奶犊牛饲养效果评估指标：日增重≥1 kg/d，腹泻月发病率在断奶~4月龄<10%、在4~6月龄<2%，肺炎月发病率在断奶~4月龄<10%、在4~6月龄<2%，成活率≥98%；6月龄转群时的体重>220 kg，体高>105 cm。若饲养效果没有达到以上指标，需要按照表4-64进行原因排查。

表4-64　断奶犊牛饲养不良情况及可能原因

| 不良情况 | 可能原因 |
|---|---|
| 腹泻发病率高 | 哺乳期瘤胃发育差，营养消化障碍；断奶应激；大量采食颗粒料；日粮营养配比不均衡；牛舍阴冷、脏乱；致病菌传染 |
| 呼吸系统疾病发病率高 | 断奶牛舍尘土大；饲料粉尘多；通风不足，空气质量差；致病菌、病毒等传染 |
| 瘤胃胀气发病率高 | 同一牛舍牛只体型差异大，导致个别犊牛一次性大量采食颗粒料；日粮配比不均衡；环境或日粮因素导致瘤胃产气菌群丰度高 |
| 生长停滞 | 哺乳期瘤胃发育差，饲料消化率低；日粮营养缺乏或配比不均衡；患有腹泻、肺炎等疾病；同一牛舍牛只体型差异大，营养摄入不足 |
| 毛发杂乱 | 消化道有寄生虫，矿物元素缺乏 |

#### 4.3.2.4　育成牛

育成牛的骨骼、肌肉和器官的生长速度达到最快，生理上发生了很大的变化，需细心饲养，使其尽快适应青粗饲料为主的日粮。

（1）育成牛日粮营养评估

育成牛推荐日粮粗蛋白13.0%～15.0%，泌乳净能5.86～6.28 MJ/kg，具体见表4-65所列。

表4-65　育成牛日粮的营养需要

| 指标 | 日龄/d | | 指标 | 日龄/d | |
|---|---|---|---|---|---|
| | 225 | 350 | | 225 | 350 |
| 体重/kg | 230 | 330 | K/% | 0.52 | 0.54 |
| 日增重/（kg/d） | 0.9 | 0.8 | Na/% | 0.16 | 0.16 |
| 干物质采食量/（kg/d） | 6.6 | 8.5 | Cl/% | 0.14 | 0.13 |
| 代谢能/（MJ/kg） | 2.09 | 1.95 | S/% | 0.20 | 0.20 |
| 瘤胃降解蛋白/% | 10.0 | 10.0 | Cu/（μg/mL） | 16 | 15 |
| 过瘤胃蛋白/% | 4.4 | 2.6 | Co/（μg/mL） | 0.20 | 0.20 |
| 粗蛋白/% | 14.4 | 12.6 | I/（μg/mL） | 0.58 | 0.54 |
| 代谢蛋白/% | 8.1 | 5.8 | Fe/（μg/mL） | 46 | 32 |
| 中性洗涤纤维/max% | 25～33 | 25～33 | Mn/（μg/mL） | 44 | 40 |
| 酸性洗涤纤维/min% | 19～25 | 15～25 | Se/（μg/mL） | 0.3 | 0.3 |
| 淀粉/max% | 15～20 | 15～20 | Zn/（μg/mL） | 41 | 36 |
| Ca/% | 0.58 | 0.44 | 维生素A/（IU/kg） | 3 829 | 4 265 |
| P/% | 0.26 | 0.21 | 维生素D/（IU/kg） | 1 044 | 1 163 |
| Mg/% | 0.12 | 0.12 | 维生素E/（IU/kg） | 56 | 62 |

注：引自《奶牛营养需要》NASEM，2021。

（2）育成牛饲养评估

①7～12月龄育成牛的分群应按照体格大小，而不是按月龄。

②饲养密度不超过100%。

③日粮原料：国产苜蓿或燕麦、黄贮或小麦青贮，可用玉米纤维、DDGS等。育成牛的采食量：7～9月龄，目标采食量为7.0～8.0 kg/d；10～12月龄，目标采食量为8.0～9.0 kg/d。

（3）育成牛饲养效果评估

育成牛饲养效果评估指标：12～13月龄参配体高≥130 cm，体重达到成母牛的55%以上。若饲养效果没有达到以上指标，需要按照表4-66进行原因排查。

#### 4.3.2.5　青年牛

日粮配方需满足青年牛的基本需要，并随着妊娠时间的推移适当增加能量蛋白水平，同时也要注意控制奶牛的体况，不宜过肥。此外，要保证一定的中性洗涤纤维，保障瘤胃的消化功能，尽量平稳过渡到围产期。

**表4-66　育成牛饲养不良情况及可能原因**

| 不良情况 | 日粮配方的可能原因 | 其他原因 |
|---|---|---|
| 腹泻 | 配方的原料出现霉变，日粮中夹杂有毒杂草，挑食问题，精粗比偏高 | 颗粒料换TMR过渡流程较快（过渡时间、比例） |
| 日增重比较低 | 配方的营养成分未满足需求，采食量不足 | 饲喂密度大，牛群管理不规范（不同月龄及体型混养） |
| 被毛粗糙 | 矿物质缺乏 | — |
| 干物质采食量不足 | 适口性，原料质量，中性洗涤纤维含量，中性洗涤纤维来源及消化率，日粮干物质水平及稳定性 | 疫病，牧场管理不佳（多舍合车撒料等导致投料量不准、推料频次、干草过长），饲喂密度大、弱牛采食不足，环境卫生差 |
| 符合配种月龄延长（体高、体重不达标） | 配方蛋白水平过低，能量也可能不达标；高淀粉导致体况过肥，但体高不达标 | 体重不达标的其他原因同"日增重比较低" |

## （1）青年牛日粮营养评估

青年牛推荐日粮粗蛋白12.0%～13.0%，泌乳净能5.44～5.86 MJ/kg，具体见表4-67所列。

**表4-67　青年牛日粮的营养需要**

| 指标 | 日龄/d 475 | 日龄/d 600 | 指标 | 日龄/d 475 | 日龄/d 600 |
|---|---|---|---|---|---|
| 体重/kg | 420 | 530 | Na/% | 0.15 | 0.16 |
| 日增重/（kg/d） | 0.7 | 0.9 | Cl/% | 0.13 | 0.13 |
| 干物质采食量/（kg/d） | 9.8 | 11.0 | S/% | 0.20 | 0.20 |
| 瘤胃降解蛋白/% | 10.0 | 10.0 | Cu/（μg/mL） | 15 | 17 |
| 过瘤胃蛋白/% | 1.7 | 2.7 | Co/（μg/mL） | 0.20 | 0.20 |
| 粗蛋白/% | 11.7 | 12.7 | I/（μg/mL） | 0.53 | 0.54 |
| 中性洗涤纤维/min% | 25～33 | 25～33 | Fe/（μg/mL） | 24 | 28 |
| 中性洗涤纤维/max% | 19～25 | 19～25 | Mn/（μg/mL） | 38 | 43 |
| 淀粉/max% | 15～20 | 15～20 | Se/（μg/mL） | 0.3 | 0.3 |
| Ca/% | 0.37 | 0.39 | Zn/（μg/mL） | 34 | 35 |
| P/% | 0.18 | 0.19 | 维生素A/（IU/kg） | 4 698 | 5 288 |
| Mg/% | 0.12 | 0.10 | 维生素D/（IU/kg） | 1 281 | 1 442 |
| K/% | 0.56 | 0.60 | 维生素E/（IU/kg） | 68 | 77 |

注：引自《奶牛营养需要》NASEM，2021。

**（2）青年牛饲养评估**

若采用高比例低质粗饲料（小麦秸、稻草、羊草或花生秧）低能日粮，自由采食，需要特别关注TMR制作和挑食问题。若采用优质粗饲料的高能日粮，需限饲，则需注意饲养密度。青年牛的采食量：13～18月龄，目标采食量为9～10 kg/d；18月龄以上，目标采食量为10～11 kg/d。

**（3）青年牛饲养效果评估**

青年牛饲养效果评估指标：体况评分保持在3.0～3.5分，产前体重约达到成母牛的95%，产后体重达到成母牛的85%。若饲养效果没有达到以上指标，需要按照表4-68进行原因排查。

表4-68　青年牛饲养不良情况及可能原因

| 不良情况 | 日粮配方的可能原因 | 其他原因 |
|---|---|---|
| 腹泻 | 配方的原料出现霉变，精粗比偏高，挑食 | — |
| 日增重较低 | 配方的营养成分未满足需求，采食量不足 | 瘤胃发育差，消化受限；参配前体高不达标，体况过肥，缺少增长空间 |
| 被毛粗糙 | 矿物质缺乏 | — |
| 干物质采食量不足 | 适口性、中性洗涤纤维含量、来源和消化率、日粮干物质水平及稳定性 | 体高、体重不达标，瘤胃空间不足；疫病、牧场管理不佳（多舍合车撒料等导致投料量不准、推料频次、干草过长）、饲喂密度大导致弱牛采食不足、环境卫生差 |
| 流产 | 矿物质、维生素、原料质量 | 繁殖疾病，粪道清理不及时或其他设施原因造成牛只骨倒，转舍、合群、清理、维修等人为应激 |
| 体况过肥 | 配方能量过高，原料质量低，蛋白不足体高受限、分群不合理、月龄跨度较大（大牛采食精料，小牛采食草料） | TMR过碎或粗饲料质量低等导致的采食量过高 |

## 4.3.2.6　后备牛群体饲养评估

**（1）采食量**

不同阶段后备牛的采食量情况见表4-69所列。

表4-69　不同阶段后备牛的推荐采食量　　　　　　　　%

| 阶段 | 干物质采食量占体重 | 阶段 | 干物质采食量占体重 |
|---|---|---|---|
| 哺乳阶段 | 3.00～3.50 | 6～12月龄 | 2.50～2.75 |
| 3～6月龄 | 2.75～3.00 | 12～24月龄 | 2.00～2.25 |

**（2）体重**

后备牛6月龄、参配、产犊后的体重分别达到成母牛体重的30%、55%和85%左右，如图4-27所示。

**（3）体高**

后备牛出生、参配、产犊后的体高分别达到成母牛体高的55%、90%和95%左右，如图4-28所示。其中，后备牛体高增长的50%左右在0～6月龄，25%左右在6～12月龄，25%左右在12～24月龄。

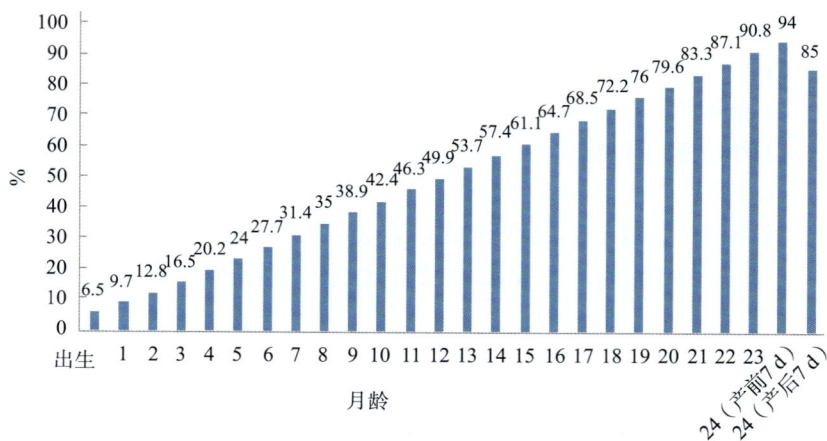

**图4-27 不同阶段后备牛的体重情况**

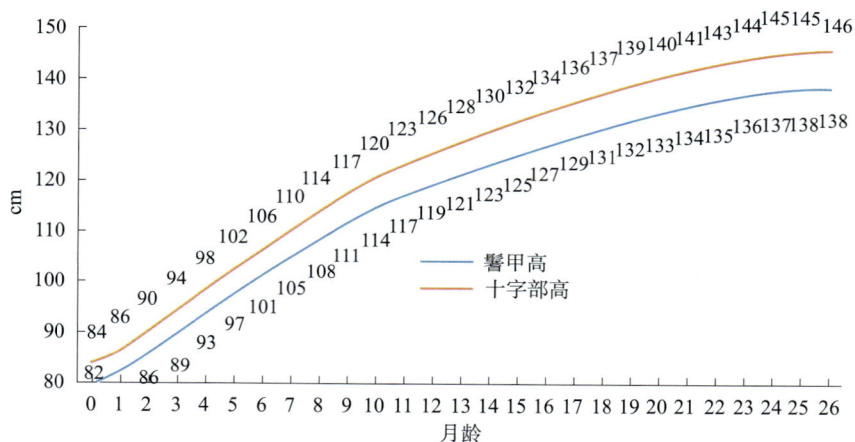

**图4-28 不同阶段后备牛的体高情况**

（4）体况

不同阶段后备牛的体况情况见表4-70所列。

**表4-70 不同阶段后备牛的推荐体况**

| 阶段 | 目标体况 | 最小体况 | 最大体况 |
| --- | --- | --- | --- |
| 0～4月龄 | 2.25 | 2.00 | 2.50 |
| 4～10月龄 | 2.50 | 2.25 | 2.75 |
| 10～12月龄 | 2.75 | 2.50 | 3.00 |
| 12～15月龄 | 3.00 | 2.50 | 3.25 |
| 15～20月龄 | 3.25 | 3.00 | 3.50 |
| >20月龄 | 3.50 | 3.50 | 3.75 |
| 产犊 | 3.50 | 3.25 | 3.75 |

（5）饲料转化效率

不同阶段后备牛的饲料转化效率情况见表4-71所列。

**表4-71 不同阶段后备牛的推荐采食量**

| 不同生长阶段 | 饲料转化效率<br>（干物质采食量/日增重） | 不同生长阶段 | 饲料转化效率<br>（干物质采食量/日增重） |
|---|---|---|---|
| 哺乳犊牛 | 2∶1~2.5∶1 | 青年牛（优质粗饲料） | 6∶1~7∶1 |
| 断奶犊牛 | 3∶1~4∶1 | 青年牛（低质粗饲料） | ≥8∶1（有些情况甚至达到15∶1） |
| 育成牛 | 4∶1 | | |

## 4.3.3 成母牛饲养评估

成母牛是指至少生产过一次的奶牛，根据其生产特性，分为干奶期和泌乳期。其中，干奶期分为干奶前期和干奶后期，干奶后期又称围产前期，新产期又称围产后期，围产前期和围产后期并称围产期。泌乳期分为新产期、泌乳早期、泌乳中期和泌乳后期，如图4-29所示。

### 4.3.3.1 干奶期

为了保证母牛妊娠后期胎儿的正常发育，使母牛在紧张的泌乳期后能有充分的休息时间，以恢复体况和更新修补乳腺细胞，为下一个泌乳期做好准备，在妊娠最后60 d采用人为的方法使母牛停止产奶，称为干奶。

（1）干奶期日粮营养评估

干奶前期指从干奶日至产前3周的这段时间。干奶前期奶牛的日粮粗蛋白含量12.0%~14.0%，泌乳净能5.44~5.86 MJ/kg，中性洗涤纤维35%~40%，酸性洗涤纤维30%~35%，具体详见表4-72所列。

围产前期是指产前21 d至分娩日。该阶段

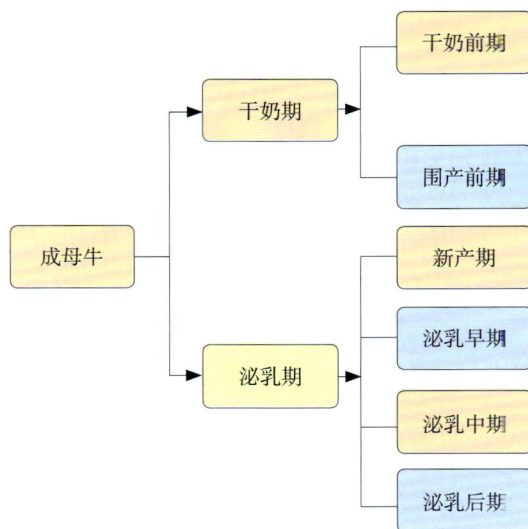

**图4-29 成母牛群体划分**

为了预防奶牛低血钙，采用最广泛的策略是阴离子盐日粮。日粮粗蛋白14%~15%，代谢蛋白>1 200 g/d，泌乳净能5.36~6.24 MJ/kg，中性洗涤纤维30%~35%，酸性洗涤纤维25%~30%，具体详见表4-72所列。

（2）干奶期饲养评估

①干奶准备：预产期前55~60 d的泌乳牛进行验胎，确认后做好标记。肥胖奶牛可提前干奶。干奶修蹄处理，治疗蹄病牛只。记录体况评分。

②干奶操作：按照干奶方法操作时间的长短，分为逐渐干奶法、快速干奶法和一次性干奶法。目前，前两种方法已逐步淘汰，一次性干奶法为主流做法，见表4-73所列。

③干奶后巡视：干奶后2 h内密切注意新干奶牛只状况，每日两次巡视干奶牛区，并做好牛舍巡视记录。巡视过程中如出现乳房红肿，并伴有全身症状，迅速将乳房内的干奶药及乳汁挤出，并按3级乳房炎治疗方案迅速予以治疗。对干奶药过敏牛只（牛只眼眶肿胀、乳房发红但无肿痛现象）需肌注15 mL肾上腺素，并持续观察。产量过高漏奶牛只，在干奶

**表4-72  干奶期奶牛的日粮营养**

| 指标 | 产前天数 | | 指标 | 产前天数 | |
|---|---|---|---|---|---|
| | 60~21（740 kg） | <21（740 kg） | | 60~21（740 kg） | <21（740 kg） |
| 干物质采食量/（kg/d） | 13.9 | 12.3 | Cl/% | 0.13 | 0.14 |
| 泌乳净能/（MJ/kg） | 5.36 | 6.24 | S/% | 0.2 | 0.2 |
| 瘤胃降解蛋白/% | 10 | 10 | DCAD/（meq/kg min） | 66 | −100 |
| 过瘤胃蛋白/% | 1.9 | 4.3 | Cu/（mg/L） | 18 | 19 |
| 粗蛋白/% | 11.9 | 14.3 | Co/（mg/L） | 0.2 | 0.2 |
| 代谢蛋白/% | 5.2 | 6.7 | I/（mg/L） | 0.51 | 0.54 |
| 中性洗涤纤维/min% | 25~33 | 25~33 | Fe/（mg/L） | 13 | 15 |
| 淀粉/max% | 15~20 | 15~20 | Mn/（mg/L） | 38 | 43 |
| Ca/% | 0.31 | 0.39 | Se/（mg/L） | 0.3 | 0.3 |
| P/% | 0.19 | 0.21 | Zn/（mg/L） | 30 | 32 |
| Mg/% | 0.13 | 0.14 | 维生素A/（IU/kg） | 5 850 | 6 630 |
| K/% | 0.62 | 0.69 | 维生素D/（IU/kg） | 1 595 | 1 810 |
| Na/% | 0.16 | 0.17 | 维生素E/（IU/kg） | 85 | 181 |

注：引自《奶牛营养需要》NASEM，2021。

**表4-73  一次性干奶法操作步骤**

| 步骤 | 关键点 |
|---|---|
| 1 | 干奶牛要放在最后进行挤奶，以保障操作人员有充足的操作时间 |
| 2 | 整个干奶操作流程都要佩戴干净的手套，如果手套出现污染或破损，应及时更换 |
| 3 | 在进行相关操作前，标记好奶牛，便于清楚哪些牛要进行干奶 |
| 4 | 在挤奶最后，检查4个乳区是否有乳房炎疾病 |
| 5 | 前药浴4个乳头，接触药浴液30 s，然后用干净的纸巾擦干 |
| 6 | 从左后（右手操作）或右后（左手操作）乳头开始执行以下程序 |
| 7 | 用酒精棉消毒乳头，直到酒精棉上不再出现污垢；根据需要，使用几片吸水棉，最后一次擦拭后要保障吸水棉干净；如果没有干净，就得重新消毒乳头，重新开始这个步骤 |
| 8 | 若采用抗生素干奶法，将其注入并按摩乳头。应将试剂管的末端轻柔地插入乳头，以免对乳头管造成任何伤害。如果在注射药剂后，乳头变脏，则在注入封闭剂前，要用酒精棉球消毒（参见步骤7） |
| 9 | 捏住临近乳头的乳房底部，轻轻注入乳头封闭剂，使其保持在乳头底部，不要按摩乳房 |
| 10 | 其余3个乳头重复以上操作，一次一个 |
| 11 | 4个乳头再进行后药浴 |
| 12 | 记录所有处理 |
| 13 | 让奶牛站立30 min，然后轻轻转移到干奶牛舍 |

后 3~4 d 内对漏奶乳区重新做干奶处理。干奶一周内，兽医每天检查有无乳房炎发生。

　　④转围产：头胎牛预产前 25 d ± 3 d，经产牛预产前 21 d ± 3 d，验胎，确认后转群，每周 1 次。夏季（6~8 月）头胎牛和经产牛分别提前至预产前 30 d ± 3 d 和 25 d ± 3 d。转群当天记录牛只体况评分。避免饲喂时间转群，优选傍晚。避免牛只单独转群，禁止鞭打奶牛。

　　⑤饲养管理：见表 4-74 所列。

**表4-74　干奶期奶牛日常管理操作**

| 步骤 | 关键点 |
| --- | --- |
| 1. 分群 | 头胎牛和经产牛分群饲养 |
| 2. 密度 | 饲养密度 ≤85%，当 <50% 时，牛舍可加隔断，保障撒料厚度 |
| 3. 卧床 | 围产前期奶牛可以轻松卧下和起立，高峰期躺卧比例 ≥85%，飞节、膝盖、肩胛骨和脊骨受伤比例 <10% |
| 4. 垫料 | 每周维护修整 2~3 次 |
| 5. 撒料 | 每天每舍的撒料时间固定，上下浮动不能超过 1 h；撒料一条线，无明显成堆现象 |
| 6. 推料 | 推料次数与泌乳牛保持一致水平，至少每 2 h 内推料一次，并做到及时匀料 |
| 7. 清料 | 每天清理剩料，剩料量控制在每头每天 1~2 kg，必须在清料 0.5 h 内撒新料 |
| 8. 饮水 | 每 20~25 头奶牛设置一个饮水区域，宽度至少 30 cm，深度至少 10 cm，水位冬季 1/3，夏季 2/3 |
| 9. 通风 | 牛舍氨气浓度 <15 mg/m³ |
| 10. 防暑 | 根据牧场情况，可选择性采用泌乳牛舍饲养；可选择性采用喷洒车人为降温；奶厅或降温区集中强制喷淋 2~3 次，每次 30~45 min |

### （3）干奶期饲养效果评估

　　干奶期的饲养效果评估指标：干奶牛 >13 kg/d，经围产 >12 kg/d，青围产 >11 kg/d；经围产尿液 pH 5.5~6.5；青围产乳房水肿 <20%；围产前期血液非酯化脂肪酸（NEFA）<0.3 mol/L，$\beta$-羟基丁酸（BHBA）<0.6 mmol/L；干奶期体况（BCS）维持在 3.0~3.5，体况合格率 ≥85%，体况变化见表 4-75 所列。若饲养效果没有达到以上指标，需要根据表 4-76 进行原因排查。

**表4-75　干奶期奶牛体况变化情况**

| 干奶时体况 | 分娩时体况 | 干奶时体况 | 分娩时体况 |
| --- | --- | --- | --- |
| ≥3.5 | 不增不减 | 3 | 3.0~3.5 |
| 3.25 | 3.25~3.5 | <3 | 最大增量 0.5 |

**表4-76　干奶期奶牛表现不良情况及可能原因**

| 不良情况 | 日粮配方的可能原因 | 其他原因 |
| --- | --- | --- |
| 干物质采食量不足 | 日粮适口性差，粗饲料品质差，中性洗涤纤维含量高和消化率差 | 日粮宾州筛第一层占比过高，舒适度较差（卧床、水槽、粪道）、疾病（乳房水肿等），添加阴离子盐影响采食量，转围产时间过晚，料槽管理较差（投料次数、推料频次等） |
| 体况过肥 | 配方能量过高 | 泌乳后期日粮能量浓度高，精料饲喂过多，干奶期过长 |
| 产前临床或亚临床酮病 | 采食量不足，粗饲料品质差 | 怀孕双胎，日粮能量浓度过高或过低，脂肪含量过高，非降解蛋白不足，热应激，饲养密度过大，产前免疫抑制 |
| 流产 | 饲料霉变（黄曲霉等）、重金属污染、有毒植物 | 繁殖疾病，粪道清理不及时或其他设施原因造成牛只滑倒，转舍、合群、清理、维修等人为应激 |

（续）

| 不良情况 | 日粮配方的可能原因 | 其他原因 |
|---|---|---|
| 青围产水肿严重 | 日粮精料、钠、钾含量高，蛋白含量不足 | 妊娠后期盆腔压力增加，流经乳腺的血流量增加，缺乏运动 |
| 围产牛尿液pH值过高（过低）或波动大 | 阴离子添加量过多（不足） | 采食量过高（不足），日粮搅拌不均，饲槽采食竞争 |

#### 4.3.3.2 泌乳期

##### （1）泌乳日粮营养评估

①新产期：日粮应提供优质、易消化的豆科和禾本科牧草及优质青贮。日粮泌乳净能 6.90～7.11 MJ/kg，粗蛋白17%～18%。酸性洗涤纤维18%～20%，中性洗涤纤维30%～32%。淀粉23%～25%，非纤维碳水化合物35%～38%。脂肪4%～6%，具体详见表4-77所列。

②泌乳高峰：日粮泌乳净能7.11～7.32 MJ/kg，粗蛋白17.0%～17.5%。酸性洗涤纤维18%～20%，中性洗涤纤维28%～30%，粗饲料中性洗涤纤维0.35%～0.40%。淀粉27%～28%，糖5.0%～7.0%，非纤维碳水化合物38%～42%。脂肪5%～6%，具体详见表4-77所列。

表4-77　不同泌乳阶段奶牛的营养需要

| 指标 | 胎次 | | | | |
|---|---|---|---|---|---|
| | 头胎（570 kg） | | 经产（700 kg） | | |
| 泌乳天数/d | 15 | 150 | 20 | 100 | 200 |
| 产奶量/（kg/d） | 33 | 39 | 53 | 55 | 43 |
| 乳脂率/% | 3.9 | 3.6 | 3.7 | 3.5 | 3.8 |
| 乳蛋白率/% | 3.1 | 3.0 | 2.8 | 2.8 | 3.3 |
| 干物质采食量/（kg/d） | 20.8 | 23.9 | 25.8 | 29.4 | 27.4 |
| 泌乳净能/（MJ/kg） | 6.61 | 7.20 | 7.11 | 7.53 | 7.24 |
| 瘤胃降解蛋白/% | 10.0 | 10.0 | 10.0 | 10.0 | 10.0 |
| 过瘤胃蛋白/% | 6.2 | 7.0 | 7.5 | 7.4 | 7.5 |
| 粗蛋白/% | 16.2 | 16.0 | 17.5 | 17.4 | 17.5 |
| 代谢蛋白/% | 9.8 | 9.8 | 10.9 | 10.2 | 10.1 |
| 中性洗涤纤维/min% | 25～33 | 25～33 | 25～33 | 25～33 | 25～33 |
| 粗饲料中性洗涤纤维/min% | 19～25 | 19～25 | 19～25 | 19～25 | 19～25 |
| 淀粉/max% | 22～30 | 22～30 | 22～30 | 22～30 | 22～30 |
| Ca/% | 0.57 | 0.57 | 0.64 | 0.60 | 0.58 |
| P/% | 0.35 | 0.35 | 0.39 | 0.37 | 0.35 |
| Mg/% | 0.17 | 0.17 | 0.18 | 0.18 | 0.17 |
| K/% | 1.03 | 0.97 | 1.10 | 1.00 | 0.99 |
| Na/% | 0.21 | 0.21 | 0.23 | 0.22 | 0.21 |
| Cl/% | 0.29 | 0.30 | 0.34 | 0.32 | 0.29 |
| S/% | 0.20 | 0.20 | 0.20 | 0.20 | 0.20 |

（续）

| 指标 | 胎次 | | | | |
| --- | --- | --- | --- | --- | --- |
| | 头胎（570 kg） | | 经产（700 kg） | | |
| DCAD/（meq/kg min） | 148 | 130 | 157 | 135 | 137 |
| Cu/（mg/L） | 9.0 | 8.0 | 10.0 | 8.0 | 10.0 |
| Co/（mg/L） | 0.20 | 0.20 | 0.20 | 0.20 | 0.20 |
| I/（mg/L） | 0.46 | 0.42 | 0.47 | 0.42 | 0.41 |
| Fe/（mg/L） | 16.0 | 16.0 | 21.0 | 19.0 | 16.0 |
| Mn/（mg/L） | 28.0 | 26.0 | 31.0 | 28.0 | 27.0 |
| Se/（mg/L） | 0.3 | 0.3 | 0.3 | 0.3 | 0.3 |
| Zn/（mg/L） | 57 | 58 | 66 | 62 | 61 |
| 维生素A/（IU/kg） | 3 021 | 2 796 | 3 687 | 3 303 | 3 103 |
| 维生素D/（IU/kg） | 1 099 | 954 | 1 085 | 952 | 1 021 |
| 维生素E/（IU/kg） | 22.0 | 19.0 | 22.0 | 19.0 | 20.0 |

注：引自《奶牛营养需要》NASEM，2021。

③泌乳中后期：

日粮泌乳净能 6.28~6.90 MJ/kg，粗蛋白15.0%~16.5%。酸性洗涤纤维＞20%，中性洗涤纤维＞30%。淀粉24%~25%，非纤维碳水化合物36%~38%。

（2）泌乳期饲养评估

①产后护理：新产牛护理可以在挤奶时，标记乳房不充盈、蹄病以及乳房炎的牛只，以便返回牛舍后重点观察，护理流程见表4-78所列，护理观察见表4-79所列。

**表4-78　新产牛护理流程**

| 步骤 | 描述 |
| --- | --- |
| 1 | 在奶牛的右髋处标明产犊日期，左髋处标明治疗信息 |
| 2 | 从前部和后部分别观察奶牛 |
| 3 | 在产犊5 d内检查每一头牛的体温 |
| 4 | 病牛的体温要检查到其产犊15 d |

**表4-79　新产牛护理观察**

| 前面 | 后面 |
| --- | --- |
| 食欲：在采食还是在拱料？ | 体温：是否＞39.5℃？ |
| 精神状态：是否沉郁？ | 呼吸或气味：正常吗？ |
| 耳朵：耷拉和/或凉吗？ | 阴道分泌物：颜色或气味正常吗？ |
| 眼睛：凹陷或无神吗？ | 粪便：是否正常或非常稀？ |
| 鼻子分泌物：正常（白色、黄色、绿色或血色的）？ | 尾巴：是否上翘？ |

挤奶返回后，前面先观察上夹采食情况，观察精神状态（如耳朵和眼睛），见表4-80所列，标记不采食、耳朵耷拉和眼窝深陷的牛只。

后面观察粪、子宫排出物、翘尾（图4-30～图4-32）情况。翘尾往往预示着奶牛疼痛可能患有子宫炎。监测体温，很多疾病出现临床症状前会先体现在体温上。

监测奶牛血液酮体情况，$\beta$-羟基丁酸>1.4 mmol/L为亚临床酮病，$\beta$-羟基丁酸>3.0 mmol/L为临床酮病，根据表4-81进行酮病类型诊断。

表4-80 新产牛的采食和精神状况评估

| 评分 | 采食 | 精神状态 |
| --- | --- | --- |
| 1 | 不采食 | 躺卧，不愿意站立 |
| 2 | 采食量减少 | 精神沉郁，眼睛凹陷，耳朵下垂，行动缓慢 |
| 3 | 采食量稳定或具有良好的食欲 | 看起来稍微不正常 |
| 4 | 采食量增加或具有非常好的食欲 | 活跃和警觉 |

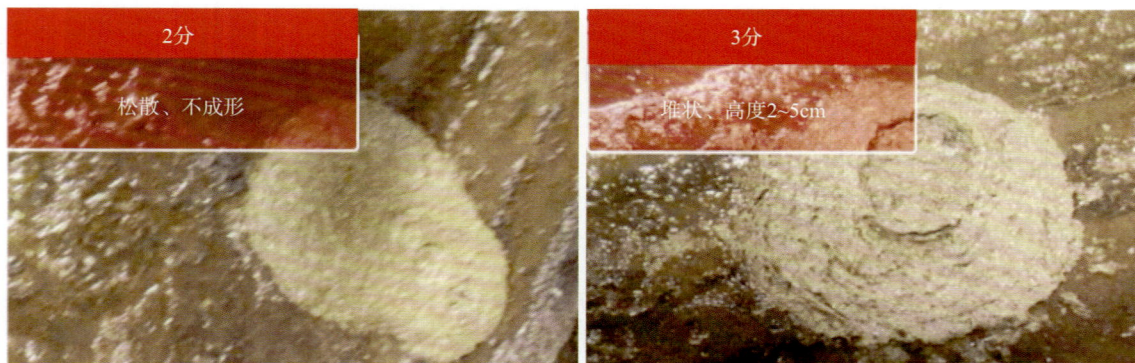

图4-30 新产牛最佳粪便情况

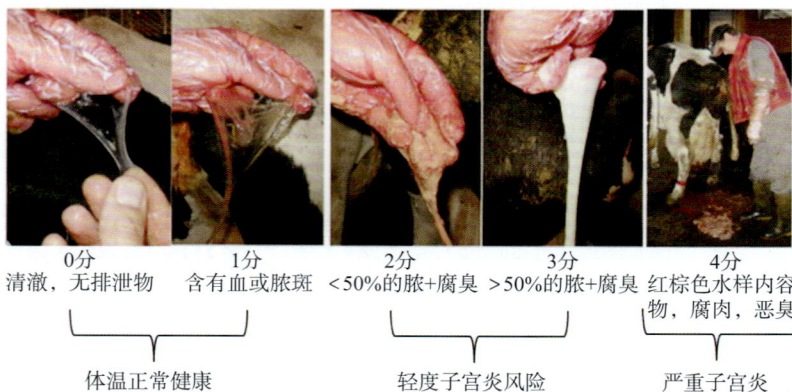

图4-31 新产牛子宫分泌物情况

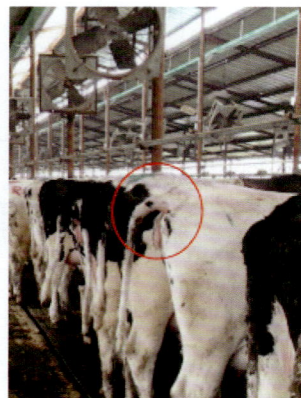

图4-32 新产牛翘尾情况

表4-81　新产牛的酮病类型情况

| 表现 | Ⅰ型酮病 | Ⅱ型酮病 | 丁酸青贮型 |
|---|---|---|---|
| 描述 | 干物质采食量不足 | 肥胖牛（脂肪肝） | 湿青贮 |
| BHBA | 非常高 | 高 | 高或非常高 |
| NEFA | 高 | 高 | 高或正常 |
| 血糖 | 低 | 低（最初可能高） | 不确定 |
| 体况 | 可能瘦 | 通常过肥 | 不确定 |
| 肝糖原异生 | 高 | 低 | 不确定 |
| 肝脏病理 | 无 | 脂肪肝 | 不确定 |
| 高发时期 | 产后3~6周 | 产后1~2周 | 不确定 |
| 治疗效果 | 非常好 | 不良 | 良好 |
| 监测指标 | 产后BHBA | 产前NEFA | 青贮挥发性脂肪酸分析 |
| 防控 | 产后管理和营养 | 产前管理和营养 | 青贮管理 |

饲养：头胎与经产新产牛最好分开饲养，饲养密度≤85%。当<50%时，牛舍可加隔断，保障撒料厚度。对于健康奶牛，采食量恢复较快，如图4-33所示，可以提前转入高产牛群采食高产日粮，以满足能量需要。

挤奶：新产牛的挤奶特别关键，尤其是有腹下水肿易踢杯的头胎牛只，若挤不干净，会增加乳房的压力，降低牛奶的合成，时间长些就类似干奶过程，影响整个泌乳周期的产奶量，甚至造成盲乳和乳房炎。新产牛乳房水肿如图4-34所示。

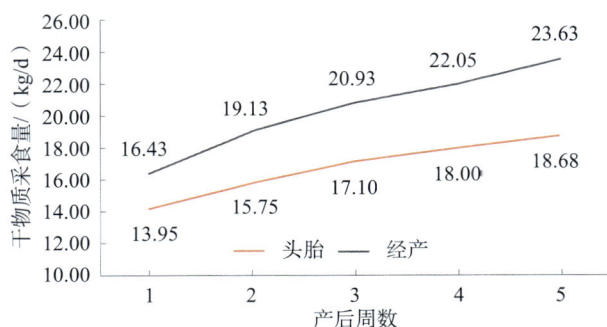

图4-33　新产牛产后采食量（Mike Hutjers，2019）

图4-34　新产牛乳房水肿

②日粮评估：包括加工、质地和消化评估3个方面。

a. 加工评估，分为加料顺序、加料容积、加料准确率、搅拌时间和发料时间。

加料顺序：立式TMR搅拌罐加料基本原则为先粗后精、先干后湿，一般的加料顺序为干草、青贮、辅料、精料、湿槽类和液体饲料，关注点见表4-82所列。

表4-82　日粮加料顺序

| 步骤 | 关键点 |
|---|---|
| 1 | 先添加秸秆或干草类并给予足够的时间分离和切割 |
| 2 | 下一个添加原料至少达到该罐质量的10%，给予干草类足够的重压 |
| 3 | 添加剩余原料，从最小质量原料添加至最大质量原料 |
| 4 | 添加预混料或饲料添加剂后避免添加高水分原料，避免结块 |
| 5 | 最后添加糖蜜等液体饲料 |
| 6 | 在高转速下搅拌混合至少5 min |
| 7 | 最低添加量原则，至少2%累计质量 |
| 8 | 精饲料混合料搅拌均匀的前提是要保持低密度，建议<480 kg/m³ |

加料容积：保证最佳搅拌效果，加料必须没过搅龙顶部，但不能过量，加料容积率要求50%~85%，如图4-35所示。

$$加料容积率 = \frac{每罐次实际搅拌量}{TMR搅拌车最大搅拌量} \times 100\%$$

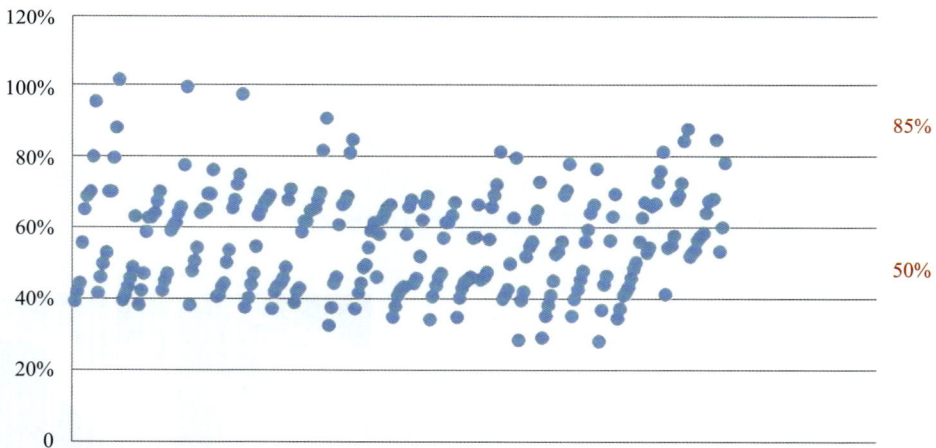

图4-35　日粮制作加料容积

加料准确率是指根据牧场饲养规模，每种原料设有目标加料量和允许误差范围。一般精料、辅料和液体饲料允许误差范围在±15 kg以内，干草类饲料在25 kg以内，青贮类饲料在35 kg以内，要求加料准确率>95%，加料准确率是指在一定时间内，针对某种原料投料在要求范围的次数除以该种原料的总投料次数，如图4-36所示。

搅拌时间：同种日粮同等搅拌量的情况下，需保障每罐料的搅拌时间稳定，尽量减少波动幅度，如图4-37所示。

发料时间：保障每天能定时饲喂，控制饲喂时间波动，如图4-38所示。

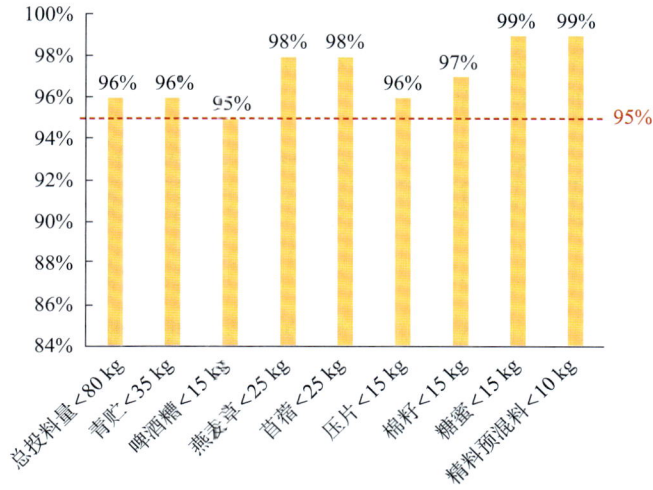

**图4-36　日粮制作加料准确率**

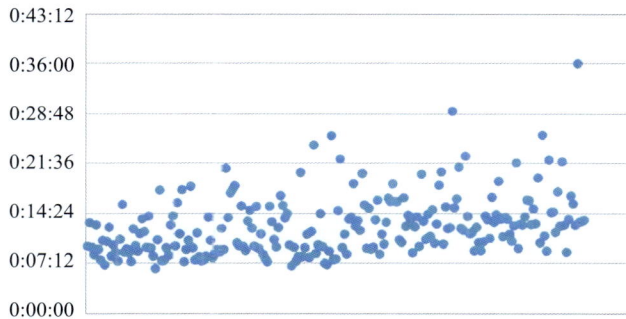

**图4-37　日粮制作搅拌时间**

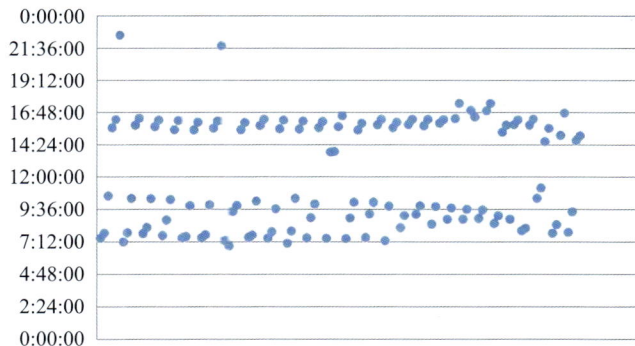

**图4-38　日粮每班次的发料时间**

b. 质地评估，分为颗粒度、均匀度和奶牛反刍情况评估。

颗粒度评估：一看色泽（不同栏位是否一致，主要是水分影响）、均匀度、没成团饲料或较多的精料黏附在粗料表面；二撒、干草切割长度是否均匀（初高产2指宽，干奶围产3指宽）；三握，感知料的水分和是否有发热现象，一般水分50%左右；四闻，料的气味是否有霉变等异常气味的存在；五观，牛的采食表现，即牛只不挑食（不挖洞）和大口采食；六比，采用宾州筛评估日粮各层比例情况，见表4-83所列。新料与剩料对比第一层比例变化，控制在±5%。对比新料与剩料的日粮粗蛋白、酸性洗涤纤维和干物质含量，遵循1-2-3原则，即新料与剩料的日粮蛋白含量变化控制在±1%，酸性洗涤纤维含量变化控制在±2%，干物质含量变化控制在±3%，如图4-39所示。

表4-83 高产牛日粮宾州筛各层比例推荐值

| 筛层 | 筛孔/mm | 占比/% | 备注 |
|---|---|---|---|
| 第一层 | 19 | 2~8 | 易挑食，过长，增加采食时间，尤其比例>10%时 |
| 第二层 | 8 | 30~50 | 仍稍长，物理有效性>4 mm，最高占比为60% |
| 第三层 | 4 | 10~20 | 物理有效因子（pef）的临界孔径，其等于前三层占比之和 |
| 底层 | <4 | 30~40 | 精料比例40%~50%的日粮，该层比例至少为25% |

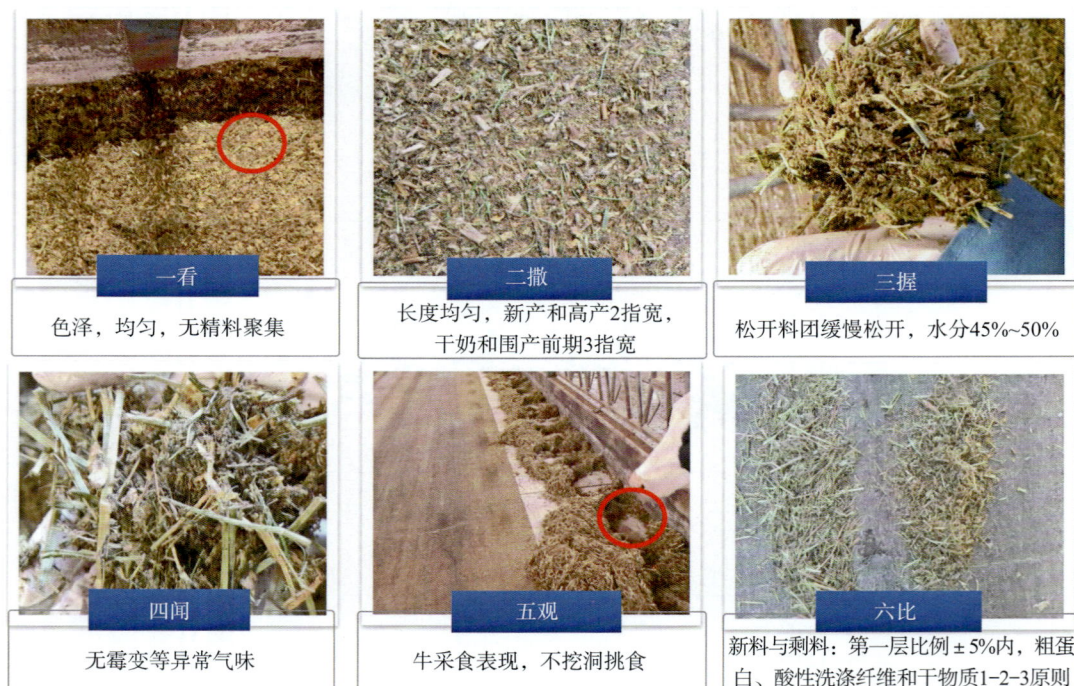

一看
色泽，均匀，无精料聚集

二撒
长度均匀，新产和高产2指宽，干奶和围产前期3指宽

三握
松开料团缓慢松开，水分45%~50%

四闻
无霉变等异常气味

五观
牛采食表现，不挖洞挑食

六比
新料与剩料：第一层比例±5%内，粗蛋白、酸性洗涤纤维和干物质1-2-3原则

图4-39 日粮颗粒度评估

均匀度评估：在奶牛采食前，每个饲喂槽等距采集10个样品，进行宾州筛分析，计算每层的变异系数，第1层、第2层和第3+4层的变异系数分别推荐小于19%、3.5%和2.5%，影响日粮均匀度的因素见表4-84所列。

表4-84 影响日粮均匀度的因素

| 因素 | 描述 | 因素 | 描述 |
|---|---|---|---|
| 1 | 搅龙，刀片，踢料板磨损 | 7 | 液态饲料的加料方式 |
| 2 | 搅龙转速 | 8 | 装完最后一个原料后的搅拌时间 |
| 3 | 立式多搅龙搅拌车搅龙的位置设定 | 9 | 搅拌车装载量 |
| 4 | 低质量干草预铡 | 10 | 铲车装料到搅拌车的位置 |
| 5 | 粗饲料助切刀的应用 | 11 | 搅拌车位置是否水平 |
| 6 | 饲料原料的装料顺序 | | |

奶牛反刍情况评估：奶牛的反刍行为受日粮切割长度、日粮均匀度、粗饲料种类和精粗比例等因素的影响。通常奶牛每个食团的反刍次数为50~70次，挤奶返回2 h后的反刍比例>50%，每天的反刍时间为6~8 h（表4-85）。

**表4-85　影响奶牛反刍的因素**

| 来源 | 变量 | 因素 | 反刍时间/（h/d） | 反刍次数/（次/d） | 每次反刍时间/（min/次） |
|---|---|---|---|---|---|
| Kononoff 等（2002） | 舍饲 | — | 6.92 | 14.3 | 29.6 |
| Kilgour（2012） | 放牧 | — | 4.70~10.20 | | |
| Adin 等（2009） | 粗饲料中性洗涤纤维 | 12.8% | 7.14 | — | — |
| | | 18.7% | 8.04 | — | — |
| Krause 等（2002） | 草料长度 | 6.0~6.3 mm | 8.08 | 15.3 | 29.0 |
| | | 2.8~3.0 mm | 5.33 | 11.7 | 26.0 |
| | 日粮类型 | HMCFS | 8.04 | 12.5 | 28.7 |
| | | HMCCS | 8.37 | 16.4 | 31.1 |
| | | DCFS | 4.80 | 10.9 | 23.3 |
| | | DCCS | 7.80 | 14.2 | 26.6 |
| Beauchemin 等（2003） | 苜蓿青贮和干草比例 | 50:50 | 7.30 | — | — |
| | | 25:75 | 7.00 | — | — |
| Dado, Allen（1994） | 胎次 | 初产牛 | 7.55 | 15.4 | 29.7 |
| | | 经产牛 | 7.67 | 12.9 | 36.0 |
| Hart 等（2014） | 投料1次 | 初产牛 | 7.19 | — | — |
| | | 经产牛 | 8.71 | — | — |
| | 投料2次 | 初产牛 | 7.53 | — | — |
| | | 经产牛 | 8.88 | — | — |
| | 投料3次 | 初产牛 | 8.16 | — | — |
| | | 经产牛 | 9.13 | — | — |
| Hart 等（2013） | 挤奶2次 | 初产牛 | 7.89 | — | — |
| | | 经产牛 | 8.82 | — | — |
| | 挤奶3次 | 初产牛 | 7.81 | — | — |
| | | 经产牛 | 9.22 | — | — |

注：HMCFS. 高水分玉米和细切青贮；HMCCS. 高水分玉米和粗切青贮；DCFS. 玉米粉和细切青贮；DCCS. 玉米粉和粗切青贮。引自王封霞，2015。

c. 消化评估，分为体外评估和体内评估。

体外评估：采用体外发酵方式根据其产气情况来评估日粮中营养物质之间平衡情况。其中，快速部分（淀粉）的适宜降解速率18%/h~20%/h，慢速部分（中性洗涤纤维）的适宜降解速率5%/h~6%/h，快速和慢速之间的时间差小于10 h。若快速部分产气过低，建议增加瘤胃可利用的淀粉和糖，改善压片糊化度、玉米粉碎度，确保日粮足量非蛋白氮和多肽。若慢速部分发酵过慢，建议增加日粮中性洗涤纤维消化率，可使用甜菜粕、豆皮、啤酒糟等短纤维饲料。

体内评估：主要评估乳成分和粪便。

乳成分：主要关注脂蛋比（表4-86）和牛奶尿素氮（表4-87）。

表4-86　牛奶脂蛋比情况

| 脂蛋比 | 评价 | 建议 |
|--------|------|------|
| <1.12 | 乳脂率偏低 | 补充日粮有效纤维<br>增加日粮中过瘤胃脂肪<br>瘤胃酸中毒风险<br>能量/采食量不足 |
| 1.12~1.34 | 正常 | — |
| >1.34 | 乳蛋白偏低 | 氨基酸不足或不平衡<br>微生物蛋白合成不足<br>缺乏过瘤胃蛋白 |

表4-87　牛奶尿素氮情况

| 乳蛋白率/% | 低牛奶尿素氮（<10 mg/dL） | 适中牛奶尿素氮（10~14 mg/dL） | 高牛奶尿素氮（>14 mg/dL） |
|-----------|--------------------------|------------------------------|---------------------------|
| <3.0 | 日粮粗蛋白缺乏，碳水化合物缺乏 | 日粮粗蛋白平衡，碳水化合物缺乏 | 日粮粗蛋白过多，碳水化合物缺乏 |
| ≥3.0 | 日粮粗蛋白缺乏，碳水化合物平衡 | 日粮粗蛋白平衡，碳水化合物均平衡 | 日粮粗蛋白过多，碳水化合物平衡 |

粪便：一看粪便评分（表4-88和表4-89）。二看粪便玉米籽粒（图4-40）。高产牛粪便中出现玉米籽粒的原因可能有以下5种：①玉米青贮籽粒破损不好或没有发酵好；②玉米粉颗粒较大，筛网孔径大或有破损；③玉米压片糊化度不好，加工过程中的浸泡或蒸煮时间及压力不足；④玉米总的用量过高；⑤日粮纤维不足，搅拌过碎。高产牛粪便淀粉含量<3%（表4-90）。三看粪便长纤维，如图4-41所示。日粮搅拌过细，过瘤胃速度快，可调整搅拌时间、转速、刀片数量、上料顺序；使用的进口苜蓿、玉米青贮等粗饲料收割期晚，纤维消化率低。四看粪便是否有黏液或气泡。若出现过量黏液，可能是有慢性炎症或肠道组织损伤；若出现气泡，可能是酸中毒或后肠道发酵过度产气过多。五看粪便颜色。呈深色或血色，可能是霉菌毒素感染或球虫病；呈淡绿色或淡黄色，并伴有水样痢疾，可能是细菌性感染，如沙门菌。六做粪筛，如图4-42所示。高产奶牛粪筛顶层比例<20%，中层比例<30%，底层比例>50%，见表4-91和表4-92所列。

表4-88　粪便评分推荐情况

| 粪便评分 | 1 | 2 | 3 | 4 | 5 |
|---------|-----|------|------|-----|-----|
| 高产牛 | <5% | <20% | >80% | 0 | 0 |
| 中低产牛 | 0 | <10% | >90% | 0 | 0 |

**表4-89　高产牛粪便评分分析**

| 粪便评分 | 原因 |
|---|---|
| 1分 | 配方淀粉比例高，配方蛋白比例高，配方瘤胃降解蛋白比例高，配方矿物质过量，有效物理纤维不足 |
| 4分 | 配方缺乏碳水化合物、蛋白质或瘤胃降解蛋白，日粮纤维含量高或消化率低 |
| 既有1分也有4分 | TMR搅拌不均，干草切割长，牛挑食 |

图4-40　高产奶牛粪便中的玉米籽粒

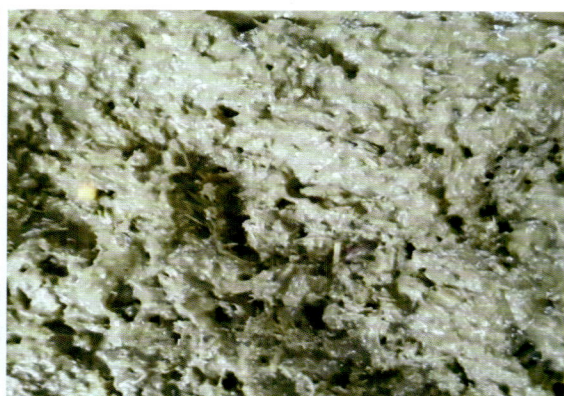

图4-41　高产奶牛粪便中的长纤维

**表4-90　高产牛粪便淀粉含量评估**

| 粪便淀粉含量/% | 评价 | 建议 |
|---|---|---|
| <3 | 理想 | 不需进一步检测 |
| 3~5 | 可接受 | 监测 |
| >5 | 较差 | 检测饲料原料 |

图4-42　粪筛各层比例

**表4-91　粪筛分离筛的颗粒分布推荐**　　　　　　　　　%

| 奶牛类型 | 顶层 | 中层 | 底层 |
|---|---|---|---|
| 泌乳前期 | <20 | <30 | >50 |
| 其他阶段奶牛 | <10 | <20 | >70 |

表4-92　高产牛粪便粪筛分析

| 筛层 | 理想比例 | 不理想原因 | 粗饲料 | 精饲料 |
|---|---|---|---|---|
| 顶层 | <20% | 完整或破碎谷物，大量的纤维性饲料 | 瘤胃饲料层形成差<br>粗饲料质量差<br>日粮突然变化<br>可发酵淀粉和糖不足<br>瘤胃降解蛋白不足<br>不饱和脂肪酸过多<br>能氮不平衡<br>瘤胃酸中毒 | 谷物加工不充分<br>饲喂量过多<br>奶牛挑食 |
| 中层 | <30% | 破碎谷物，大量明显可见小 | — | — |
| 底层 | >50% | 牧草颗粒 | — | — |

③饲养评估：

撒料：一条线，无明显的成堆现象，如图4-43所示。

推料：泌乳牛舍在奶牛挤奶返回采食0.5 h内推料一次，之后每1 h至少推料一次，不得出现露地板情况（图4-44）；推料后确保日粮在饲喂道各段相对均匀分布；推料过程中时刻关注日粮中是否有草绳等杂物，发现及时挑出；推料车可安装磁铁，每天清理一次。

清料：泌乳牛舍跟着挤奶时间，牛走后清料，不得提前清料；清料后要确保饲槽干净、清洁、无异物、无残留剩料；将剩料清理到牛舍一端指定区域，避免剩料混入新料中，如图4-45所示。

剩料：青年牛、新产牛、高产牛、中产牛、低产牛、干奶牛和围产牛的剩料率分别推荐为0～1%、3%～5%、2%～3%、1%～2%、0～1%、2%～3%和2%～3%，剩料评分见表4-93所列。

　　　　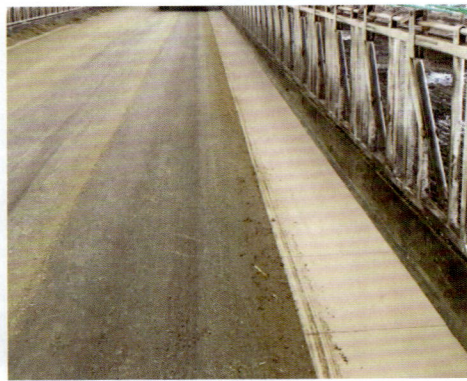

图4-43　撒料　　　　　　　图4-44　推料　　　　　　　图4-45　清料

表4-93　奶牛剩料评分

| 剩料评分 | 描述 | 剩料评分 | 描述 |
|---|---|---|---|
| 0 | 没有残留任何饲料 | 2 | 残留许多饲料颗粒，仍可见地板 |
| 1 | 残留少量分散颗粒 | 3 | 残留大量饲料，没有露地板现象 |

分群管理：泌乳早期尽量不动群，泌乳中后期体况调控为主，产量和泌乳天数为辅，见表4-94所列。

表4-94　奶牛分群管理

| 牛群 | 调群频率 | 分群原则 |
|---|---|---|
| 新产牛 | 产犊旺季：整群转<br>产犊淡季：每周调群 | 初产牛舍应该是距离奶厅最近、最舒适的<br>初产牛（产后30 d以内的泌乳牛），收集完初乳后的健康牛立即转入初产牛舍，头胎牛与经产牛分群饲养<br>牛头数占牛卧床数的80%~85% |
| 高产牛 | 每月1~2次 | 泌乳天数200 d以内的泌乳牛不调群<br>泌乳天数200 d以后，根据繁殖情况，体况评分和奶量分群<br>转群次数越少越好<br>牛头数占牛卧床数的90%~95% |
| 泌乳中后期牛 | 每月1~2次 | 参考奶量和体况评分 |
| 乳房炎牛 | 每班次 | 乳房炎牛舍治愈后回原舍饲养<br>支原体、金黄色葡萄球菌、无乳链球菌的乳房炎牛发现后及时隔离独群饲养，独立挤奶厅挤奶，或者最后挤奶 |

### （3）泌乳期饲养效果评估

奶牛产后代谢疾病的发病率控制目标值参考表4-95；头胎高峰产奶量>40 kg/d，经产高峰产奶量>50 kg/d；新产牛、高产牛和中低产牛的体况评分分别为3.0~3.5、2.5~3.25和3.0~3.5，体况合格率≥85%；饲料转化效率目标值参考表4-96。若饲养效果没有达到目标，需要进行原因排查，见表4-97~表4-99所列。

表4-95　产后代谢疾病推荐值

| 产后代谢疾病 | 目标/% | 产后代谢疾病 | 目标/% |
|---|---|---|---|
| 产后瘫痪 | <2 | 子宫炎 | <5 |
| 真胃移位 | <2 | 产后60 d死淘率（头胎） | <4 |
| 酮病 | <3 | 产后60 d死淘率（经产） | <8 |
| 胎衣不下 | <5 | | |

表4-96　不同产奶量的饲料转化效率推荐值

| 产奶量/（kg/d） | 饲料转化效率 | 产奶量/（kg/d） | 饲料转化效率 |
|---|---|---|---|
| 25 | 1.25 | 34 | 1.49 |
| 27 | 1.32 | 36 | 1.54 |
| 30 | 1.38 | 38 | 1.58 |
| 32 | 1.44 | 40 | 1.63 |

表4-97　新产期表现不良情况及可能原因

| 不良情况 | 日粮配方的可能原因 | 其他原因 |
|---|---|---|
| 产后瘫痪 | 围产前期日粮钙含量过高，阴阳离子失衡；新产期日粮缺乏钙、磷和维生素D，钙磷比例不当 | 奶牛过肥或过瘦；围产前期干物质不足，尿液pH值过高；新产期干物质不足，钙、磷和维生素D摄入不足；新产期食用过多含有大量草酸的青绿饲草；围产前期过短；牛舍饲养密度过大，环境卫生差；酮病、外伤、低血钾和低血镁也可引起产后瘫痪 |
| 真胃移位 | 产犊前后高精料日粮，青贮和干草粉碎过细 | 产犊前后干物质不足；饲养密度过大，环境卫生差；产犊应激，产后护理不当，其他疾病继发 |
| 酮病 | 产犊前后日粮能量浓度过低 | 产犊前后干物质不足；粗饲料质量差；青贮丁酸含量高；饲养密度大，环境卫生差；产犊应激，产后护理不当，其他疾病继发 |
| 胎衣不下 | 日粮钙、磷、维生素D、维生素E和硒含量不足 | 分娩异常（难产、流产、早产或双胎等）；饲料霉变；饲养管理应激，缺乏运动，其他疾病继发 |
| 子宫炎 | 日粮钙、磷、维生素D、维生素E和硒含量不足 | 分娩异常（难产、流产、早产或双胎等），产道拉伤；产后护理不当；饲养环境卫生较差，其他疾病继发 |

表4-98　高产奶牛表现不良情况及可能原因

| 不良情况 | 日粮配方的可能原因 | 其他原因 |
|---|---|---|
| 干物质采食量不足 | 日粮适口性差，粗饲料品质差，中性洗涤纤维含量高，中性洗涤纤维消化率差 | 宾州筛第一层占比过高，舒适度较差（卧床、水槽、粪道）、疾病（乳房水肿等），料槽管理（投料次数、推料频次等） |
| 产奶量不高 | 干物质采食量不足，日粮营养水平低，精粗比不当 | 饲料过于单一，粗饲料品质差，日粮淀粉含量低，瘤胃降解蛋白/过瘤胃蛋白不平衡，脂肪含量过高，饮水不足 |
| 乳脂率偏低 | 日粮中粗饲料不足，精粗饲料粉碎过细，不饱和脂肪酸含量过高 | 干物质采食量不足，粗饲料品质差，日粮中易发酵饲料（小麦、大麦、高水分玉米等）和油脂类饲料（玉米DDGS、植物油）含量高 |
| 乳蛋白率偏低 | 干物质采食量不足，粗饲料品质差，日粮蛋白品质差 | 日粮中淀粉或非纤维性碳水化合物含量过多或不足，粗饲料粉碎过细，日粮蛋白质不足，代谢蛋白中必需氨基酸（赖氨酸/蛋氨酸）水平低或不平衡，日粮中脂肪含量过高，热应激 |
| 牛奶尿素氮<12 mg/dL或>18 mg/dL | 日粮蛋白质水平过低或过高，过瘤胃蛋白不足或过量 | 可发酵碳水化合物不足，日粮能氮不平衡，瘤胃酸中毒 |
| 腹泻 | 饲料原料霉变，精料饲喂量过大 | 玉米青贮水分含量高、饲喂量过大，瘤胃酸中毒 |
| 急性或亚急性瘤胃酸中毒 | 高精料日粮，谷物饲喂量过大，突然更换饲料 | 粗饲料质量差，宾州筛第一层占比过高；日粮中易发酵饲料原料（小麦、大麦、高水分玉米）比例高，全株玉米青贮饲喂量过高，饲养密度过大，环境卫生差 |
| 蹄叶炎 | 精饲料过多，粗饲料不足 | 粗饲料品质差，日粮钙磷缺乏或比例不当，维生素D缺乏，锌缺乏；饲养密度大，牛舍地面过硬或潮湿，地面有石子等异物 |
| 异食癖 | 矿物质、维生素、微量元素缺乏 | 日粮钾、钠、维生素D、钴、铜缺乏，钙磷比例不当，蛋白质不足，瘤胃酸中毒 |
| 挑食 | 饲料颗粒过长，日粮水分过低 | TMR搅拌时间短，TMR搅拌车刀片过度磨损，粗饲料品质差 |

**表4-99　泌乳中后期奶牛表现不良情况及可能原因**

| 不良情况 | 日粮配方的可能原因 | 其他原因 |
|---|---|---|
| 干物质采食量不足 | 日粮适口性差，粗饲料品质差，中性洗涤纤维含量高，中性洗涤纤维消化率差 | 宾州筛第一层占比过高，舒适度较差（卧床、水槽、粪道），料槽管理（投料次数、推料频次等） |
| 产奶量下降过快 | 干物质采食量不足，日粮营养水平过低 | 饲料过于单一，粗饲料品质差，日粮淀粉含量过低，RDP/PUP不平衡 |
| 乳脂率偏低 | 日粮中粗饲料不足，精粗饲料粉碎过细，不饱和脂肪酸含量过高 | 干物质采食量不足，粗饲料品质差，日粮中易发酵饲料（小麦、大麦、高水分玉米等）和油脂类饲料（玉米DDGS、植物油）过高 |
| 乳蛋白率偏低 | 干物质采食量不足，粗饲料品质差，日粮蛋白质品质差 | 日粮中淀粉或非纤维性碳水化合物含量过多或不足，粗饲料粉碎过细，日粮蛋白质不足，代谢蛋白中必需氨基酸水平低或不平衡，脂肪含量过高，热应激 |
| 牛奶尿素氮<12 mg/dL或>18 mg/dL | 日粮蛋白质水平过低或过高，RUP不足或过量 | 可发酵碳水化合物不足，日粮能氮不平衡，瘤胃酸中毒 |
| 腹泻 | 饲料原料霉变，精料饲喂量过大 | 玉米青贮水分含量高、饲喂量过大，瘤胃酸中毒 |
| 急性或亚急性瘤胃酸中毒 | 高精料日粮，谷物饲喂量过大，突然更换饲料 | 粗饲料质量差，宾州筛第一层占比过高；日粮中易发酵饲料原料（小麦、大麦、高水分玉米）比例高，全株玉米青贮饲喂量过高，饲养密度过大，环境卫生差 |
| 蹄叶炎 | 精饲料过多，粗饲料不足 | 粗饲料品质差，日粮钙磷缺乏或比例不当，维生素D缺乏，锌缺乏；饲养密度大，牛舍地面过硬或潮湿，地面有石子等异物 |
| 异食癖 | 矿物质、维生素、微量元素缺乏 | 日粮钾、钠、维生素D、钴、铜缺乏，钙磷比例不当，蛋白质不足，瘤胃酸中毒 |
| 挑食 | 饲料颗粒过长，日粮水分过低 | TMR搅拌时间短，TMR搅拌车刀片过度磨损，粗饲料品质差 |
| 体况过肥 | 日粮能量浓度过高 | 精粗比过高 |

### 4.3.3.3　成母牛群体饲养评估

#### （1）瘤胃充盈度

不同阶段奶牛的瘤胃充盈度评分见表4-100所列，采食量见表4-101所列。其中，不同阶段奶牛的瘤胃充盈度评分合格率≥85%。

**表4-100　不同阶段奶牛瘤胃充盈度评分**

| 阶段 | 瘤胃充盈度 | 备注 |
|---|---|---|
| 干奶前期 | 4~5 | 理想5分 |
| 围产前期 | 4~5 | 最低4分 |
| 新产期 | 2~3 | 产后1周，2分正常 |
| 泌乳前期 | 3 | 采食充足 |
| 泌乳中后期 | 4 | 正常 |

表4-101　不同阶段奶牛推荐采食量

| 阶段 | 干奶牛 | 高产牛 | 中低产牛 |
|---|---|---|---|
| 干物质采食量占体重/% | 2.00 | 4.00+ | 3.00+ |

### （2）日粮颗粒度

不同阶段奶牛日粮的宾州筛推荐值见表4-102所列。

表4-102　不同阶段奶牛日粮的宾州筛推荐值

| 筛层 | 筛孔/mm | 干奶前期/% | 围产前期/% | 泌乳期 |
|---|---|---|---|---|
| 第一层 | 19 | 15~25 | 10~20 | 2~8 |
| 第二层 | 8 | 30~50 | 30~50 | 30~50 |
| 第三层 | 4 | 10~20 | 10~20 | 10~20 |
| 底层 | — | 20~40 | 20~40 | 30~40 |

### （3）粪便评分

不同阶段奶牛的粪便评分推荐值见表4-103所列。其中，干奶牛3.5~4.0分，围产前期牛3.0~3.5分，围产后期牛2.5~3.0分，高产牛2.5~3.5分，中、低产牛3.0~3.5分。

表4-103　不同阶段奶牛的粪便评分推荐值

| 阶段 | 评分 | 阶段 | 评分 |
|---|---|---|---|
| 干奶前期 | 3.5~4.0 | 高产期 | 2.5~3.5 |
| 围产前期 | 3.0~3.5 | 中后期 | 3.0~3.5 |
| 新产期 | 2.5~3.0 | | |

### （4）体况评分

不同阶段奶牛的体况评分推荐值见表4-104所列，体况合格率≥85%。

表4-104　不同阶段奶牛的体况评分推荐值

| 阶段 | 目标体况 | 最小体况 | 最大体况 |
|---|---|---|---|
| 干奶时>300 d | 3.50 | 3.25 | 3.75 |
| 干奶期间 | 3.50 | 3.25 | 3.75 |
| 产犊 | 3.50 | 3.25 | 3.75 |
| 泌乳1~30 d | 3.00 | 2.75 | 3.25 |
| 泌乳31~100 d | 2.75 | 2.50 | 3.00 |
| 泌乳101~200 d | 3.00 | 2.75 | 3.25 |
| 泌乳201~300 d | 3.25 | 3.00 | 3.75 |

## 本章小结

奶牛饲养评估不仅能改善牧场的饲养管理，提高奶牛的生产性能，还能为牧场节本增效。牧场饲养评估分为定性评估和定量评估，本章主要从饲料原料开始系统性地介绍了常见的精粗饲料的感官、质量和营养评估指标，从而引出如何评估犊牛、育成牛、青年牛和成母牛的日粮配方和饲养管理，全面的评估有助于牧场管理者找到生产中存在的问题，提高牧场的管理水平和经济效益。

## 思考题

1. 奶牛常用的粗饲料与精饲料有哪些？
2. 玉米青贮的质量评价体系是什么？
3. 怎样评估哺乳犊牛健康状况？
4. 怎样评估泌乳期奶牛的饲养管理情况？

# 第 5 章
# 健康评估

## 5.1 评估清单及关键数据参数

健康评估的关键参数见表5-1所列。

**表5-1 关于牛群健康评估的关键参数**

| 牛群 | 指标 | 推荐范围 |
|---|---|---|
| 犊牛 | 初乳白利糖度指数 | >22% |
| | 犊牛被动免疫成功率 | >95% |
| | 初乳细菌数 | 巴氏杀菌后细菌总数<10 000 CFU/mL，大肠杆菌数<100 CFU/mL |
| | 经产牛接产成活率 | ≥97% |
| | 头胎牛接产成活率 | ≥93% |
| | 0~2月龄犊牛成活率（产后24 h外） | ≥98% |
| | 2~6月龄犊牛成活率 | ≥98% |
| | 0~6月龄犊牛淘汰率（产后24 h外） | ≤2% |
| | 出生至断奶的日增重 | ≥0.85 kg/d，断奶体重达到出生重的2倍以上 |
| | 犊牛腹泻月发病率 | <15%（哺乳期）；<2%（断奶~4月龄）；<1%（4~6月龄） |
| | 犊牛肺炎月发病率 | <10%（哺乳期、断奶~4月龄）；<2%（4~6月龄） |
| 泌乳牛 | 跛行评分≤2分占比 | >80% |
| | 泌乳牛牛奶中体细胞数 | <20万个/mL |
| | 泌乳牛乳房炎月发病率 | ≤2% |
| 围产牛 | 血酮含量（$\beta$-羟基丁酸，BHBA） | 亚临床型：1.4 mmol/dL<BHBA<3.0 mmol/dL 临床型：BHBA>3.0 mmol/dL |
| | 酮病评估 | 亚临床型<15%，临床型≤3% |
| | 血钙浓度 | 总钙（tCa）正常浓度：2.0~2.5 mmol/L 离子钙（iCa）正常浓度：1.05~1.25 mmol/L |
| | 低血钙症月发病率 | <2% |
| | 月死胎率 | 头胎牛<10%，经产牛<6% |
| | 胎衣不下月发病率 | <5% |
| | 子宫炎月发病率 | <5% |
| 围产牛 | 真胃移位月发病率 | <2% |
| | 产后60 d内淘汰率 | <8% |

## 5.2　评估思路与分析维度

奶牛健康评估应整合身体状况、行为表现、疾病检测、乳品质量等参数，帮助评估者全面了解奶牛的健康状况，发现并解决潜在的健康问题，提高奶牛的生产效益和乳制品质量。

### 5.2.1　评估思路

奶牛健康评估应综合考虑奶牛的身体状况、行为表现、疾病检测、乳品质量等因素，应在奶牛日常的饲养过程中注意观察奶牛细微的状态变化：

①观察奶牛的食欲和饮水量是否正常。如果奶牛饮水量和食欲减少，可能表明存在健康问题，这时就需要去排查造成奶牛采食量与饮水量下降的原因。

②需要观察奶牛的行为表现是否正常，是否活泼、是否有运动、是否存在不适或压力的迹象等。

③观察奶牛的乳房状况是否正常，特别是需要确定乳头是否有红肿、热、硬等异常情况。

④观察奶牛的排泄情况是否正常，如排便和排尿是否正常，粪便是否存在异常（如黏液、血迹等）。

### 5.2.2　分析维度

根据奶牛的不同阶段（犊牛、泌乳牛和围产牛）有针对性地进行分析。同时，也需要根据具体情况进行分析和判断，如在分析饲养环境因素时，需要考虑气候、空气质量、卫生条件等因素。通过综合考虑各个维度，可以全面评估奶牛的健康状况，发现问题并及时采取措施，以保证奶牛的健康和生产能力。

## 5.3　评估内容与方法

### 5.3.1　犊牛健康评估

#### 5.3.1.1　初乳合格率评估

（1）概述

初乳是母牛产犊后第一次分泌的牛乳。怀孕母牛血液中的抗体不能通过胎盘传递给胎犊，犊牛出生时对疾病没有任何抵抗力，只能在出生后数小时内通过摄入初乳，才能获得对疾病的免疫力。初乳是犊牛获得免疫保护的唯一来源，所以初乳对新生犊牛的存活和健康状况至关重要。另外，初乳中还含有营养物质、抗微生物因子、生长因子和母源性细胞，其干物质、矿物质和蛋白质含量分别是常乳的2倍、3倍和5倍，见表5-2所列。与常乳相比，初乳中还含有更高的能量和维生素。在犊牛出生后尽早饲喂足量的初乳，能降低死亡率，减少腹泻、肺炎等疾病的发病率，提高日增重，增加产奶量并且使产犊月龄提前。研究发现，出生2 d后血清中免疫球蛋白水平低（<10 mg/mL）的犊牛在出生至8周龄死亡率是高水平抗体浓度（>10 mg/mL）的2倍以上。

（2）评估方法

①收集方法：血乳、乳房炎奶不收集，一牛一桶。挤奶厅人员操作规范，产房人员定时完成初乳的检测、分装、巴氏杀菌、贮藏（20 min内完成）。

表5-2　初乳、过渡乳及常乳的营养成分分析

| 成分 | 初乳 | 过渡乳 | | 常乳 |
| --- | --- | --- | --- | --- |
| | | 第二次 | 第三次 | |
| 总固体/% | 23.9 | 17.9 | 14.1 | 12.9 |
| 脂肪/% | 6.7 | 5.4 | 3.9 | 4.0 |
| 总蛋白/% | 14.0 | 8.4 | 5.1 | 3.1 |
| 酪蛋白/% | 4.8 | 4.3 | 3.8 | 2.5 |
| 乳清蛋白/% | 6.0 | 4.2 | 2.4 | 0.5 |
| 免疫球蛋白/% | 6.0 | 4.2 | 2.4 | 0.09 |
| IgG/（g/100 mL） | 3.2 | 2.5 | 1.5 | 0.06 |
| 乳糖/% | 2.7 | 3.9 | 4.4 | 5.0 |
| 胰岛素样生长因子-I/（mg/L） | 341 | 242 | 144 | 15 |
| 钙/% | 0.26 | 0.15 | 0.15 | 0.13 |
| 镁/% | 0.04 | 0.01 | 0.01 | 0.01 |
| 锌/（mg/100 mL） | 1.22 | — | 0.62 | 0.3 |
| 锰/（mg/100 mL） | 0.02 | — | 0.01 | 0.004 |
| 铁/（mg/100 g） | 0.20 | — | — | 0.05 |
| 钴/（mg/100 g） | 0.5 | — | 0.1 | 0.01 |
| 维生素A/（mg/100 mL） | 295 | 190 | 113 | 34 |
| 维生素E/（mg/g） | 84 | 76 | 56 | 15 |

②保存方法：低温可以有效抑制巴氏杀菌后微生物繁殖，保障初乳贮藏时间。温度<4℃，保存7 d；温度<−20℃，保存半年至1年。常温下10 min内饲喂完成。

③巴氏杀菌消毒方法：60℃，60 min。巴氏杀菌后处理：迅速降温（20 min，下降到16℃以下）。

④质量评估方法：通过糖度折光仪、数显折光仪或比重计进行评估。品控部门每周初乳检测。

糖度折光仪：快速测定含糖溶液和其他非糖溶液的浓度或折射率，通常是要求室温20℃，且每次使用前校准。

数显折光仪：读数数字化，受到环境因素及人为因素影响较小，如图5-1所示。

比重计：牛奶的密度是牛奶组成成分的密度的总和，可随牛奶成分的变化而发生变动，如图5-1所示。

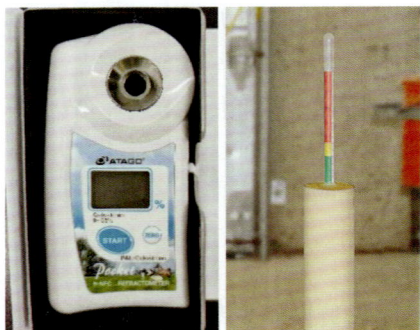

（a）数显折光仪　　　（b）比重计

图5-1　数显折光仪及比重计

（3）评估标准

①品质分类：优质，>50 mg/mL；合格，25~50 mg/mL；不合格，<25 mg/mL。

②微生物含量：巴氏杀菌后细菌总数<10 000 CUF/mL，大肠杆菌数<100 CUF/mL。

③糖度折光仪和比重计：判断标准见表5-3所列。

**表5-3  糖度折光仪和比重计判断标准**

| IgG/（mg/mL） | 质量判定 | 比重计 | 糖度折光仪/% |
| --- | --- | --- | --- |
| >50 | 好 | 绿色 | >22 |
| 25~50 | 一般 | 黄色 | 20~22 |
| <25 | 差 | 红色 | <20 |

（4）整改措施

初乳质量主要取决于两个方面，一个是免疫球蛋白含量，另一个是卫生状况。犊牛摄入初乳时处于无任何免疫力的状态，极易受感染，因此在出生后2周内的发病率高可能是初乳的质量问题。在犊牛发病的情况下，通过测定收集、饲喂和贮存等不同阶段初乳样本中的细菌含量，可以帮助确定问题的来源。各环节中细菌污染的原因可能是乳房清洗不彻底、初乳收集过程中的卫生问题、容器未清洁消毒，或初乳解冻温控不当。

如果母牛的产犊时间比预产期提前，可能没有足够的时间对免疫接种做出应答。同样，刚从别的地方转来的新母牛，如果马上分娩也难以对当前牛群中的病原产生免疫应答。因此，建议待产母牛在分娩前应在当前牛舍环境饲养6~8周。在这两种情况下，可以考虑饲喂储存的初乳。

一些可能的污染物包括血液、细菌和乳房炎残留物，如白血球、病原体和抗生素残留。有乳房炎或者含血的初乳必须废弃，以避免将病原传给犊牛。同时，一些致病微生物能通过初乳从母牛传给犊牛，包括副结核分枝杆菌、牛病毒性腹泻病毒、牛白血病病毒、大肠杆菌、沙门菌、支原体、巴氏杆菌和金黄色葡萄球菌。因此，感染这些病原体的母牛，其初乳不要留存饲喂。

如果乳房在挤奶或吮吸之前没有很好地清洗、消毒和干燥，洁净的初乳也会被污染。所以，要定期清洗和保养挤奶设备。

控制细菌数量的另一个关键是快速饲喂初乳或者对初乳快速冷冻储存。这是因为温热、营养丰富的初乳是细菌生长的良好环境，在温热的初乳中，细菌每20 min就能增殖1倍。

### 5.3.1.2  被动免疫评估

（1）概述

新生犊牛消化道降解蛋白质能力不足，但是小肠可以吸收大分子物质（包括抗体）而且效率非常高。因此，初乳中的抗体可以完整地被犊牛吸收到血液中。犊牛刚出生时，抗体的吸收率平均为20%，变化范围为6%~45%。出生后几小时，犊牛对抗体的吸收率急剧下降，因为犊牛小肠消化率增强，小肠细胞对抗体的通透性下降。出生后24 h，犊牛不再具有吸收抗体的能力（又称小肠关闭）。犊牛出生后12 h之内若没有及时饲喂初乳，就很难获得足够的抗体来建立被动免疫（图5-2），帮助抵抗感染。

犊牛抵抗疾病的能力与血液中的抗体浓度直接相关。吸收的抗体可以在体内各部位消除

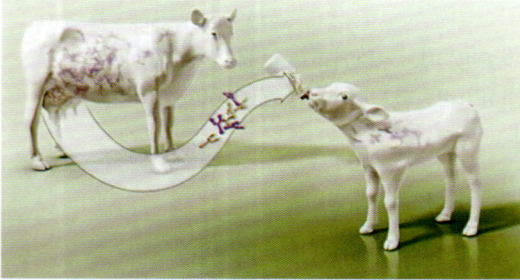

图5-2　犊牛被动免疫的建立

感染。抗体发挥作用后被清除，这时血液中的抗体浓度以恒定速率下降。在3~4周龄时，犊牛自身的免疫系统开始产生抗体（称为主动免疫）。因此，血液中所含初乳抗体的浓度不足与犊牛死亡率明显升高相关。英国的研究资料表明，犊牛血液中的抗体浓度受季节影响，冬季犊牛血液中的抗体浓度下降。有许多因素造成这一季节性变化，如传染性病原菌越来越多，吸收率下降或消化道内抗体分解率加快。要尽早让犊牛吃上优质初乳的原因，不仅是为了给犊牛提供丰富的营养，更主要的是给犊牛提供大量的免疫球蛋白，以提高犊牛脱离母体后的生存能力，从而提高犊牛的存活率和健康水平。

（2）评估方法

①抗体评估：为了检测犊牛初乳饲喂后免疫转移是否成功，避免因初乳摄入不足而引起的各种犊牛疾病，使用折光仪监测牧场被动免疫水平是一种简单而又实用的方法。有两种方法可以监测免疫水平：一种是实验室直接测定IgG值；另一种是用折光仪间接测定蛋白质浓度。IgG只是血清中总蛋白质中的一部分，二者在犊牛出生48 h内相关性高。也就是说，测定血清总蛋白水平，就可以监测犊牛被动免疫转移是否成功。具体操作为：灌服后24~72 h采集血样，分装入离心管静置1 h后取上清液，滴于折光仪玻璃平面。

②初乳饲喂评估：初乳的饲喂时间、初乳的饲喂量、初乳的饲喂方式。

（3）评估标准

①如果犊牛吃到足够的优质初乳，血清总蛋白>5.5 g/dL，说明被动免疫成功。

②95%以上的犊牛血清总蛋白≥5.5 g/dL（每头牛都需要评估）。

$$犊牛被动免疫成功率=\frac{被动免疫成功犊牛数（血清总蛋白>5.5\ g/dL）}{检测犊牛数}×100\%$$

③初乳饲喂时间在出生后1 h内，饲喂量为体重的10%，饲喂方式为食道插管饲喂，如图5-3所示。饲喂模式为4+2+2，即出生0.5~1 h饲喂4 L，8 h后2 L，24 h前2 L。

（4）整改措施

要达到被动免疫转移成功，概括起来有4个要素：初乳的质量、饲喂量、饲喂时间和卫生状况。测定初乳质量、巴氏杀菌初乳、监测血清中抗体水平，是保证被动免疫转移成功的关键。

①确保饲喂时间：饲喂初乳的时间越早越有利于犊牛被动免疫的建立；反之，饲喂初乳的时间越延后，犊牛得不到免疫保护的可能性就越大。即使在出生后立即饲喂初乳，也仅有25%~30%的抗体能够进入血液循环；而出生6 h以后饲喂，肠壁能够吸收的免疫球蛋白≤15%；出生24 h后，肠壁细胞能够吸收的免疫球蛋白<10%。另外，应激状态的犊牛能够吸收抗体的时间相对更短。

②确保饲喂量和饲喂模式：让犊牛自然吮

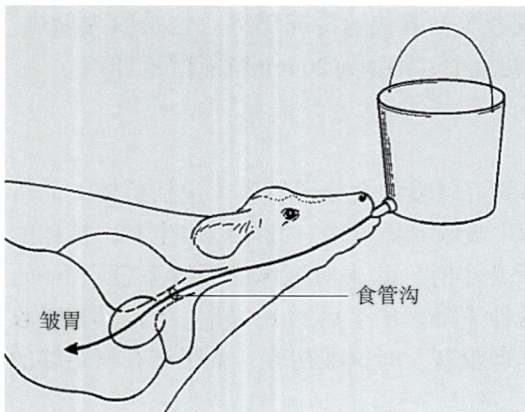

图5-3　食道插管饲喂初乳

（图中标注：食管沟、皱胃）

吸以获得初乳是一种不可靠的饲喂方法。血液中免疫球蛋白的含量达到10 mg/mL方能保证犊牛有足够的免疫力对抗一般的牧场环境中的病原体。对于大体型品种如荷斯坦牛的犊牛（出生重40 kg）在出生后0.5 h内饲喂4 L优质初乳，并且在6～12 h后补喂2 L初乳，24 h之前再饲喂2 L。

③确保饲喂方式：为了保证所有犊牛能够在最短时间内摄入足量的优质初乳并减少人工成本，通常由有经验的人员使用初乳食道灌服器灌服初乳。

### 5.3.1.3　成活率评估

（1）概述

犊牛成活率指出生后一段时间内成活的犊牛数占产活犊牛数的百分率。此指标可以反映犊牛培育的状况及管理水平。犊牛在胎儿阶段的生长发育对于其出生后的活力影响很大，一般出生重较大的犊牛活力较强，抗病能力也较强，新生犊牛活力指征见表5-4所列。而新生犊牛体重的70%左右是在妊娠后期增加的。因此，妊娠后期母牛的饲养管理对于犊牛的活力有着重要的影响。如果此阶段母牛饲喂不当则会影响胎儿的生长发育，甚至造成胎儿死亡。

表5-4　新生犊牛活力指征

| 活力指征 | 出生后时间 /min | 活力指征 | 出生后时间 /min |
|---|---|---|---|
| 抬头 | ≤3 | 试图站立 | ≤20 |
| 胸卧（胸骨支持） | ≤5 | 自主站立 | ≤90 |

母牛分娩时难产是影响犊牛存活率，尤其是接产成活率的最重要原因，如图5-4所示。头胎牛死产率远远高于经产牛。营养和饲喂管理同时是降低难产和死产的重要因素，确保产房环境干净卫生，也可以减少新生犊牛感染风险。

新生犊牛的各器官和功能的发育还不健全，不具备天生的免疫力，并且体温调节能力较差，抵抗力不强，对外界环境的适应力不强，极易受到外界不良环境的影响而患病或者死亡，如果新生犊牛在产后护理不当，不能及时饲喂初乳，养殖环境较差，犊牛一旦感染病菌，就会患病或者

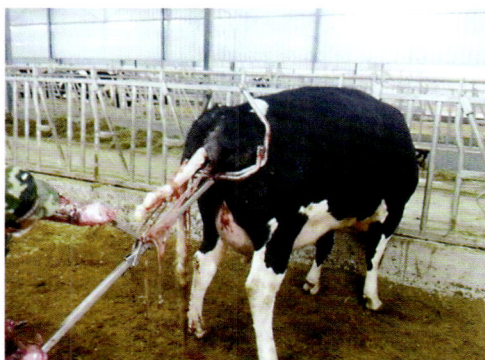

图5-4　母牛分娩时发生难产

死亡，导致成活率低下。犊牛患病是导致犊牛死亡的最直接原因。犊牛一旦患病，体质下降，极易发生死亡，有的疾病即使治愈也会影响后期的生长发育。因此，需要加强犊牛疾病的预防工作。

（2）评估方法

经产牛接产成活率 = 经产牛出生后24 h内成活数量/经产牛产犊总数

头胎牛接产成活率 = 头胎牛出生后24 h内成活数量/头胎牛产犊总数

0～2月龄犊牛成活率（产后24 h外）= 0～2月龄犊牛（产后24 h外）成活数量/0～2月龄犊牛（产后24 h外）总数

2～6月龄犊牛成活率 = 2～6月龄犊牛成活数量/2～6月龄犊牛总数

0~6月龄犊牛淘汰率（产后24 h外）= 0~6月龄犊牛（产后24 h外）淘汰或死亡数量/0~6月龄犊牛（产后24 h外）总数

（3）评估标准

经产牛接产成活率：≥97%；头胎牛接产成活率：≥93%；0~2月龄犊牛成活率（产后24 h外）：≥98%；2~6月龄犊牛成活率：≥98%；0~6月龄犊牛淘汰率（产后24 h外）：≤2%；出生至断奶的日增重：≥850 g/d，90%以上犊牛日增重0.8 kg/d，断奶体重达到出生重的2倍以上。

（4）整改措施

①接产成活率：

a. 产程把控。

第一产程：频繁起卧、频繁排粪排尿、举尾、阴门肿胀、松弛、漏奶。

第二产程：羊膜露出、犊牛部件漏出、犊牛排出。

第三产程：胎衣排出。

b. 助产时机把控，流暗红色血或者鲜红血；出现强烈努责1 h以上未见胎膜及胎儿部件；羊膜囊可见持续1 h以上未见胎儿部件；羊膜壁破裂1 h以上未见胎儿部件；开始滴奶后流奶持续1 h以上；见胎儿嘴且产程超过1 h，舌头僵硬；卧一阵、站一阵，努责微弱，超过2 h；大牛健康，但体况偏瘦，而且出现明显分娩症状时间超过2 h（怀疑双胞胎）。

c. 助产操作，胎位、胎势、胎向纠正（人员、大牛消毒，润滑剂使用）。

助产力度及节奏：奶牛的助产力度<70 kg，一般一个人的拉力即可满足。

助产角度：依据骨盆轴的走向，产犊过程中在直线拉出犊牛头和肩部后，需要使犊牛与水平方向形成30°~40°夹角。

②0~6月龄各阶段的犊牛成活率（产后24 h外）：

a. 新生犊牛护理，促进呼吸，清除口腔、鼻腔黏液，利用干净的草棍儿刺激鼻腔黏膜促进异物排出，如图5-5所示。排出吸入黏液，犊牛头部自由摆放在低于胸部位置，通过体位引流。

脐带消毒：7%~10%碘酊20 mL，浸泡脐带，然后将剩余碘酊倒在脐带根部周围。

擦拭1~3 min：促进血液循环，提高初乳吸收率；保温；擦干黏液，粪污，保证出生体重数据准确，如图5-6所示。

b. 初乳管理，见初乳管理评估标准及改进措施部分。

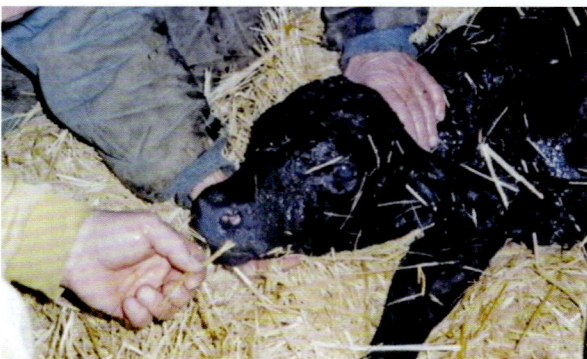

图5-5　对活力不佳的犊牛刺激呼吸

图5-6　用力擦拭全身促进血液循环

c.常乳管理。

常乳质量：巴氏杀菌后细菌总数<1 000 CFU/mL，大肠杆菌不检出；乳房炎奶不饲喂犊牛；抗奶饲喂犊牛需注意其影响犊牛日后生长、干物质浓度多变等问题。

饲喂流程：严格根据设定量及流程进行饲喂，采用逐步降奶的方式断奶。

饲喂四定：定时，2~3次/d，间隔3 h上下浮动不超10 min；定质，保持干物质含量和成分稳定；定温，38~40℃；定量，依据设定的喂奶流程进行不同日龄、不同奶量的饲喂。

常乳巴氏杀菌处理：72~73℃，15 s，巴氏杀菌合格率≥95%。关注点为蒸汽压、出口奶温、回流次数、巴氏杀菌合格率。

d.犊牛舍卧床、垫料维护。

室内犊牛岛：垫草、沙基厚度为20~40 cm；全进全出，彻底清理；夏季垫沙，冬季垫草。

室外犊牛岛：卧床高于饲喂道20~30 cm；卧床前低后高，坡度5%；饲喂道纵向坡度5%；排水顺畅，周围不能积水；避风，全天有一定的阴凉处。

新生犊牛岛暂存栏：一牛一岛，不得多个牛只放在一个岛中；临近产栏及初乳巴氏杀菌间；配置浴霸灯或暖风机；清理要求一牛一清，包括垫草及犊牛岛；垫草厚度≥20 cm，干净、干燥，无霉变。

犊牛大棚：全进全出，对于地基清理，需要在断奶牛转群后将卧床垫料彻底清理，并且软地基至少清理20 cm（如果软地基有异味，继续往下清理，直到无异味），继续投入使用；夏季垫沙，冬季垫草；垫料厚度为20~40 cm。

e.环境管理。

通风要求：氨气浓度<10 mg/m³，定期进行环境消毒和驱蚊蝇。

垫料要求：稻壳粉/稻壳，质量要求黄色或黄褐色，无刺鼻化学原料气味，无其他异味，杂质≤1%，水分≤14%；沙子，质量要求粒径≤0.75 mm（26目筛通过率95%），水分≤35%；锯末，质量要求细碎状粉末，细度≤5 mm，无刺鼻化学原料气味，无其他异味；各种垫料要求无杂物，无铁屑、铁钉等物质，大木块比例≤5%，沙子比例≤5%。

冬季保温：暂存栏使用保温灯，犊牛舍搭草墙，犊牛穿马甲；饮水方面，使用加热水槽。

夏季热应激预防：水幕、犊牛岛覆盖湿帘；喷淋，风机；奶温可以调整到38℃。

饲养密度：断奶后过渡牛群10~15头/栏，密度<95%；4~6月龄牛群40~48头/栏，密度<95%；每月至少进行一次分群调整，按照个体大小一致，瘦牛单独挑出饲喂。

### 5.3.1.4　腹泻评估

#### （1）概述

腹泻是犊牛常见易发的胃肠道疾病，该病一年四季均可发生，尤其以初春、夏末、秋初气候多变季节更容易发生。据《中国后备奶牛培育现状白皮书（2024）》报道，患腹泻的犊牛平均日增重比未患腹泻犊牛平均日增重低61.6 g（946.1 g、884.5 g）。腹泻犊牛中哺乳犊牛的腹泻发病占比最高，为85.6%；其次是断奶犊牛，占比为11.3%。我国哺乳犊牛腹泻发病率从2021年的49.5%逐年下降至2023年的31.0%。

犊牛腹泻分为两种：营养性腹泻和感染性腹泻。营养性腹泻通常是由于管理不当，造成应激而引起。肠道寄存病原菌用过量的乳糖作为培养基大量繁殖，会继发感染性腹泻。引起哺乳犊牛腹泻的主要病原菌包括轮状病毒和冠状病毒（侵袭破坏肠道的衬细胞）、大肠杆菌和沙门菌（分泌毒素破坏衬细胞和肠上皮细胞）及隐孢子虫等。犊牛发病时会表现排出各种类型的稀便、脱水、体温升高或降低、腹胀腹痛、食欲废绝、精神沉郁等临床表现。严重者

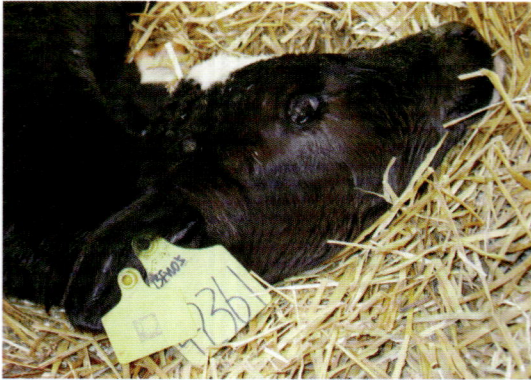

图5-7　重度腹泻犊牛出现休克

会发生卧底不起、休克、昏迷甚至死亡，如图5-7所示。如果不进行合适的治疗，犊牛会休克或昏迷，当严重到一定程度时，会引起犊牛的死亡。

（2）评估方法

①脱水的评估：有很多传统的方法用来评估犊牛脱水，包括犊牛的精神状态、眼球位置、毛细管再填充时间、黏膜情况、尿生成情况、皮肤弹性等，其中部分常用方法如图5-8和图5-9所示。对于由慢性疾病引起的恶病质犊牛脱水，眼球内陷程度并不能作为一种有效

的评估工具。因为这项判断指标主要依靠体脂储备情况，很可能在判断慢性腹泻犊牛脱水中意义不大。在慢性腹泻引起脱水中，颈部皮肤弹性是一种更好的判断方式。目前，判断脱水最准确的方式之一是计算失重百分比。

②代谢性酸中毒的评估：主要通过犊牛的精神状态评分（是否出现渐进式抑郁、吮吸反射状况、虚弱、共济失调、卧地不起等表现，如图5-10所示）及血清中总$CO_2$含量。

（3）评估标准

①腹泻月发病率：<15%（哺乳期）；<2%（断奶~4月龄）；<1%（4~6月龄）。

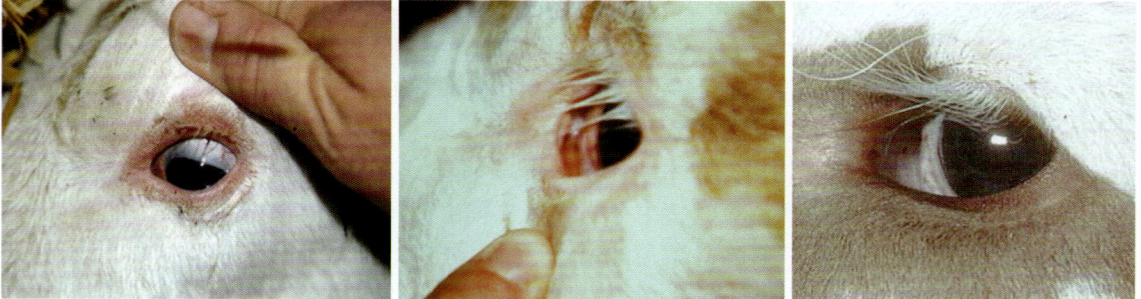

图5-8　通过眼球凹陷程度判断脱水（Geof Smith供图）

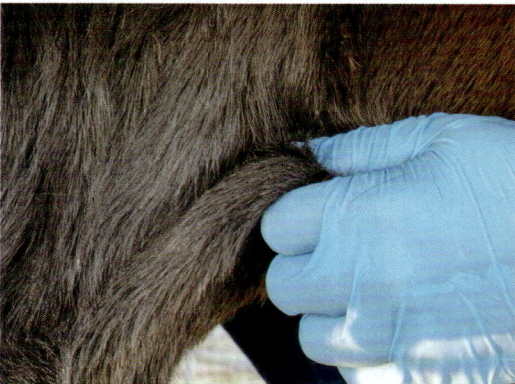

图5-9　通过颈部皮肤复原时间判断脱水

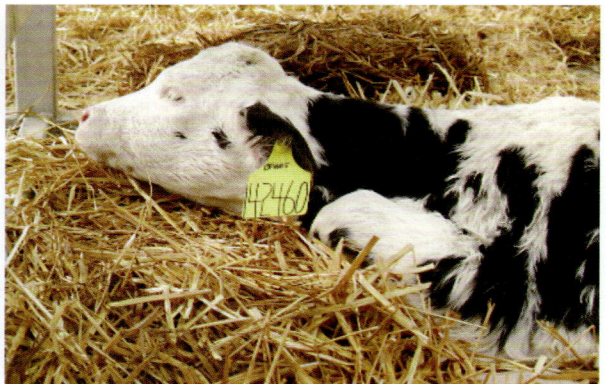

图5-10　代谢性酸中毒犊牛

计算公式：

$$腹泻月发病率=\frac{本月特定阶段（哺乳、断奶\sim4月龄、4\sim6月龄）}{本月特定阶段（哺乳、断奶\sim4月龄、4\sim6月龄）}\times100\%$$

②脱水：根据失重情况将脱水分为5个等级，见表5-5所列。

③代谢性酸中毒：根据精神状态将代谢性酸中毒分为4个等级，见表5-6所列。

**表5-5　不同方法评估中脱水的分级**

| 脱水/体重丢失/% | 举止 | 眼球凹陷度/mm | 皮肤恢复时间/s |
|---|---|---|---|
| <5 | 正常 | 没有 | <1 |
| 6~8 | 轻度抑郁 | 2~4 | 1~2 |
| 8~10 | 抑郁 | 4~6 | 2~5 |
| 10~12 | 昏迷 | 6~8 | 5~10 |
| >12 | 昏迷/死亡 | 8~12 | >10 |

**表5-6　代谢性酸中毒的分级标准**

| 行为评分 | 描述 | <8 d的酸中毒程度 | >8 d的酸中毒程度 |
|---|---|---|---|
| 1 | 警觉、活跃、正常 | 无 | 轻微 |
| 2 | 抑郁、缓慢、昏睡 | 轻微 | 中度 |
| 3 | 躺卧、吸吮反射差 | 中度 | 重度 |
| 4 | 侧卧、没有吸吮反射 | 重度 | 非常严重 |

（4）整改措施

①做好初乳饲喂工作：质量达标、数量足够、及时的初乳饲喂是保证犊牛免疫力的最重要因素。新生犊牛自身不具备抗体，必须通过初乳来获得。但是，肠道在初生后12~24 h会发生迅速的封闭，导致不能再吸收这些初乳中的抗体。初乳质量差异很大，最好不用头胎牛、乳房炎牛、稀薄的初乳等；母牛注射防止某种病原的疫苗，通常能使初乳中相关抗体浓度增加。同时，保证每天的常乳饲喂量也非常重要，按照目前的饲养标准来说，每天常乳采食量应达到犊牛体重的10%~15%。同时，难产、母牛营养不良、母牛健康状况不良等导致出生重过低都是引发犊牛免疫力不足的重要原因。

②做好母源抗体检测工作：犊牛产后24~72 h采血，分离血清，利用折光仪测定血清总蛋白水平，以此来衡量被动免疫效果。

③做好犊牛卫生工作：保证犊牛岛干净、干燥、通风性好；产犊后，尽早消毒脐带；将犊牛和母牛尽早分开，将犊牛移至干燥清洁的地点；避免使用同一个灌服器，如治疗补液时，两次使用期间必须进行消毒，以免病菌污染；饲喂人员必须保证双手清洁卫生。

④避免应激：应激造成的第一个影响是真胃酸液的分泌。这样既降低了凝块形成的能力，又降低了蛋白的消化率。应激可以来自各种原因：由于不恰当的奶饲喂程序（过量的饲喂或不符合常规的饲喂），代乳粉浓度的突然改变，错误的牛奶饲喂温度，或者代乳粉质量较差。环境应激也是犊牛腹泻的一个常见原因，如天气的突然变化，或者犊牛舍变冷、潮湿、有风等。犊牛舍的过度拥挤，也会造成腹泻的爆发。即使犊牛护理人员发生改变，也会因清洁度标准不同，而造成犊牛腹泻。以上几种情况如果联合起来，会造成腹泻的发生率大幅度上升。犊牛也会发生运输应激，在运输后立即喂奶，很可能会造成腹泻。新进犊牛至少需要等6 h后才能喂奶。休息对新进犊牛来说，比饲喂牛奶更重要。

### 5.3.1.5　肺炎评估

#### （1）概述

肺炎又称呼吸道疾病，是一种世界范围内危害奶业健康发展的重要疾病，多发生于犊牛和青年牛，是经常发生的地方性动物疾病，特别在秋、冬季节容易流行。据《中国后备奶牛培育现状白皮书（2024）》报道，患肺炎的犊牛平均日增重比未患肺炎犊牛平均日增重低36.7 g（937.8 g、901.1 g）。肺炎发病牛群主要为哺乳犊牛和断奶犊牛，分别为45.4%和41.8%。我国2021—2023年哺乳犊牛肺炎发病率为13.1%~18.5%。

肺炎发生与几种感染源、管理和环境因素有关。诸多病原单独或混合感染可以引起肺炎，如牛支原体、牛多杀性巴氏杆菌和溶血性曼氏杆菌等。此外，研究也表明，应激在与肺炎相关的发病率中起主要作用。牛的应激源包括尘土引起的呼吸道刺激、去角、混群、营养不良、运输和断奶等都可能会导致疾病发作。

由于肺炎造成了巨大的经济损失，因此准确、及时地识别疾病对于其成功治疗是非常重要的，但目前诊断肺炎的方法缺乏实用性和有效性，必须建立其他诊断方法以减少肺炎的发生。疾病诊断方法的改进将使动物压力减轻、发病率降低和接受更有效的治疗，从而防止疾病在牛群中传播，并提高动物福利。

#### （2）评估方法

目前，国外已经使用了几种临床评分系统来检测犊牛的呼吸道疾病。临床评分系统将临床数据汇总为一个值，比仅依赖非结构化的临床评估更客观地评估疾病。两种奶牛评分系统分别是威斯康星大学肺炎评分系统（WI系统）和加利福尼亚大学肺炎评分系统（CA系统）。

①WI系统评估5种临床症状：眼部分泌物、鼻分泌物、直肠温度、诱发或自发性咳嗽，以及耳朵和头部的位置。每个临床症状的正常表现均被分配0分，异常表现被分配1、2或3分，临床表现越严重则被赋予更高的值。如果犊牛的咳嗽、直肠温度、鼻分泌物、眼分泌物或耳朵和头部评估值的总和超过5分，检测犊牛的肺炎结果为阳性。

②CA系统评估6种临床症状：自发性咳嗽、鼻涕、眼部分泌物、直肠温度（>39.2℃）、头和耳位置（下垂或头倾斜）及呼吸质量（呼吸急促或呼吸困难）。CA系统将每个临床症状分为正常和异常表现，并为异常表现分配不同的值（2~5分）。将所有6个临床症状的积分值相加，如果总分值为5或更高，检测犊牛的肺炎结果为阳性。

#### （3）评估标准

①犊牛阶段肺炎月发病率：<10%（哺乳期、断奶~4月龄）；<2%（4~6月龄）；需进行全群评估。计算公式：

$$肺炎月发病率 = \frac{本月特定阶段（哺乳、断奶~4月龄、4~6月龄）犊牛出现肺炎症状并治疗的犊牛头数}{本月特定阶段（哺乳、断奶~4月龄、4~6月龄）犊牛单日平均存栏数} \times 100\%$$

②CA评分系统：总分≥5分，判定为肺炎。

（4）整改措施

①牛舍通风系统的设计：应在规划时至少为每头哺乳犊牛提供≥3 m²的饲养面积，且每头哺乳犊牛之间必须有坚固的隔栏，但应尽可能保持前后方的开口。此外，应该在牛棚里铺上垫料，使犊牛在寒冷期间能够充分保暖。增加通风系统，保证哺乳犊牛在寒冷条件下25 m³/（h·头）的换气量、温和环境下84 m³/（h·头）的换气量、炎热条件150 m³/（h·头）的换气量；夏季通风换气≥40次/h、冬季4~6次/h，以控制疾病的发生，并为员工提供舒适的工作环境。通风系统的设计需要限制微生物、灰尘颗粒、有害气体、热量和湿度的积聚。当温湿指数>70时，必须进行防暑降温以将热应激的影响降至最低。

②做好初乳饲喂工作：参考5.3.1.4。

③免疫系统的维护：免疫抑制是成年奶牛发生感染性疾病的主要原因。除了通过营养和管理措施尽量减少能量负平衡和矿物质不足的影响外，必须最大程度提高奶牛的舒适度并尽量减少应激。这些做法包括防止过度拥挤，尽量减少围栏移动，并通过将管理措施结合起来，如将头胎牛与经产牛分开饲养，从而避免社交压力。

④新引进牛群和病牛的隔离：为最大限度地减少疾病在新引进群体和住家畜群之间的传播，新入群动物应该被隔离14~21 d。作为预防呼吸道疾病的完整生物安全计划的一部分，所有新抵达和返回的牛只都应进行适当的筛查试验。将患病动物安置在远离健康动物的地方，是控制疾病在奶牛场传播的一种必要的方法。被临床确诊为患病的动物将会向环境中释放大量致病微生物，并可能是将疾病传染给其他动物的重要宿主，尤其是缺乏免疫力动物，如犊牛和围产期的母牛。在选择隔离设施的位置时，必须注意尽量减少与健康动物的接触。

⑤免疫：针对涉及肺炎的重要病原体的疫苗接种是帮助降低肺炎发生风险的重要措施。研究表明，使用针对牛传染性鼻气管炎病毒、牛病毒性腹泻病毒、牛副流感病毒3型、牛呼吸道合胞体病毒和细菌病原体溶血性曼氏杆菌、多杀性巴氏杆菌和嗜睡嗜血杆菌的疫苗可降低肺炎发生的风险。需要为免疫能力强的动物提供有效的疫苗以达到最佳的疫苗反应。免疫需要1~3周形成，可能需要多次注射疫苗才能获得保护性免疫。犊牛健康管理中存在的不良情况及可能原因见表5-7所列。

表5-7　犊牛健康管理中存在的不良情况及可能原因

| 不良情况 | 可能原因 |
| --- | --- |
| 初乳质量不佳 | 收集较晚，微生物含量高，巴氏杀菌操作不佳 |
| 被动免疫失败 | 灌服过晚，灌服量不足，犊牛活力不佳 |
| 腹泻发病率高 | 被动免疫失败，初乳微生物含量高，产房卫生差 |
| 肺炎发病率高 | 被动免疫失败，通风差，牛群应激 |

## 5.3.2　泌乳牛健康评估

### 5.3.2.1　跛行评估

（1）概述

肢蹄是奶牛重要的支撑和运动器官。肢蹄病是奶牛场淘汰奶牛的四大疾病之一。关注奶牛肢蹄健康，重视步态评分管理，降低奶牛因肢蹄病的淘汰率，做好修蹄工作，可提高产奶量1.5%~4%。

（2）评估方法及标准

①泌乳牛月蹄病发病率：推荐值<2%。计算公式：

本月新发生蹄病病例数/本月泌乳牛单日平均存栏数

②步态评分系统可用于评估奶牛个体和整个群体的肢蹄健康状态。进行步态评分时，确保奶牛在水平不湿滑的坚硬地面上行走，不能在高低起伏或者湿滑的地面上。通常在挤完奶后的回牛通道上进行评分。评分时要求一次性评价完整的牛群或是间隔2~5头奶牛均匀记录整个牛群牛只的步态，通常肢蹄患病的牛走在队伍的最后面，观察整个牛群才能发现。奶牛的背线可为疼痛提供大量的信息，评分时首先注意站立和行走时后背线。理想状态下，评分为1分和2分的奶牛数量应>80%。评分标准见表5-8所列。

表5-8　奶牛步态评分标准

| 步态评分 | 步态 | 站立姿势 | 步行姿势 | 步幅 | 描述 |
|---|---|---|---|---|---|
| 1 | 正常 | 背线平直 | 背线平直 | 大 | 步行正常，四肢落地有力 |
| 2 | 轻度跛行 | 背线平直 | 背线稍弯曲 | 中 | 站立时背线平直，但步行时拱背 |
| 3 | 中度跛行 | 弯曲 | 弯曲 | 中 | 站立和步行时拱背，单肢或多肢步幅小 |
| 4 | 跛行 | 弯曲 | 弯曲 | 小 | 单肢或多肢跛行，但仍有部位支撑牛体 |
| 5 | 严重跛行 | 弯曲 | 弯曲 | 小 | 拒绝站立和行走，单肢很难支撑牛体，很难从趴处移动 |

评分为3分的奶牛主要从站立时弓背和行走时头部的摇动来判断，一般有潜在的肢蹄病或处于肢蹄病早期。评分为4分的奶牛一般位于牛群的后方，远看即可发现跛行现象。评分为5分的奶牛严重跛行，需要重症监护和专业治疗，可以考虑淘汰。步态评分的分析及意义见表5-9和表5-10所列。

表5-9　奶牛步态评分分析

| 步态评分 | 比例 | 跛行评价 | 分析点 | 适用范围 |
|---|---|---|---|---|
| 1~2 | >80% | 正常 | 饲养管理良好 | |
| >3 | >15% | 严重 | 感染性 | 细菌、病毒 |
| | | | 损伤 | 地面、垫料 |
| | | | 环境 | 舒适度、挤奶厅滞留时间、卧栏使用 |
| | | | 管理 | 修蹄时间及频率、消毒、治疗、体况监测 |
| | | | 营养 | 日粮平衡、瘤胃pH值、粪便评分 |
| | | | 遗传 | 公牛评定、遗传参数、选种选配 |

表5-10　奶牛步态评分意义

| 步态评分 | 干物质降低/% | 产奶量降低/% | 体况 | 繁殖性能 |
|---|---|---|---|---|
| 1 | 正常 | 正常 | 较好 | |
| 2 | 0 | 1 | 好 | 无影响 |
| 3 | 5 | 3 | 一般 | |
| 4 | 17 | 7 | 差 | |
| 5 | 36 | 16 | 很差 | 空怀天数和配种次数增加 |

### （3）整改措施

①修蹄：不伤蹄壁，保护蹄漆层（牛蹄外观结构如图5-11所示）。蹄尖至蹄冠与地面水平面夹角，前蹄为50°左右，后蹄为45°左右；左蹄壁与右蹄壁最宽处为10 cm左右；蹄壁高约6 cm，前蹄略>6 cm；前蹄长7.5~8 cm，后蹄长7~7.5 cm；蹄跟高为3 cm左右，约蹄壁高的1/2，内外蹄尖应相互紧密闭合；整形后削蹄底面保护白线不外落，外蹄壁着地保持三点一线，整齐平坦（三点为蹄尖点，外蹄壁点，后段蹄壁点）；保留蹄尖回角，防止过薄而导致蹄尖出血；牛蹄复查为修蹄后7~10 d；每次修蹄结束，须保持牛蹄干净，蹄叉部涂以碘酊，以防蹄叉感染。

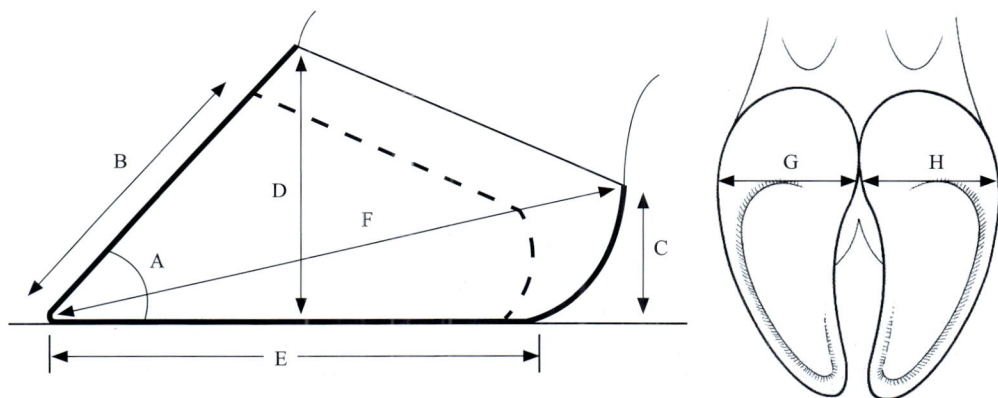

图5-11　牛蹄外观结构图

A.蹄仰角　B.蹄长修整顺序：后内-后外-前外前内　C.蹄跟高　D.蹄高　E.蹄底长
F.蹄斜长　G.内瓣宽　H.外瓣宽

②蹄浴：可在挤奶台的过道上和牛舍放牧场的过道上，建造长5 m、宽2~3 m、深10 cm的药浴池，用3%~5%的硫酸铜溶液或3%的甲醛溶液进行蹄浴，注意经常更换药液。蹄浴使牛蹄角质和皮肤坚固，防止趾间皮炎及蹄变形等。蹄浴应每周进行2~3次。但患有深度蹄底溃疡和已穿透皮肤趾间蜂窝织炎的病牛不能蹄浴。

③治疗：正确诊断，分清是原发性还是继发性。原发性多因饲喂精饲料过多所致，故应改变日粮结构，减少精料，增加优质干草饲喂量。继发性多因乳房炎、子宫炎和酮病等引起，应加强对这些原发性疾病的治疗。

首先应彻底清蹄，用清水和棕刷、蹄刀等去除蹄部污物，然后对患蹄进行必要的修整，充分暴露病变部位，彻底清除坏死组织，再用10%碘酊涂布，用呋喃西林粉、消炎粉和硫酸铜适量压于伤口，再用鱼石脂外敷，绷带包扎蹄部即可。如患蹄化脓，应彻底排脓，用3%过氧化氢溶液冲洗干净，如有较大的瘘管则做引流术。3 d后换药一次，一般1~3次即可痊愈。以上工作须由经验丰富的修蹄技师来完成。

为缓解疼痛，可用1%普鲁卡因20~30 mL行蹄趾神经封闭，也可用乙酰丙嗪肌内注射；静脉注射5%碳酸氢钠液500~1 000 mL、5%~10%葡萄糖溶液500~1 000 mL；也可静脉注射10%水杨酸钠液100 mL、葡萄糖酸钙500 mL，严重蹄病应配合全身抗生素药物疗法，同时可以应用抗组织胺制剂、可的松类药物。

对蹄部进行温浴，促进渗出物吸收。慢性病例主要修护蹄底角质，修蹄护形。

### 5.3.2.2 乳房炎评估

#### （1）概述

乳房炎是由细菌感染或机械性损伤造成的奶牛疾病，会引起奶牛一系列病症及牛奶品质下降。乳房炎临床分类为亚临床型乳房炎、临床型乳房炎及慢性乳房炎。亚临床意义上的炎症指牛奶和乳房无肉眼可见变化，但牛奶产量下降，牛奶中细菌含量超标，体细胞数升高。临床意义上的炎症指乳房和乳汁都有肉眼可见的异常，如图5-12所示。如产出异常乳，乳汁中有絮片、凝块，有时呈水样；患乳区有明显肿胀及疼痛。患病期间常伴有直肠温度升高、脉搏增速、嗜睡及食欲不振等系统性症状。慢性乳房炎是指由乳房持续感染所致，一般无临床症状，偶尔可发展为临床型。

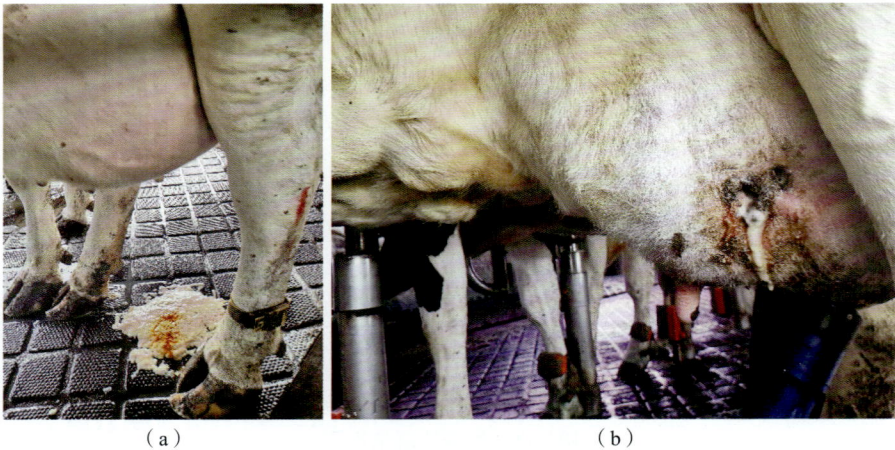

图5-12　乳房炎奶牛乳汁及乳房

（a）乳房炎患牛的乳汁异常；（b）乳房炎患牛的乳房出现破溃

引起临床型乳房炎的主要病原菌包括金黄色葡萄球菌、无乳链球菌、大肠杆菌和环境中的链球菌和肠球菌。主要病原菌引起的乳房炎可明显降低牛奶品质，增加牛奶中体细胞数。其他次要致病菌大部分会引起轻度乳房炎，支原体也是致病源之一，牛奶品质不会出现明显改变，极少造成临床意义上的乳房炎，且奶牛自愈率较高。该病是奶牛养殖场中发病率最高的疾病之一，泌乳牛一旦发病会明显降低产量及质量，给养殖者带来了巨大的经济损失。

#### （2）评估方法及标准

临床型乳房炎病症明显，可根据乳汁及乳房的变化，做出诊断。亚临床及慢性乳房炎患病乳区无明显临床症状，乳汁也无肉眼可见变化，但是乳汁的pH值、体细胞数会有明显变化，因此可通过乳汁化验进行诊断。实验室检测乳房炎多采用乳汁做细菌学检查，进行诊断并确定致病菌。临床乳房炎的月度发病率目标应≤2%，新产牛乳房炎发病率≤4%。

①临床型乳房炎严重程度判定标准：

一级乳房炎：仅有乳汁出现肉眼可见异常（目标值60%～65%）。

二级乳房炎：乳汁异常，乳房异常（目标值25%～30%）。

三级乳房炎：乳汁异常，乳房异常、全身症状（目标值5%～10%）。

②亚临床乳房炎CMT判定标准：CMT为加州乳房炎试验的简称，即首先在美国加利福尼亚州使用的一种乳房炎检测试验。它是通过间接测定乳中体细胞数来诊断隐性乳房炎的方法。其原理是在表面活性物质和碱性药物作用下，乳中体细胞被破坏，释放出DNA，进一步作用使乳汁产生沉淀或形成凝胶。体细胞数越多，产生的沉淀或凝胶也越多，从而间接诊断乳房炎和炎症的程度。CMT法的判定方法及标准见表5-11所列。

③奶牛乳房炎挤奶厅致病风险因素评估（表5-12）。

表5-11　CMT法的判定方法及标准

| 反应判定符号 | 判定结果 | 反应状态 | 体细胞数/（万个/mL） |
|---|---|---|---|
| − | 阴性 | 混合物呈液体状，倾斜检验盘时，流动流畅，无凝块 | 0～20 |
| ± | 可疑 | 混合物呈液体状，盘底有微量沉淀物，摇动时消失 | 20～50 |
| + | 弱阳性 | 盘底出现少量黏性沉淀物，非全部形成凝胶状，摇动时，沉淀物散布于盘底，有一定的黏性 | 50～80 |
| ++ | 阳性 | 全部呈凝胶状，有一定黏性，回转时向心集中，不易散开 | 80～500 |
| +++ | 强阳性 | 混合物大部分或全部形成明显的胶状沉淀物，黏稠，几乎完全黏附与盘底，旋转摇动时，沉淀集于中心，难以散开 | >500 |

表5-12　乳房炎挤奶厅致病风险因素评估

| | 评估内容 | 评估数量 | | 评估标准 |
|---|---|---|---|---|
| | 后乳房清洁度 | 50头 | 4分制 | 3+4分<10% |
| | 后肢清洁度 | 50头 | 4分制 | 3+4分<15% |
| | 乳头清洁度 | 50头 | 4分制 | 3+4分<15% |
| | 前药浴方式 | — | — | — |
| | 前药浴成分及浓度 | — | — | — |
| | 前药浴附着面 | 50头 | 好/坏 | 合格率95% |
| | 前药浴附着时间 | — | — | — |
| 挤奶前 | 验奶把数 | — | — | — |
| | 挤奶强度 | — | 好/坏 | — |
| | 使用验奶杯 | — | 是/否 | — |
| | 干擦巾材质 | — | 纸巾/毛巾 | — |
| | 干擦次数 | — | — | — |
| | 干擦强度 | — | 好/坏 | — |
| | 干擦乳头顺序 | — | — | — |
| | 上杯前乳头孔污物 | 50头 | 有/无 | — |
| | 上杯方式 | — | 单/双/四 | — |

（续）

| 评估内容 | | 评估数量 | 评估标准 | |
|---|---|---|---|---|
| 挤奶中 | 挂杯角度 | 100头 | 垂直/斜向 | <10% |
| | 漏气比例 | 100头 | 是/否 | <5% |
| | 假乳头使用 | — | — | — |
| 挤奶后 | 乳头紫/僵硬 | 100头 | 是/否 | <15% |
| | 乳头根部圆环 | 100头 | 是/否 | <15% |
| | 乳头孔开张 | 100头 | 是/否 | <15% |
| | 乳头潮湿 | 100头 | 是/否 | <15% |
| | 乳头末端粗糙 | 100头 | 4分制 | <10% |
| | 后药浴方式 | — | — | — |
| | 后药浴成分及浓度 | — | — | — |
| | 后药浴附着面 | 50头 | 好/坏 | 合格率95% |

④奶牛乳房炎牛舍致病风险因素评估（表5-13）。

表5-13　乳房炎牛舍致病风险因素评估

| 评估内容 | | 评估数量 | 评估标准 |
|---|---|---|---|
| 挤奶后牛舍 | 挤奶通道清洁度 | 3 | — |
| | 牛群移动速度 | — | — |
| | 主粪道完成清粪 | 3 | — |
| | 清粪死角 | 3 | — |
| | 卧床完成清粪 | 3 | — |
| | 卧床垫料类型 | — | — |
| | 卧床垫料厚度 | 20个 | 90%合格率 |
| | 卧床垫料有效厚度（>10 cm） | 20个 | 80%合格率 |
| | 卧床垫料含水量 | 5个 | 由垫料类型决定 |
| | 卧床维护方式 | — | 旋耕/推耙/无 |
| | 挤奶后40 min内躺卧比例 | 全舍 | <10% |
| | 清粪方式 | — | — |
| | 清粪频率（刮粪板） | — | — |
| 挤奶前牛舍 | 卧床载粪/尿率 | 全舍 | <10% |
| | 卧床垫料厚度 | 20个 | 90%合格率 |
| | 卧床垫料有效厚度 | 20个 | 80%合格率 |
| | 卧床垫料含水量 | 5个 | 由垫料类型决定 |

（3）整改措施

①预防及控制：

挤奶厅工作流程：由于不按规程使用挤奶机械和自动脱杯系统导致一些奶牛乳头导管损伤和乳头导管脱落，治疗不当会造成乳房炎的并发，严重的可以致使乳头管道和乳头池的坏死性封闭，甚至并发单个或多个乳区坏死。母牛要整体清洁，尤其是乳房要清洁干燥乳头，在套上挤奶杯前，用温水擦洗乳房并进行适当按摩，做到一头牛用一块毛巾或纸巾。

药物预防：针对牧场以往的乳房炎致病菌，选取高效的乳头药浴（乳头进行药液消毒）是控制奶牛乳房炎主要措施之一。特别是对消除病原菌，如无乳链球菌、停乳链球菌、金黄色葡萄球菌和化脓性棒状杆菌的感染，具有重要作用。

牧场环境：改善牧场环境，及时清除牛舍内外粪便及其他污染物，保持地面干燥。夏季注意通风换气、防暑降温，冬季注意防风，保持干燥，进行严格的消毒制度。

及时淘汰病牛：对那些长期乳汁表现异常、产奶量低、反复发作、病症严重医治无效的病牛要及时淘汰。对于外来牛只需经过检查无病方可混入牛群。

②病牛治疗：

分级治疗方式：轻度乳房炎（仅乳汁异常），乳注抗生素；中、重度乳房炎（乳房肿硬甚至全身症状），乳注抗生素+肌内注射抗生素；以乳注为基础，但别忽略肌内注射抗生素的效力。

因菌治疗方式：发病后，开始使用抗生素+致病菌检测（48 h）。大肠杆菌或无细菌检出＝停止抗生素+查体监控；克雷伯菌＝继续抗生素+支持疗法；金黄色葡萄球菌＝再延长3~4针；乳房链球菌、无乳链球菌＝再延长2针；无论何种感染，在发现症状的第一时间及时治疗。

全身支持治疗方式：使用非甾体抗炎药进行镇痛、消肿、退热，减少不适感、增强食欲、利于抗生素扩散；使用补液法纠正脱水、电解质失衡、内毒素性休克，补充能量、蛋白质和钙离子，静脉注射1 500 mL浓盐水；立即灌服20 L的电解质（140 g氯化钠、25 g氯化钾）；口服补钙。

### 5.3.2.3　腹泻评估

（1）概述

一般粪便的颜色受饲料种类、胆汁浓度、饲料和消化物流通速率的影响。通常情况下，当奶牛采食青绿饲料时，粪便颜色是深绿色；当采食干草时，粪便颜色将变深呈褐绿色；当采食大量谷物饲料时，粪便的颜色通常为黄绿色，这种颜色是由粗料和谷物的量及谷物加工过程的变化共同导致的。

（2）评估方法及标准

根据美国密歇根州大学提出的粪便分值体系对粪便进行评分（附录5），见表5-14所列。干奶牛3.5~4.0分；围产前期牛3.0~3.5分，围产后期牛2.5~3.0分；高产牛2.5~3.5分，中、低产牛3.0~3.5分为适宜水平。牛只脱水程度评分见表5-15所列。

表5-14　粪便评分

| 分值 | 外观形态 | 分析 |
| --- | --- | --- |
| 1 | 稀粥状，可能有气泡 | 牛患病，停食，吃大量鲜草 |
| 2 | 松散，不成形，同心圆深度<2.5 cm | 刚分娩的牛，吃大量鲜草 |
| 3 | 堆状，高度2.5~6.1 cm，双层2~4个同心圆 | 高产牛 |
| 4 | 堆状，高度5~10 cm | 干奶牛，日粮蛋白水平低，纤维水平高 |
| 5 | 堆状或者紧实的粪球，高度10 cm以上 | 患病牛和吃粗饲料的牛、牛出现脱水 |

表5-15 脱水程度评分

| 评分 | 脱水程度/% | 牛只表现 | 眼眶下陷程度/mm | 皮肤回弹速度/s |
|---|---|---|---|---|
| 0 | <6 | 正常，眼睛明亮，皮肤柔软 | 无 | 立即 |
| 1 | 6~8 | 抑郁，皮肤弹性稍微降低 | 2~4 | 1~3 |
| 2 | 8~10 | 抑郁，皮肤弹性明显降低，眼球凹陷 | 4~6 | 2~5 |
| 3 | 10~12 | 昏迷，皮肤弹性明显降低，眼球明显凹陷 | 6~8 | 5~10 |
| 4 | >12 | 导致死亡 | 8~12 | >10 |

（3）整改措施

①查明原因并消除致病因素：查明引起肠炎的原因、消除泌乳牛腹泻的致病因素，需考虑真菌感染性腹泻、病毒性腹泻、副结核性腹泻、真胃不完全阻塞性腹泻。泌乳牛健康管理中存在的不良情况及可能原因见表5-16所列。

表5-16 泌乳牛健康管理中存在的不良情况及可能原因

| 不良情况 | 可能原因 |
|---|---|
| 腹泻 | 饲料配方失衡，饲料原料变质，饮用水不干净 |
| 产奶量下降 | 气温过高，乳房炎发病，牛只受到惊吓应激，牛舍卫生不好 |
| 跛行 | 饲料配方失衡，运动场地面打滑，牛舍雨季排水不好，牛蹄长期浸泡粪污中，修蹄间隔过长或者不修蹄 |

真菌感染引起的肠炎，多与饲喂变质、霉败的青贮及羊草、棉籽等饲料有关，要严格把关饲草、饲料的质量。

对传染病引起的肠炎，进行病原鉴定：粪便、肠管、脾、肝、肺、肾，进行病原分离与鉴定；用病牛的血液进行血清学诊断，或采集牛粪进行消化道夹心四联ELISA检验，明确传染病原；对寄生虫病肠炎，需采集粪进行虫卵检查。

泌乳牛的真胃内积沙、异物、阻塞，多与饲料的营养不全有关，在不见阳光的封闭式牛舍内，奶牛常常缺乏维生素D。增加饲料中维生素D的添加量，才能满足奶牛营养的需要。严格检查预混料的质量和生产日期，生产日期超过30 d以上的预混料，应视为营养不全预混料，应额外添加维生素D和维生素A。

先天性维生素C缺乏症：由于新生犊牛在15 d内自身不能合成维生素C，因而必须补充维生素C。

②治疗：

消除致病因素，消除炎症、止泻、补充血容量、维护心脏功能、纠正酸中毒、补充钾离子、增强机体抵抗力。抑制肠道内致病菌增殖，消除胃肠炎症过程，是治疗急性胃肠炎的根本措施，适用于各种病型，应贯穿于整个病程。

缓泻与止泻是两种不同的治疗措施，必须切实掌握好用药时机。在肠音弱、粪干、色暗或排粪迟滞、有大量黏液、气味腥臭者，为促进胃肠内容物排出，减轻自体中毒，应采取缓泻措施。可使用液状石蜡油（或植物油）500~1 000 mL，鱼石脂10~30 g，96%乙醇50 mL，温水2 000 mL，灌服。也可使用人工盐250~500 g，经口灌服。在用泻剂时，要缓泻，不能用药后引起剧泻。犊牛要减少使用剂量。当病牛粪稀如水，频泻不止，应止泻。常用吸附剂和收敛剂。

扩充血容量、维持心脏功能、纠正代谢性酸中毒和补充钾离子。

静脉注射等渗氯化钠、葡萄糖氯化钠注射液、5%碳酸氢钠、10%氯化钾等。在补充液体的同时，配合抗生素治疗。给病牛输入全血或血浆，用10%氯化钙作抗凝剂。维护心脏功能：樟脑磺酸钠皮下或静脉注射。饮水中加入口服补液盐。

球虫引起的肠炎，可用百球清经口灌服。

加强护理、提高机体抵抗力，搞好畜舍卫生，给予易消化的饲草、饲料和清洁饮水。搞好牛舍、饲喂用具的消毒，防止病原的传播。

### 5.3.3　围产牛健康评估

#### 5.3.3.1　酮病评估

（1）概述

奶牛分娩前，因胎儿生长发育、泌乳准备和激素变化等生理变化，奶牛的能量代谢和能量调节发生逆转，从养分储备向脂肪和蛋白质的快速动员转变，以适应产后产奶量的快速升高。脂肪生成和酯化减少，同时激素敏感性脂肪酶活性增加，导致更多非酯化脂肪酸（NEFA）进入血液中。该生理过程由催乳素启动，发生的时间早于泌乳。此时奶牛胰岛素的分泌降低，导致更多葡萄糖在乳腺中转化成牛奶中的乳糖。为维持能量平衡，奶牛血液中的NEFA转化为极低密度脂蛋白。当能量不足，肝脏代谢能量不能完全转化NEFA时，NEFA被氧化为酮体。能量负平衡状态可持续到产后60 d前后，随着干物质采食量的增加，能量摄入达到满足脂质代谢的需要时，能量负平衡状况逐渐缓解。由于围产期干物质采食量下降和泌乳对能量的需求增加，能量负平衡是奶牛围产期的正常生理现象。

按酮病发生原因分为3种类型：Ⅰ型、Ⅱ型和富丁酸青贮型，见表5-17所列。

表5-17　牛群中不同类型酮病概况

| 参数 | 酮病类型 | | |
| --- | --- | --- | --- |
| | Ⅰ 型 | Ⅱ 型 | 富丁酸青贮型 |
| 描述 | 自发，采食量不足 | 肥胖奶牛，脂肪肝 | 湿青贮 |
| 血液BHBA | 非常高 | 高 | 非常高/高 |
| 血液NEFA | 高 | 高 | 正常/高 |
| 血糖 | 低 | 低（可能初期升高） | 不定 |
| 胰岛素 | 低 | 低（可能初期升高） | 不定 |
| 体况 | 偏瘦 | 常较肥胖（或失重） | 不定 |
| NEFA代谢产物 | 酮体 | 初期甘油三酯，后转为酮体 | 不定 |
| 肝脏糖异生 | 高 | 低 | 不定 |
| 肝脏病变 | 无 | 脂肪肝 | 不定 |
| 高危期 | 产后3~6周 | 产后1~2周 | 不定 |
| 预后 | 好 | 差 | 好 |
| 诊断试验 | 新产牛检测BHBA | 产前检测NEFA | 检测青贮中的挥发性脂肪酸 |
| 处理要点 | 新产牛饲槽管理和营养调整 | 产前饲槽管理和营养调控 | 停止或降低劣质青贮的饲喂量 |

此外，根据患牛的临床表现，还可以将酮病分为临床型和亚临床型。

（2）评估项目

①非酯化脂肪酸：用于围产期能量代谢评估，但因非酯化脂肪酸极其不稳定且目前尚无便捷的现场检测方法，所以在生产中较少使用。

②酮体：包括乙酰乙酸、丙酮和β-羟基丁酸（BHBA），在临床上，根据诊断试剂或方法的需求，可采集血液样品、尿液样品和牛奶样品进行酮病的检测。

③体况评分（BCS）：奶牛的体况与其产后发生酮病的风险高度相关，在干奶时、产犊日和泌乳高峰时进行体况评分，有助于判断奶牛能量负平衡的状况。体况评分的判定方法可参考本书相关章节。

④奶牛生产性能测定（DHI）：奶牛第一个泌乳月的脂蛋比（F/P值）能够反应奶牛能量负平衡的状况，可用于估测牛群产后发生酮病的风险。

⑤青贮发酵状况检测：可将青贮样品采集后送至专业实验室进行检测，除常规检测项目外，应关注样品中挥发性脂肪酸的含量。

（3）评估方法

如前文所述，虽然对酮病或能量负平衡状况的评估项目较多，但在生产中有些方法难以在现场完成，所以在此主要介绍可进行的现场检测方法。目前，有多种方法和产品可用于奶牛酮病的诊断，且均可在现场完成，方便快捷、价格便宜，不同的方法可用于不同的诊断目的。在生产中，兽医和管理者因关注点的不同，会对牛群采取不同的诊断方式，包括个体诊断和群体评估。

①个体诊断：在生产中，对临床上处于高危阶段的奶牛可根据症状进行个体诊断，也可根据已制订的个体监测程序对新产牛进行个体诊断，以做到疾病早期发现。

②群体评估：酮病是一种管理性疾病，发病率能够反映牛群饲养管理水平，可作为饲养管理的重要评估指标。以亚临床型酮病发病率10%作为警戒线，置信区间设定在75%时，可采集泌乳天数（DIM）5~15 d的奶牛血液样品进行检测，样品量≥12头。如果牛群规模较小，要尽可能地扩大采样比例，以确保可更准确反映牛群状况。

除血酮检测外，奶牛生产性能测定报告中第一个泌乳月奶牛的F/P值也可用于评估新产牛的能量平衡状况。能量负平衡的奶牛需要动用体脂，导致乳脂率升高，当F/P值≥1.5，表明奶牛可能动员体脂过多。对于群体的评估，分析奶牛生产性能测定数据时要重点关注第一个泌乳月的奶牛F/P值≥1.5的牛所占比例。

血酮评估或F/P值分析可每月进行一次，以回顾性查找生产管理中存在的问题。

③诊断方法：

血酮：血液BHBA检测是目前公认的酮病诊断金标准。BHBA在血液中比丙酮或乙酰乙酸更稳定。血液BHBA最常用的界值是14.4 mg/dL（1.4 mmol/L）和31.25 mg/dL（3.0 mmol/L），结果介于二者之间时，表明奶牛处于亚临床酮病；检测结果≥31.25 mg/dL（3.0 mmol/L）可判定为奶牛处于临床型酮病。该方法的成本要高于下面两种方法，从节约成本的角度来讲，更适用于奶牛群体状况的评估，而非个体牛的诊断。

乳酮：主要检测牛奶中的乙酰乙酸和BHBA，与血酮和尿酮检测相比，其采样更方便。乳酮检测也可用试剂或试纸条两种方式完成，但试剂检测的敏感性和特异性都较差，试纸条检测在不同界值的敏感性和特异性差异较大，故目前国内牧场应用较少。

尿酮：在临床上，可用尿液进行酮病检测，测酮粉、尿酮检测试纸条等方法均曾经或目前仍应用于检测尿酮，主要检测尿液中的乙酰乙酸或丙酮。因测酮粉的敏感性和特异性都较差，故现多用商品化试纸条进行检测。尿酮检测的成本比较便宜，适用于个体诊断。

④青贮质量检测：联系专业实验室对青贮发酵状况进行检测。

（4）评估标准

①个体诊断：取决于所采用的诊断方法。例如，检测尿酮，根据试纸条说明的比色卡进行判定即可；检测血酮，可参照前文中给定的界值判断。

②群体评估：使用血酮检测进行群体评估时，最少采集DIM为5~50 d的奶牛12头，评估结果的界值可设定为1.4 mmol/L。当以亚临床型酮病发病率10%作为警戒线，置信区间设定在75%。如采样数量为12头，BHBA≥1.4 mmol/L的牛多于2头即可将牛群判定为阳性牛群；1~2头判定为临界牛群；0头为阴性牛群。

使用奶牛生产性能测定数据分析结果F/P值作为评估指标时，如果F/P值≥1.4的牛比例超过40%，需进行血酮检测判断牛群酮病的真实状况。

在生产中，以血酮检测结果判断酮病的发病率控制目标分别为：临床型≤3%，亚临床型<15%。

（5）整改措施

①异常值可能原因分析：对于个体牛，诊断结果异常表明奶牛体内酮体水平升高，处于亚临床型酮病或临床型酮病的状态。可能由于奶牛体况过肥、体脂动员过多、干物质采食量不足、富丁酸青贮摄入量过多、其他疾病的影响等。

对于牛群，根据评估结果确定酮病的类型，可能由于饲养管理因素所致，如奶牛体况、饲槽管理、牛群密度、转群频率、分群方式、营养管理等。

②解决方案：

体况控制：奶牛干奶时的体况尽可能控制在3.0~3.5分（5分制），加强干奶期和围产期饲养管理，确保奶牛在干奶期和泌乳早期体况变化幅度不超过0.5分。干奶时奶牛体况过肥时，应重点分析繁殖管理等影响因素；过瘦时，应重点分析健康管理等因素。体况过肥或过瘦，可调整泌乳后期分群方案，在干奶前将体况调整至理想状态；不可将干奶期作为体况大幅度调整的阶段。

饲槽管理及营养管理：与营养师沟通，确定干奶牛日粮和新产牛日粮是否平衡。加强饲槽管理，确保采食位的数量充足以减少采食竞争，保证每头奶牛有效采食空间≥70 cm；关注日粮制作与给料时间、推料次数，确保奶牛在围产期干物质采食量最大化，如干物质采食量≤12 kg/d，要尽快查找原因。对于高发牛群，也可考虑使用烟酸、丙酸盐添加剂预防酮病。

牛群密度：控制在80%~90%，以减少群内竞争和应激，并保证干奶牛和新产牛有充足的活动空间。

分群及转群管理：在干奶期和围产期尽量避免频繁转群，频繁转群会使奶牛持续处于应激状态、抑制其免疫力，增加发病风险。合理的分群方案及转群方式有助于减少应激，降低群内竞争。如有条件，头胎新产牛可单独组群，头胎牛单独组群。

新产牛护理：关注奶牛产房管理，确保产房内有新鲜的日粮和饮水，尽可能维持产圈干净、干燥、安静。酮病高发牛群的奶牛，产后可通过灌服丙二醇及新产牛灌服包等方式预防酮病的发生。

富丁酸青贮型酮病：停止饲喂劣质青贮。如青贮量过多，可考虑用来饲喂后备牛，饲喂前也可提前取出翻松氧化。要定期监测青贮质量，检测青贮中丁酸含量，确保奶牛每日摄入丁酸的量不可超过50 g。青贮质量很差时，严禁饲喂奶牛。

### 5.3.3.2　低血钙症评估

（1）概述

低血钙症是围产期奶牛重要的代谢病之一，也称产后瘫痪或产乳热。与酮病一样，其发生发展不仅与奶牛围产期的生理变化相关，还与饲养管理相关，在牛群中也可能以群发形式表现。本病的发生，不仅影响新产牛的健康，还会影响其产量。

奶牛在产后面临着维持正常血钙浓度的巨大挑战，绝大多数二胎以上的奶牛在分娩时都会经历一过性的低血钙症，在产后12~24 h达到最低。正常状态下，成母牛的血钙浓度为8.5~10 mg/dL，如奶牛的体重为600 kg，其血浆总钙量约3 g。如血浆白蛋白水平正常，约有45%的钙处于离子状态，离子钙的浓度为4.5 mg/dL（或1.1 mmol/L）。为满足胎儿发育、初乳合成和产后泌乳的需要，妊娠后期奶牛约需钙30 g/d，而泌乳牛需要50 g/d。为维持血钙平衡，奶牛每天需要大量动用骨钙，骨钙总量约8 kg。机体钙稳态受到骨骼、肾脏和肠道的共同调节，甲状旁腺素（PTH）在维持钙稳态中具有非常重要的作用。在临床上，可表现：

①前躯症状：呈现出短暂的兴奋和抽搐。病牛敏感性增高，四肢肌肉震颤，食欲废绝，站立不动，摇头、伸舌和磨牙。行走时，步态跟跄，后肢僵硬，共济失调，左右摇摆，易于摔倒。被迫倒地后，兴奋不安，极力挣扎，试图站立，挣扎站起后，四肢无力，步行几步随即又摔倒。也有只能前肢直立，而后肢无力者，呈犬坐姿势。

②瘫痪卧地：几经挣扎后，病牛站立不起便安然卧地。卧地有伏卧和躺卧两种姿势。伏卧的牛，四肢缩于腹下，颈部常弯向外侧，呈S状；有的常把头转向后方，置于一侧肋部，或置于地上，将其头部拉向前后方，松手又恢复原状。躺卧病牛，四肢直伸，侧卧于地。鼻镜干燥，耳、鼻、皮肤和四肢发凉，瞳孔散大，对光反射减弱，对感觉反应减弱甚至消失，肛门松弛，肛门反射消失。尾软弱无力，对刺激无反应；系部呈屈曲状态。体温可低于正常，为37.5~37.8 ℃。心音微弱，心率加快可达90~100 次/min。瘤胃蠕动停止，便秘。

③昏迷状态：精神高度沉郁，心音极度微弱，心率可增至120 次/min，眼睑闭合，全身软弱不动，呈昏睡状。颈静脉凹陷，多伴发瘤胃臌气。

本病的控制应从亚临床型低血钙症着手。曹杰等根据我国牛群的研究发现，高产头胎牛和经产牛产后亚临床型低血钙症的发病率分别为5.9%和68.52%（产后立即测定），需重视早期干预。

（2）评估项目

①尿液pH值（产前）：用于监控干奶后期（围产前期）牛阴离子盐的饲喂效果。

②血钙（产后）：检测奶牛产后血清离子钙浓度，评估奶牛健康状况并判断对群体低血钙症的干预措施是否有效。

（3）评估方法

①尿液pH值：在饲喂阴离子盐5 d后，采集奶牛尿液检测pH值。

②血钙：在产后12~24 h，使用i-STAT等便携式检测设备检测血清中的离子钙。

（4）评估标准

①尿液pH值：正常范围6.0~6.8，干奶后期饲喂阴离子盐的牛控制在5.8~6.5。

②血清总钙浓度：2.0~2.5 mmol/L。

③血清离子钙浓度：1.05~1.25 mmol/L。

④低血钙症月发病率：＜2%。计算公式：

低血钙症月发病率 = 本月低血钙症病例数/本月分娩牛头数 × 100%

（5）整改措施

①异常值可能原因分析：围产前期干奶牛尿液pH≤5.5，干物质采食量下降时，表明阴离子盐的添加量过高，可减量饲喂；pH＞7.0时，表明牛群处于产后低血钙症高发的风险，如使用阴离子盐进行调控，可增加阴离子盐的饲喂量；血清离子钙浓度≤1.05 mmol/L，但无临床症状，表明奶牛处于亚临床低钙血症的状态。

②解决方案：当牛群中临床型低血钙症的发病率≥5%时，表明本病已为群发性疾病，需重视。对于牛群中出现的临床型低血钙症病例，可使用氯化钙或葡萄糖酸钙溶液等钙制剂进行治疗。而群发性低血钙症的干预方案主要有3种方法：干奶期饲喂低钙日粮、干奶后期（围产前期）饲喂阴离子盐和产后投喂钙制剂。

干奶期饲喂低钙日粮：制订干奶牛日粮配方时，日粮总钙含量不超过50 g。尽量不用或少用高钙饲料（如苜蓿）等原料。根据《奶牛营养需要》，干奶期奶牛每日钙的需求量为41 g，饲喂低钙日粮既可增强奶牛骨钙动员的能力，还能促进肠道对日粮中钙的吸收。另外，在调整日粮配方时还要关注日粮中钾的含量，日粮中钾含量过高时也可导致奶牛产后瘫痪。通过日粮调控干预奶牛产后低血钙症的发病率时，除需要考虑钙、钾的含量外，还要考虑日粮中的氯、镁、磷和维生素D等的含量。

干奶后期（围产前期）饲喂阴离子盐：在很多牧场，难以通过日粮配方的调整将干奶牛每日摄入的总钙量控制在50 g以下，可通过在日粮中添加阴离子盐的方式调控产后低血钙症的问题。日粮的阴阳离子差（DCAD）=（Na+K）-（Cl+S），日粮的DCAD控制在-150～-50 mEq/kg DM可使机体处于轻度酸中毒状态，有助于奶牛PTH的钙调节机制，可降低奶牛产后低血钙症的发病率。

产后投喂钙制剂：除产前通过营养调控或使用添加剂的方式干预低血钙症的发病率外，还可在奶牛分娩后2 h内投喂钙制剂以通过补钙的方式预防低血钙症的发生。口服钙制剂含氯化钙、硫酸钙、丙酸钙等钙盐，根据制剂中组分含量的不同和钙的释放速度不同，要选择质量可靠的制剂使用。使用时，奶牛补钙的总量要控制在50～125 g/d，可在第一次投喂后12 h再次投喂。

#### 5.3.3.3　难产评估

（1）概述

难产是指由于各种原因而使分娩的第一阶段（开口期），尤其是第二阶段（胎儿娩出期）明显延长，如不进行人工助产，则母体难于或不能排出胎儿的产科疾病。难产是奶牛常见的产科疾病之一，头胎牛发病率高于成母牛。据报道，头胎牛产犊时难产的发病率为10%～40%，平均约20%。也是导致头胎牛淘汰的重要原因之一。

奶牛难产可分为母体因素和胎儿因素两方面。母体因素又可分为产力因素和产道因素；胎儿因素受胎儿大小和胎儿的胎位、胎势等影响。目前的研究结果，仅有约60%的难产可准确判断原因，还有约40%的难产原因不明。相关分类及原因如图5-13所示，在此不再赘述。

（2）评估项目

可根据产犊难易度评分区分奶牛是否难产，根据产科检查结果判断胎位、胎势及产道开张情况，根据母牛的努责和阵缩的情况判断是否有产力不足等情况。

难产

母体　　　　　　　　　胎儿

产力不足　　　产道狭窄　　　过大　　　胎位不正

子宫迟缓　　　腹壁收缩无力

原发性　　　继发性
- 子宫过大
- 雌激素/孕激素比例失调
- 缩宫素和前列腺素分泌不足
- 受体调节/进程受阻
- $Ca^{2+}$和/或$Mg^{2+}$不足
- 子宫平滑肌脂肪浸润
- 神经主动抑制
- 过劳

继发性
- 子宫肌无力

腹壁收缩无力
- 年龄
- 虚弱、疼痛
- 子宫疝

产道开张不全或狭窄
- 子宫捻转/移位
- 子宫颈开张不全双子宫颈
- 阴道狭窄肿瘤囊肿阴道脱发育不良
- 阴门狭窄不完全松弛

骨盆狭窄
- 未到分娩时间
- 骨折
- 品种差异

相对和绝对
- 多胎
- 品种
- 孕期过长
- 胚胎移植

畸形

胎儿病变
- 腹水
- 全身水肿
- 皮下气肿

胎位不正
- 胎向
- 胎位
- 胎势

胎儿与骨盆大小不合适

梗阻性难产

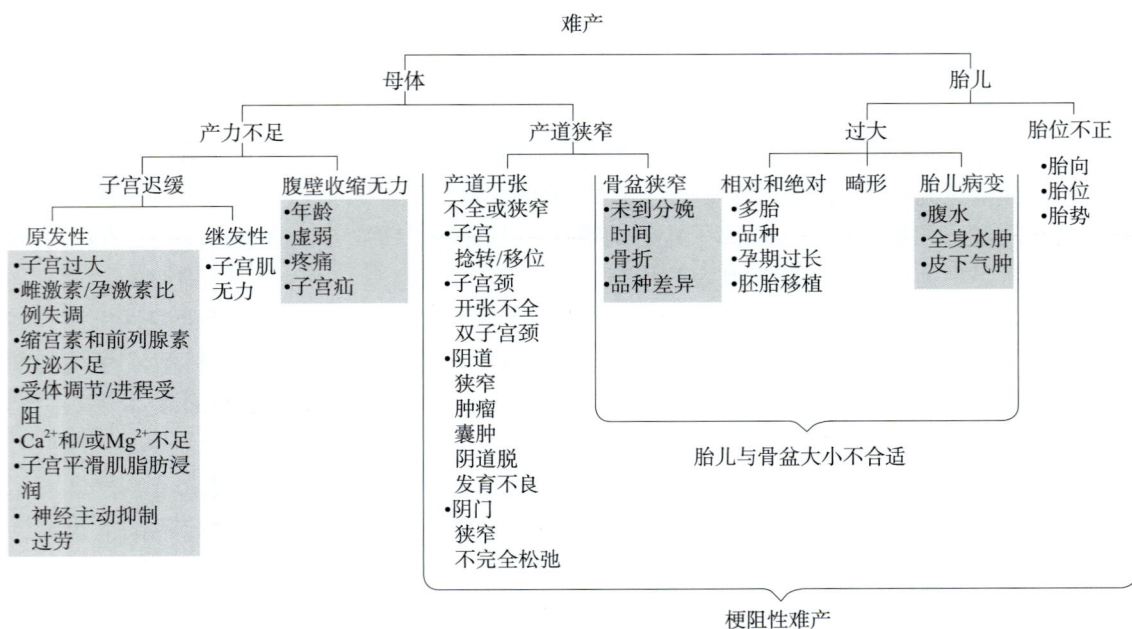

图5-13　难产的分类及原因

死胎率为分娩时死亡犊牛数量占所有分娩母牛的比例。

（3）评估方法

产犊难易评分有4分、5分和6分制等多种不同方法，在此我们推荐使用5分制进行判断和记录，评分方法见表5-18所列。

表5-18　产犊难易评分

| 分值 | 描述 | 分值 | 描述 |
|---|---|---|---|
| 1 | 顺产，无助产 | 4 | 难产，通过剖腹产手术取出胎儿 |
| 2 | 轻度难产，一人徒手完成助产 | 5 | 胎位和/或胎势异常 |
| 3 | 中度难产，使用助产器助产 | | |

（4）评估标准

产犊难易度评分中1分占比应>90%，即助产比例<10%。

月死胎率：头胎牛<10%，经产牛<6%。计算公式：

$$月死胎率=本月分娩死亡犊牛数量/本月分娩牛头数 \times 100\%$$

（5）整改措施

①异常值可能原因分析：产犊难易度评分中1分占比<75%时，可能接产员过早干预奶牛的分娩过程。头胎牛母犊死胎率≥12%，可能受品种因素（如用荷斯坦公牛配娟姗母牛）、与配公牛体型过大、后备牛体况过肥等因素的影响。经产牛母犊死胎率≥7%，可能是接产员在奶牛分娩过程中干预的时间不当。

②解决方案：制订科学的产房管理方案及考核方案，避免接产员对奶牛的分娩过程过多、过早或过晚干预。选择与配公牛时，要考虑本场后备牛体型大小、奶牛品种等因素，避免选

择体型过大的公牛。从营养和繁殖两方面加强后备牛饲养管理，确保青年牛体况适中，不可过肥。

### 5.3.3.4　胎衣不下评估

（1）概述

母牛娩出胎儿后，胎衣在第三产程的生理时限内未能排出，称为胎衣不下或胎膜滞留。有研究报道，大多数（66%）奶牛在产后6 h内可排出胎衣，其排出的正常时间为12 h，如超过这个时间，则为胎衣不下。正常健康奶牛分娩后胎衣不下的发生率在3%~12%，平均约7%。异常分娩的（如剖腹产、难产、流产和早产）母牛和布鲁菌病阳性牛群胎衣不下的发生率可达20%~50%，甚至更高。

胎衣不下不仅可导致产奶量下降，还可引起子宫内膜炎和子宫复旧延迟，继而导致不孕，致使奶牛被动淘汰。胎衣不下在生产牛产生的不良后果可表现为始配天数延长、参配次数增加、受胎率降低和配准天数增加等，另可增加子宫炎、子宫内膜炎、酮病和乳房炎的发病风险，这些疾病反过来又会影响奶牛的繁殖性能，造成繁殖、产量及淘汰等多重损失。

（2）评估项目

胎衣不下发病率。

（3）评估方法

胎衣不下月发病率 =本月胎衣不下病例数/本月分娩牛头数 × 100%

（4）评估标准

胎衣不下月发病率<5%为正常，8%为警戒线。

（5）整改措施

①异常值可能原因分析：胎衣不下相关的风险因素很多，包括流产、妊娠期缩短、双胎、难产、剖腹产，维生素E、硒和胡萝卜素等营养缺乏，牛病毒性腹泻、布鲁菌病等传染病和免疫抑制等。虽然这些因素的作用机制还不完全清楚，但导致胎盘正常排出的多种激素和生化变化表明，其中一个或多个因素的作用可能导致胎衣不下。

②解决方案：胎衣不下的发病率与营养、奶牛舒适度、围产期管理等有明确的联系。牛群胎衣不下发病率超过警戒线时，要关注这些管理指标。

科学合理搭配日粮饲料：根据饲料饲草资源，合理调配各阶段奶牛日粮，以满足奶牛营养需要。干奶牛BCS尽可能维持在3.0~3.5分，重视与奶牛胎衣不下相关的维生素（维生素A、维生素D、维生素E）和微量元素碘、硒等的用量。

关注干奶牛的福利：对于干奶期奶牛，要关注奶牛的福利管理，包括密度、饲槽管理、饮水管理、环境等。有条件的牧场，可为干奶牛增加运动场面积并保证奶牛的光照时间，有助于降低胎衣不下的发病率。

加强牛群健康与生物安全管理：对于可能造成胎衣不下高发的疾病，如布鲁菌病、牛病毒性腹泻等，通过检疫、免疫和加强生物安全措施实施有效管理。牛群尽可能做到自繁自养，必须通过外部引进奶牛扩群的牧场，必须做到严格的检疫、隔离措施，避免引入传染病。

### 5.3.3.5　子宫炎评估

（1）概述

子宫感染和炎症是奶牛产后最常见的产科疾病，可影响奶牛产量、繁殖性能和奶牛福利。维持子宫健康对卵巢功能和确保良好的子宫内环境至关重要。但在生产中，受奶牛的自身因素和环境的影响，子宫感染和炎症十分常见。

新产牛的子宫感染可分为两大类：子宫炎和子宫内膜炎。须注意，子宫炎和子宫内膜炎是两个不同的概念。简单区分二者的方法是根据炎症的发生时间来判断，子宫炎是在产后21 d内发生的子宫炎症，累及子宫黏膜层和肌层；而子宫内膜炎是发生于产后21 d以后的子宫炎症，仅累及子宫黏膜。二者均可能表现为临床型和亚临床型，但子宫炎多表现为临床型，子宫内膜炎多表现为亚临床型。临床型病例可能会有体温升高（>39.5℃）和检出脓性阴道排泌物，亚临床型病例常规检查难以见到疾病的特征性表现或全身症状。通常情况下，牛群中如果查出1头临床型子宫内膜炎的病例，那么牛群中还有2~3头亚临床型子宫内膜炎病例的存在。

（2）评估项目

子宫感染和炎症可通过子宫排泌物的性状和气味判断。

（3）评估方法

通过体格检查、直肠检查或借助子宫取样器，判断奶牛是否有子宫感染和炎症的症状，再根据发病牛的DIM将其分为子宫炎和子宫内膜炎。子宫炎的分类如图5-14所示。

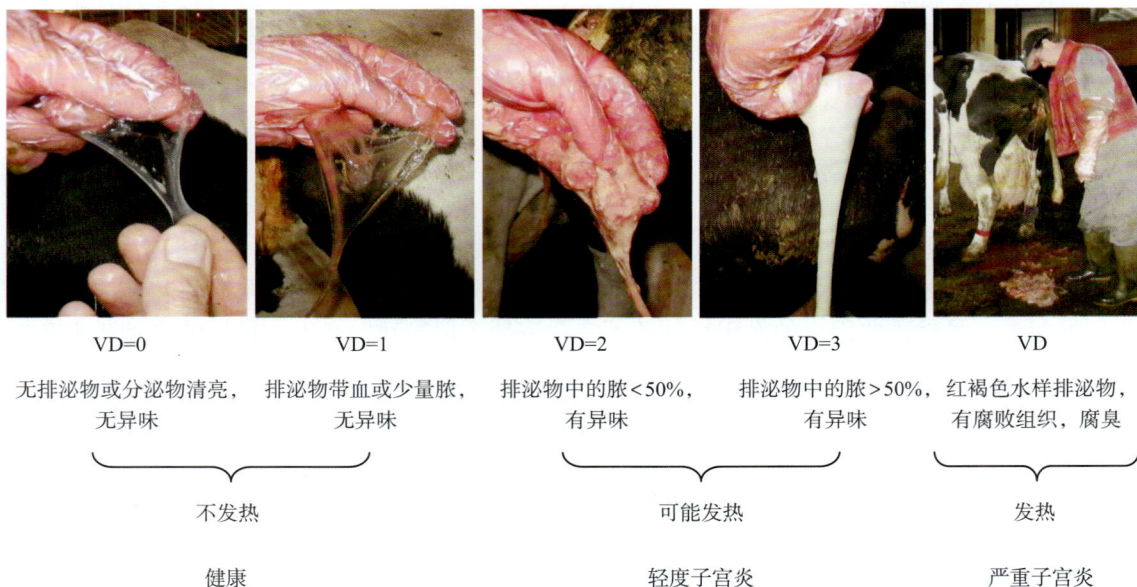

| VD=0 | VD=1 | VD=2 | VD=3 | VD |
|---|---|---|---|---|
| 无排泌物或分泌物清亮，无异味 | 排泌物带血或少量脓，无异味 | 排泌物中的脓<50%，有异味 | 排泌物中的脓>50%，有异味 | 红褐色水样排泌物，有腐败组织，腐臭 |
| 不发热 | | 可能发热 | | 发热 |
| 健康 | | 轻度子宫炎 | | 严重子宫炎 |

**图5-14　子宫炎的分类**

（4）评估标准

子宫炎月发病率<5%。计算方法：

$$子宫炎月发病率 = 本月子宫炎病例数/本月分娩牛头数 \times 100\%$$

（5）整改措施

①异常值可能原因分析：胎衣不下，胎衣不下牛发生子宫感染和炎症的风险是非胎衣不下牛的6倍。难产，难产牛发生子宫感染和炎症的风险是顺产牛的2.1倍。死胎，产出死胎母牛发生胎衣不下的风险是产出活胎奶牛的2.6倍，发生子宫炎的风险增高1.5倍。双胎，怀双胎的奶牛发生胎衣不下的风险增加3.4倍，发生难产的风险增高10.5倍，胎衣不下与难产与子宫炎的发病率具有直接相关性。干物质采食量下降或不足，任何影响奶牛围产期干物质采食

量的因素均可对免疫功能、产犊后启动泌乳和代谢功能造成影响，使之抗感染能力减弱、代谢性疾病（尤其是酮病）发病率升高，继而可使子宫炎的发病率升高。

②解决方案：对于子宫炎和子宫内膜炎高发的牧场，可通过怀孕青年牛和干奶牛体况的控制降低难产的发病率，尽可能维持妊牛保持适宜的体况以减少产后代谢病的发病率，以降低因奶牛免疫力低下导致的子宫炎高发。加强干奶牛饲槽管理、降低牛群密度、平衡日粮营养，确保奶牛在产前干物质采食量下降幅度最小，降低胎衣不下的发病率。加强产房管理。制订合理的接助产操作规程，减少产道损伤的发生。严控产房的清洁管理，避免环境中微生物数量过大和种类过多。

### 5.3.3.6 真胃移位评估

（1）概述

真胃（皱胃）的正常解剖位置改变称为真胃移位。按其变位的方向分为左方变位和右方变位两大类。左方变位是指真胃由腹中线偏右的正常位置，经瘤胃腹囊与腹腔底壁间的空隙移位至左腹壁与瘤胃间的位置改变，是真胃移位最常见的类型，在临床上约占真胃移位病例的90%，死亡率低。右方变位是指位于腹底正中线偏右的真胃，向前或向后发生位置的改变，即顺时针向和逆时针向移动，临床上发病率低，若不及时进行手术治疗死亡率高。真胃移位多发于产后6周内，但在各泌乳或妊娠阶段均可发生。约90%的左方变位病例见于产后1个月内，据文献报道数据，奶牛产后2周内诊断出的左方变位病例占左方变位总病例量的52%～86%。

由于奶牛产前采食量下降，产后采食量上升缓慢，因此围产期是真胃移位的高危期。奶牛产后高发的代谢性疾病间具有相关性，多种疾病可使真胃移位的发病风险升高。此外，干奶期日粮中的精料量过高、限饲、TMR颗粒度、精料加工方法等均可增加真胃移位的发病风险。而饲槽管理、有效采食空间、采食时间、牛群密度、牛群中的社会竞争等均会影响奶牛采食量，继而表现为真胃移位发病率的变化。

（2）评估项目

真胃移位月发病率。

（3）评估方法

$$真胃移位月发病率 = 本月真胃移位病例数/本月分娩牛头数 \times 100\%$$

（4）评估标准

目标值<2%，警戒线≥4%。

（5）整改措施

①异常值可能原因分析：真胃移位的确切病生理学原因尚不清楚，但下面几个因素可能与其发生有关。由于饲喂过多高酸性饲料原料（如玉米青贮）或发酵的谷物饲料（如高湿玉米）导致挥发性脂肪酸大量生成。由于代谢性或感染性疾病导致的胃肠道蠕动迟缓，如低血钙症、酮病、胎衣不下、子宫炎、乳房炎等。这些原因对新产牛胃肠道的蠕动力具有重要的影响，在真胃表现为蠕动减弱和积气。由于胃肠道蠕动迟缓，奶牛食欲减退，瘤胃容积减小，继而发生真胃移位。双胎和难产等因素使奶牛发生围产期疾病的风险增加，包括真胃移位。真胃移位也有遗传因素。部分家系的奶牛因其体型结构与饲养管理不匹配，真胃移位发病率高于其他家系的奶牛。

②解决方案：合理调整干奶期和围产期日粮配方，关注日粮能量、纤维等水平，使月优质纤维饲料。加强干奶期和围产期饲养管理，确保牛群密度维持在80%～90%，保证奶牛采食

位宽度和休息空间，制订合理的给料频率保证自由采食，提供新鲜、清洁的饮水等。参照前文内容，控制围产期疾病的发病率。分析发病奶牛的遗传数据，如受遗传因素影响，注意遗传改良。

### 5.3.3.7 亚急性瘤胃酸中毒评估

（1）概述

亚急性瘤胃酸中毒（SARA）又称亚临床瘤胃酸中毒，常见于泌乳牛群（可高达20%）。简言之，奶牛摄入过量的非结构性碳水化合物（糖和淀粉）和快速发酵的纤维性饲料，加上膳食粗纤维不足，致使奶牛在采食后出现一定程度的亚急性瘤胃酸中毒（过量的乳酸和挥发性脂肪酸）。在酸中毒状态下，化学作用损伤部分瘤胃黏膜发生瘤胃炎，导致机会致病菌进入血液循环，继而形成肝脓肿、后腔静脉栓塞、心内膜炎症或增生等，可见单个或多个病灶。虽然病理过程相似，均可见瘤胃炎的发生，但奶牛很少见肉牛临床上"锯末肝"或多灶性肝脓肿等表现。

因饲喂模式的差异，部分牧场可能出现牛群持续性的亚急性瘤胃酸中毒。虽然没有明显的临床表现，但通过数据监测可发现患牛产量下降、乳脂率低、采食量下降、反刍时间或次数减少。除可能发生肝脓肿和后腔静脉栓塞等问题外，牛群还经常出现真胃疾病、消化不良、干物质采食量降低或波动变化、腹泻、牛奶尿素氮下降等表现。在有些亚急性瘤胃酸中毒高发的牛群，因pH值下降，可能导致瘤胃微生物死亡释放内毒素，继而引发牛群中蹄叶炎高发。

（2）评估项目

①瘤胃pH值。

②反刍牛比例。

③粪便评分。

④DHI数据中：乳脂率<2.5%的牛比例，$F/P$值。

⑤牛群中蹄叶炎及非感染性蹄病的发病率。

（3）评估方法

①瘤胃pH值：可通过瘤胃穿刺或胃管采集瘤胃液，测定瘤胃液pH值。瘤胃穿刺位置为左腹壁膝关节水平线，肋弓后10~15 cm至膝关节向前10~15 cm穿刺采样。胃管采样需使用专用器具。

②反刍行为：可反映日粮中的纤维是否足够，可作为亚急性瘤胃酸中毒的一种评估方法。

③粪便评分：奶牛的粪便性状可作为急性瘤胃酸中毒或日粮中纤维是否足量的评估指标。但受寄生虫病或其他疾病的影响，这些疾病可导致奶牛腹泻。可用于配合其他方法进行评估。通常，亚急性瘤胃酸中毒的粪便更稀，含有未消化的纤维和谷物，可能含有气泡。粪便评分采用5分制，1分最稀，5分最稠。

④DHI数据报告：瘤胃pH值与乳脂率呈正相关，当$F/P$值<1.15时可能表明有酸中毒的危险。因此，分析个体牛DHI数据报告的$F/P$值可用于评估瘤胃健康状况。此外，对于乳脂率<2.5%的牛比例也应重点关注。

⑤蹄叶炎：即非感染性蹄病的发病率，蹄叶炎、白线病、蹄底出血等蹄病与瘤胃pH值变化具有高度相关性，这里蹄病的发病率可反映牛群瘤胃健康状况，可作为评估指标判断牛群瘤胃健康。

（4）评估标准

①瘤胃pH值：5.5~6.0表明奶牛可能处于SARA状态。

②反刍牛比例：休息的奶牛反刍比例<50%时，要考虑SARA问题。

③粪便评分：根据不同泌乳阶段评估，具体做法参考《奶牛信号学》。

④DHI数据：乳脂率<2.5%的牛比例，$F/P$值<1.15的牛比例。

（5）整改措施

①异常值可能原因分析：日粮中的非结构性碳水化合物比例不当、快速降解纤维含量过高、谷物颗粒度过细；日粮中的物理有效中性洗涤纤维含量不足或日粮颗粒度不当；日粮混合不均匀或长纤维过多导致的挑食；因饲槽竞争、牛群密度过大等原因导致的采食量波动等因素。

②解决方案：平衡日粮，根据配方及实验室检测结果，合理调配日粮，围产期日粮配方尽量不要快速由低精料高粗料日粮变为高精料低粗料日粮。加强日粮制作过程和撒料管理，使用宾州筛评估日粮制作过程及撒料的均匀度。改善饲槽管理，避免出现饲槽竞争。头胎牛单独分群，降低牛群内部竞争。确定撒料时间及频率，保证奶牛可自由采食。为奶牛提供清洁、足量的饮水。

### 5.3.3.8　产后60 d内淘汰率评估

产后60 d内淘汰率用于评估牛群干奶期和围产期管理状况，计算方法为一段时期内产后60 d内死淘（死亡及出售）牛占该阶段总产犊牛头数的比例。目标值为<8%，警戒线为≥10%。如该阶段淘汰率过高，要进一步详细分析对应的牛胎次分布和原因分布，继而分析具体原因，再根据具体原因按前文所述逐一分析。

## 本章小结

本章主要讲述了牧场实际生产中犊牛、泌乳牛及围产牛的健康管理，整理及总结了各个生产及生长阶段奶牛的健康管控关键点及重要疾病，详细阐述了健康评估的项目、方法及标准，并根据牧场可能存在的问题提出了相应的措施，期望为牧场实践提供一定帮助。

## 思考题

1. 为降低新生犊牛患病率及死亡率，牧场应从哪几个方面入手？

2. 泌乳牛应重点关注哪些疾病？如何判断奶牛患亚临床性乳房炎？

3. 某牧场围产牛产后60 d内淘汰率较高，请分析可能存在的问题。

# 第6章
# 挤奶厅评估

## 6.1 评估清单及关键数据参数

奶厅评估的重要参数见表6-1所列。

**表6-1 奶厅评估的重要参数**

| 项目 | 评估内容 | 推荐范围及参数 |
|---|---|---|
| 奶厅设备 | 挤奶管道真空压力是否正常、稳定 | 低位管道42~45 kPa，中位管道45~48 kPa，高位管道48~50 kPa |
| | 脉动器是否正常运作，参数设定是否合理 | 脉动频率：60次/min，脉动比例60∶40、65∶35、70∶30（根据设备厂家要求） |
| | 橡胶管是否老化 | 橡胶管无变形、破裂、老化 |
| | 牛奶管道装设是否合理，管道牛奶流动是否顺畅 | 牛奶管道流入集乳罐有一定的斜度，一般是1%~2%；避免长奶管过长，牛奶以地心引力的作用直接往下流入管道 |
| | 出奶峰值时与低流速时在乳头上（集乳器内）的真空压力，是否与奶衬预期的表现相匹配 | 速峰值时乳头上真空压力（按奶衬类型决定）：39~42 kPa（若使用较硬的奶衬则须提高压力），流速峰值时在乳头上的压力波动要<6.8 kPa |
| | 套杯后杯组是否与乳房对齐，各乳头出奶是否均匀通畅 | 合理使用支撑架、避免长奶管过长，防止拉扯乳头导致出奶不均匀以及杯嘴漏气 |
| | 脱杯设置是否合理 | 脱杯后4个乳区总残留奶量<300 mL，但也不应过低，若<100 mL，说明脱杯过晚 |
| | 清洗真空压 | 通常为50 kPa |
| | 有无维修保养计划，是否执行到位 | 制订并执行挤奶设备的周期性保养计划 |
| 人员和挤奶流程 | 挤奶流程 | 前药浴—验奶—擦拭—套杯—巡杯—后药浴 |
| | 挤奶程序和操作是否合理 | 出奶流速或双峰出奶现象、奶衬杯嘴漏气比例<5%、脱杯残留奶量100~300 mL，擦拭后乳头100%，清洁干净 |
| | 药浴液乳头覆盖率 | 不少于乳头3/4覆盖面积 |
| | 擦拭后乳头末端清洁度 | 乳头100%无粪便和药浴液残留 |
| | 特需挤奶厅的操作流程 | 每头牛之间要更换手套或进行手部消毒，挤完奶后再治疗 |
| | 药浴覆盖奶牛乳头时长 | 前药浴≥30 s，后药浴≥60 min |

（续）

| 项目 | 评估内容 | 推荐范围及参数 |
|---|---|---|
| 挤奶效率 | 挤奶设备每小时挤奶批次/圈数 | 鱼骨式和并列式4~5批次；转盘式6~7圈 |
| | 每名挤奶工每小时挤奶牛头数 | 60~80头 |
| | 预冲洗水温 | 40~45℃ |
| | 预冲洗水排水的颜色 | 清澈 |
| | 碱洗水的入水温度 | 80~85℃ |
| | 碱洗水排水温度 | >45℃ |
| | 低温清洗剂RTD排出水温 | >30℃ |
| | 碱洗时有效浪涌个数 | >12 |
| | 碱循环排水中碱浓度 | >200 mg/mL |
| | 碱洗或消毒洗之前的氯浓度 | >100 mg/mL |
| 牛只管理 | 是否无应激赶牛 | 奶牛进入挤奶厅后，排泄（包括粪便和尿液）的比例<1%；奶牛在待挤区稳步慢行进入挤奶厅，而不转身或改变方向；挤奶厅安静，无叫嚷、重响和敲打 |
| | 乳房清洁度评分 | 3分及4分占比<10% |
| | 乳头末端评分 | 3分及4分占比<15% |
| | 牛尾尾毛修剪情况 | 1分>80%，2分<10%，3分<8%，4分<2% |
| | 乳房绒毛清理情况 | 1分>80%，2分<15%，3分<5% |
| | 牛后肢卫生评分 | 3分及4分占比<15% |

## 6.2　评估思路与分析维度

　　奶厅评估涉及对奶厅设备、牛只及牛舍环境、挤奶操作程序等牧场系统进行评估。这些牧场系统会影响奶厅挤奶效率、乳房健康、牛奶质量和挤奶完成度。

　　在进行评估的时候，需要观察的内容主要包括以下几个方面：

　　①在挤奶和治疗时，员工的操作要正确。

　　②挤奶设备要保证挤奶过程的舒适，并且能把奶挤干净。

　　③牛舍环境卫生要确保牛到达奶厅时，身上保持清洁。

　　④乳头的状况良好并且健康，传染性的病原菌得到有效监控。

## 6.3　评估内容与方法

### 6.3.1　奶厅设备评估

#### 6.3.1.1　挤奶设备组成

　　①真空系统：真空泵组、真空稳压罐、真空稳压器、真空传感器、真空表、真空管路。

　　②挤奶系统：挤奶杯组、脉动器。

　　③输奶系统：液位控制器、奶泵、牛奶过滤器、输奶管道、板式热交换器、转换器。

　　④清洗系统：自动清洗器、蜡烛型清洗器、清洗管道、冲浪器。

　　⑤电路控制系统。

⑥制冷系统：压缩机组、管路、速冷等。

⑦牧场自动控制管理软件及整体奶厅设施设备等。

奶厅的各种设备都需要进行及时的检查保养，如果有任何一个部件出现问题，都会直接影响奶厅的正常运行。由于整个奶厅系统设备的维护保养时间各不一致，需要根据专业的设备厂家提供的时间表进行维护保养。

维护分为日常常规维护及厂家的定期维护。有些设备厂家设有预防性维护的设备保养服务，厂家每2 000 h、4 000 h、6 000 h、8 000 h都会对设备进行检查检测并及时更换易损件及易耗品，使设备处于最佳状态。紧急服务可以为牧场在突发应急事件时及时到牧场解决问题，尽可能地减少停机时间，减少牧场的奶牛应激，减少损失。

牧场每天应及时完成设备的维护与检查，及时发现存在的问题并解决问题，才能减少设备对奶牛的伤害，让牧场获得最大的经济效益。

### 6.3.1.2 评估内容

对于牧场的工作人员，现场应重点检测挤奶系统的真空、脉动和自动脱杯设定。具体包括如下项目。

（1）挤奶管道的真空压力评估

要保证真空压力处在机器设置的正常范围内且稳定。

①推荐标准：系统运行真空压力值，低位管道42~45 kPa、中位管道45~48 kPa、高位管道48~50 kPa。流速峰值时奶爪真空压力（按奶衬类型决定）39~42 kPa（若使用较硬的奶衬则必须提高压力）；流速峰值时的奶爪压力波动要<6.8 kPa。掉杯测试下，牛奶管道或是坑道不锈钢集乳罐内掉压不能超过2 kPa。

②评估方法：如图6-1所示，可用真空压和脉动检测装置来测量挤奶过程中奶牛乳头末端真空压和下面提到的脉动参数。建议牧场每个月对真空压力和脉动设置进行评估。

**图6-1　乳头末端真空压和脉动检测装置**

③造成影响：真空压力过低会延长挤奶时间，奶流速慢，从而导致挤奶不完全。另外，过低的真空压会增加奶衬滑脱和掉杯的概率。真空压力过高会导致乳头充血和水肿，也会增加对乳头末端的损伤。同时，过高的真空压还会使奶杯爬升，挤压并损伤乳头基部，降低奶流速，最终也导致挤奶不完全。

（2）脉动参数设定

反应脉动器特点的两项数值包括脉动频率和脉动比率。脉动频率是指1 min内脉动周期的次数，通常推荐每分钟60个脉动周期。脉动比率是指在每次脉动周期中各相所占的比例（挤奶阶段：休息阶段），为50%：50%~70%：30%，最常见的比率是60%：40%。脉动比率升高时，奶流速增加，但如果休息阶段过短，就容易出现乳头过度充血和水肿，使乳头在挤完奶后呈现红肿状态。常见的一些脉动问题包括脉动器内部肮脏、奶衬裂管、脉动管老化脱落或被牛踩坏和掉管等。

**图6-2　奶管**

1、3、4.长度合适的长奶管；2.长奶管太长，导致牛奶流动不佳

（3）脱杯设定

如图6-2所示，首先要保证牛奶流动顺畅，奶管不能太长，要使牛奶在地心引力的作用下直接往下流入管道。

要与设备厂家沟通，并根据挤奶频率、峰值流量和挤完奶后的剩余奶量设置正确的脱杯流量。当脱杯流量设置的过高时，容易导致脱杯过早，乳区内的奶没有挤干净；当脱杯流量设置的过低时，容易导致过挤，使乳头孔受损。

推荐标准：脱杯流量设定在0.6~0.8 kg/min。

（4）橡胶管老化评估

变形、破裂的奶管如图6-3所示。任何橡胶管老化都需要立即更换，如奶管和脉动管，否则会影响挤奶效率。此外，奶衬也有使用寿命，橡胶奶衬一般为1 200次挤奶，也有部分可达2 500次挤奶；硅胶奶衬4 000次挤奶；混合型奶衬4 000次挤奶。计算更换周期：（挤奶头数×每日挤奶次数）/挤奶杯组数目=每个杯组每日挤奶次数；奶衬可挤奶次数/每个杯组每日挤奶次数=更换周期（天数）。

**图6-3　变形、破裂的奶管**

（5）设备保养计划的执行情况

牧场要制订挤奶设备的周期性保养计划，并严格按照计划做好挤奶各个相关设备的保养。另外，还要制订挤奶设备的日常点检表，维修人员要每天按照点检表将设备的工作状态和关键参数等检查一遍。

#### 6.3.1.3 评估案例分析

某牧场奶牛挤完奶脱杯后乳头末端变红、紫，乳头末端角质化严重。造成这种现象的原因很多，可从以下几点进行分析：

①奶杯内乳头末端真空压太高，长时间>39 kPa。

②脉动参数设定有问题。

③奶衬与奶牛乳头大小不匹配。

④挤奶参数设定不合适，如脱杯流量太低，后挤奶时间太长等。

⑤其他。

## 6.3.2 人员操作和挤奶流程评估

#### 6.3.2.1 正常的挤奶流程

良好的人员操作和挤奶流程可以保证奶厅挤奶工作有条不紊地进行，且保证奶牛挤奶时的一致性，更有利于达到快速、完全挤奶的目标。

（1）健康奶牛的挤奶流程

①前药浴：最常用的是含碘药浴液，利用碘的化学特性，将残留在奶牛乳头外表的细菌杀死，作用时间至少为30 s。

②挤三把奶：也称验奶或预挤奶，对奶牛的每个乳头预挤3~5把奶。此步骤主要有3个作用：鉴别奶牛是否有乳房炎；将残留在乳池中细菌含量高的奶挤出；对奶牛乳房进行刺激，以促进催产素的产生。一定要戴乳胶手套来避免交叉感染，并且对4个乳头的刺激时间至少要达到10 s。如果不能达到10 s，则需要更长的套杯等待时间。

③擦拭：使用干燥洁净的毛巾或者纸巾将奶牛乳头上残留的药浴液和其他污物擦拭干净，也能对乳头起到很好的物理性刺激。擦拭乳头要使用旋转擦拭技术，并要翻面毛巾或纸巾针对乳头末端做更仔细的擦拭，严格确保一块毛巾擦拭一头牛。但乳区较脏时可以多用毛巾或纸巾进行擦拭，保证乳区的清洁度。

④套杯：奶牛在接受刺激（通常是验奶）后，垂体会释放催产素通过血液循环作用到乳腺泡周围的肌肉上皮细胞，肌肉上皮细胞收缩将乳腺泡的牛奶泵出，这个过程通常发生在刺激后的60~90 s。因此，给奶牛的上杯时间也最好在刺激后的60~90 s（二次挤奶或高产牛），最迟不要超过120 s（三次挤奶或低产牛）。套杯时动作要迅速，不要吸入很多空气，并且注意杯组要垂直悬挂在奶牛乳房的正下方。瞎乳区要使用假乳头将杯组封堵，防止杯组漏气。

⑤巡杯：奶牛在上杯后掉杯，要及时将杯组冲洗干净并及时上杯。发现漏气也要及时调整杯组的位置，正确使用支撑架。调整杯组使其与乳房垂直，杯组不正会拉扯乳头导致4个乳头出奶速度不一致以及杯嘴漏气吸入粪污、奶牛感觉不适踢杯、掉杯等情况。重点巡视区域在上杯位置之后的10个牛位和后药浴前的10个牛位之间。

⑥后药浴：要给奶牛设定合适的脱杯参数，奶牛脱杯后要及时进行后药浴。后药浴应完全覆盖乳头，保护乳头孔，避免细菌侵入感染。理想的后药浴效果如图6-4所示。

以上部分主要由挤奶工完成，此外，对于整个牛群的挤奶流程，除了以上必备步骤，还需要配备至少一位专门的赶牛人员，负责连续不断地将奶牛从牛舍赶到待挤区，并在奶牛挤奶完成后将其驱赶到正确的牛舍。

（2）特需奶厅的挤奶流程

特需牛舍（以下简称小奶厅）一般是对患病牛只进行挤奶的区域，因此更要注意卫生监控，要以减少奶厅内致病菌交叉感染的目标来设计。小奶厅一般都是小型并列或者鱼骨式挤奶机，个别牧场使用小型转盘。

①确定挤奶顺序：当新产牛在小奶厅挤奶时，为了保证新产牛的健康，通常最先对新产牛进行挤奶，然后是其他病牛，最后是乳房炎病牛。如果条件允许，在挤乳房炎牛时也可以每挤完一头就对杯组进行泡杯，防止奶牛交叉感染。

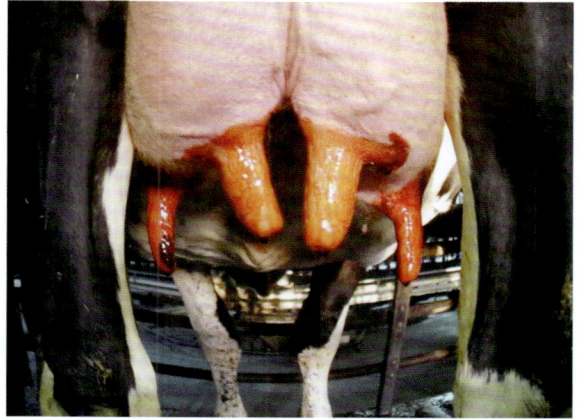

图6-4　理想的后药浴效果

②选择适宜挤奶流程：新产牛的挤奶操作流程与健康奶牛的挤奶流程相同。但对于病牛来讲，其挤奶流程在完成药浴后，还需增加额外的操作治疗程序或采样程序：擦净乳房，以酒精棉、干净的纱布或纸巾擦掉乳头尖上的药浴液（先擦远乳头、后擦近乳头），再进行乳区灌注或采样（先近乳头、后远乳头），最后进行药浴处理。

需要注意的是，因小奶厅病牛多，牛奶中的细菌含量较大，建议挤三把奶时将牛奶挤到集乳杯里，而不是地上，如果挤到了地上，每挤完一批牛都要对台面进行冲洗，防止对后面的牛只造成交叉感染。另外，每头牛之间要做泡杯消毒，挤奶员也要做泡手消毒或更换手套。

③奶厅卫生监测：挤奶完成后，要对整个挤奶厅进行打扫，并定期进行消毒。挤奶机内部一般都进行在位清洗（CIP），需要注意，新产牛乳头内含有干奶时所使用的乳头内部密封剂，可能会挤到挤奶系统里，需要定期检查并使用可以清洗掉乳头密封剂的清洗剂进行清洗。

虽然大多数小奶厅使用时间比大奶厅短，但对于新产牛尤为重要，因此在人员培训、环境卫生、设备维护等方面要至少达到和大奶厅一样的标准甚至要高于大奶厅的标准。如果牧场使用手推式挤奶机（挤初乳），则要保证挤完初乳后，尽快清洗，防止奶垢凝固在挤奶机上。

### 6.3.2.2　评估内容

根据上述的挤奶流程，评估内容主要包括以下几项内容。

（1）前药浴作用时间评估

保证前药浴作用时长能有效杀灭乳头上的细菌，最大限度地减少因环境细菌，如大肠杆菌、其他肠杆菌和链球菌引起的临床乳房炎的风险。

推荐标准：作用时间>30 s。

（2）擦拭后乳头清洁程度评估

评估方法：在前三把奶和擦拭后，捏住擦拭后乳头，使用白色无污物的纸巾或者消毒湿巾擦拭乳头孔，通过纸巾上残留污物的多少来评价（图6-5），依次对所有的乳头进行相同的操作。按照"无肉眼可见脏污""少量污水污物""明显污物""大量污物"来评分，分值越高，奶牛乳头清洁状况越差。

**图6-5　乳头清洁程度擦拭评估**
1.无肉眼可见脏污；2.少量污水污物；3.明显污物；
4.大量污物

推荐标准：乳头100%没有粪便和药浴液残留。

**（3）上杯等待时间评估**

评估方法：上杯等待时间为从前三把奶开始到上杯所用的时间。

推荐标准：给奶牛的上杯时间最好在刺激后的60~90 s（二次挤奶或高产牛），最迟不要超过120 s（三次挤奶或低产牛）。

上杯等待时间不合适造成的影响：如果刺激不足，套杯过早，会出现双峰出奶现象。因为套杯后前30 s出的奶是乳腺池、乳头池和导管里的奶（占总奶量的40%），若对乳头的刺激不足，则乳腺腺泡细胞里的牛奶无法接续出来（占总奶量的60%），奶爪里没奶、流速降低，要等到套杯60 s后乳腺泡开始出奶，流速才会再次增加，这样的情况就是双峰出奶现象。如果套杯过晚，会造成高峰奶流量维持在较低水平，挤奶时间延长。这两种情况都会对乳头带来很大的损伤风险。套杯时间对奶流量的影响如图6-6所示。

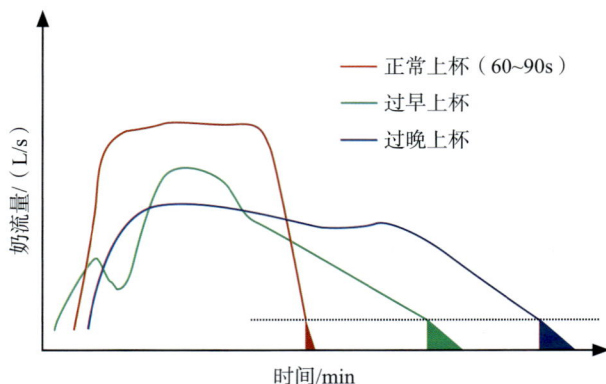

**图6-6　套杯时间对奶流量的影响**

**（4）奶衬杯嘴漏气比例评估**

评估方法：奶衬杯嘴漏气会出现"呲呲"声，统计所有挤奶位的杯嘴漏气所占比例。

推荐标准：杯组漏气比例<5%。

漏气比例过高造成的影响：可能导致牧场乳房炎发病率上升。

可能原因：如果套杯以后杯组漏气、踢杯多，说明挤奶工对奶牛乳头的刺激不够多，导致套杯后无法快速大量出奶。如果套杯后过了一会才漏气，大部分是因为杯组调整不到位。此外，奶衬更换不及时、奶衬杯嘴变形也会导致杯组漏气。

**（5）脱杯后剩余奶量评估**

脱杯后立即用量杯，手挤4个乳头看残留奶量是多少。若残余奶量不到100 mL，则表示脱杯过晚，需要重新调整自动脱杯设定（或提早手动脱杯）；如果超过300 mL，说明挤奶不完全，挤奶效率不高。另外，奶牛带着过多残留奶离开也容易导致乳房炎发生。

推荐标准：4个乳区剩奶在100~300 mL。

（6）药浴操作评估

要使药浴液充分发挥作用，正确的操作必不可少，即使是使用一些药浴液设备，减小劳动强度，降低出错和失误的频率，但也必须遵从这些准则。药浴评估项目和标准见表6-2所列。

表6-2　药浴评估项目和标准

| 药浴操作 | 评估项目 | 评估标准 | 示例 |
|---|---|---|---|
| 前药浴 | 顺序 | 由前到后 | 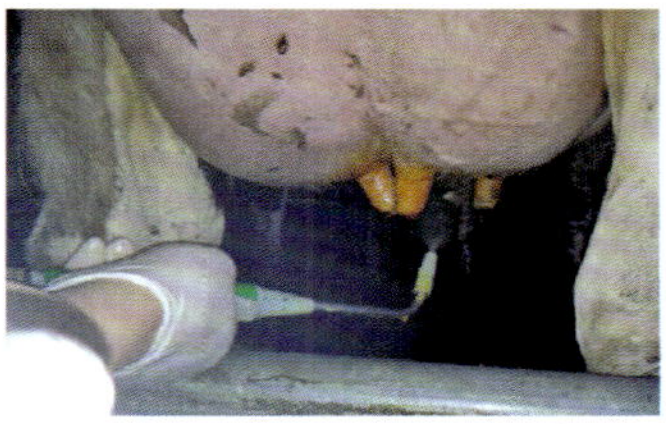 |
|  | 方向 | 迎着乳头方向 |  |
|  | 药浴面积 | 不少于乳头3/4覆盖面积 |  |
|  | 药浴时间 | 建议 ≥ 30 s | 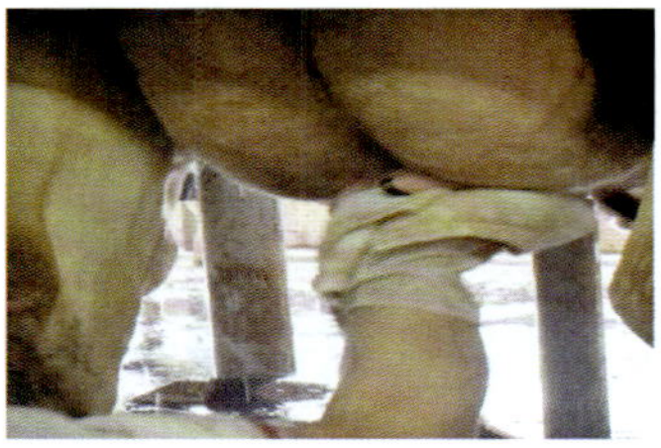 |
|  | 擦拭 | 干燥毛巾或纸巾擦拭，每个乳头换一面或者换纸，从乳头根到乳孔的顺序旋转擦拭 |  |
| 后药浴 | 时效性 | 脱杯即药浴 | 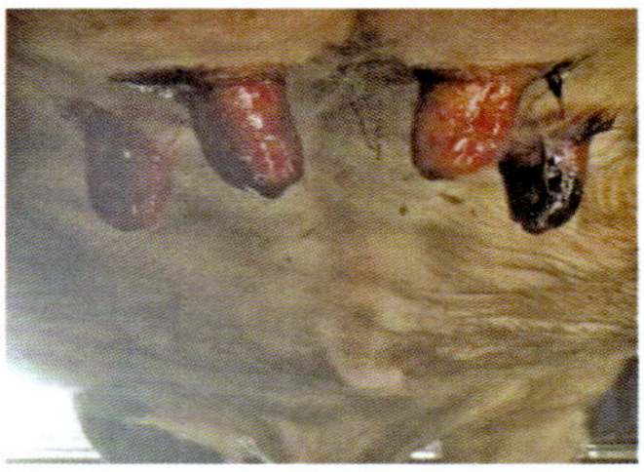 |
|  | 顺序 | 由后到前 |  |
|  | 方向 | 迎着乳头方向 |  |
|  | 药浴面积 | 不少于乳头3/4覆盖面积 |  |

### 6.3.2.3　评估案例分析

某牧场有很多奶牛套杯后30~60 s奶流速较15~30 s时的流速低，且挤奶时长较长，可能原因有以下几点：

①上杯过早，乳腺泡的奶还尚未到达乳池就开始上杯。

②刺激不足，奶牛没有分泌足够的催产素使乳腺泡的奶流到乳池中。

③挤奶前半小时有负面应激，导致奶牛分泌了肾上腺素影响了奶牛下奶。

④其他。

此外，一些常见的人员管理、挤奶流程不合理导致的奶牛不良表现见表6-3所列。

表6-3　人员管理、挤奶流程不合理导致的奶牛不良表现

| 不良表现 | 可能原因 |
|---|---|
| 上杯后30~60 s杯组内奶流量减少，出现漏气或掉杯 | ①对奶牛刺激时间不足或强度不够；②上杯时间较早，早于刺激后60 s；③挤奶前30 min内奶牛受到负面刺激 |

（续）

| 不良表现 | 可能原因 |
| --- | --- |
| 脱杯前30 s奶牛踢杯 | ①脱杯流量相对于奶牛产量太低； <br> ②在挤奶机设置上，后挤奶时间太长，通常3~5 s |
| 挤完奶脱杯后乳头末端变红、紫，乳头末端角质化严重 | ①奶杯内乳头末端真空压太高，长时间>39 kPa； <br> ②脉动设定有问题； <br> ③奶衬与奶牛乳头大小不匹配； <br> ④挤奶参数设定不合适，如脱杯流量太低、后挤奶时间太长等； <br> ⑤挤奶流程差，挤奶持续时间长； <br> ⑥其他 |
| 乳房炎发病率高 | ①卫生方面：牛体卫生差，奶厅卫生状况不佳，挤奶工手部卫生不到位； <br> ②滑杯漏气多且卫生不良会造成环境性细菌进入乳房； <br> ③传染性乳房炎致病菌可能会通过杯组、毛巾、挤奶员的手进行传播； <br> ④乳头末端角质化严重，细菌更加容易进入乳头内 |

## 6.3.3 挤奶效率评估

挤奶效率是评估奶厅挤奶性能和运行效率的重要指标，也是衡量奶厅管理水平的标准之一。对于奶厅而言，挤奶效率是奶牛通过挤奶机完成挤奶的速度，也就是单位时间内的挤奶牛头数和产奶量。因此，奶厅挤奶效率包括挤奶输入效率（即挤奶设备每小时挤奶牛头数和每名员工每小时挤奶牛头数）和挤奶产出效率（即每小时平均奶产量和每头牛每班平均产奶量）。挤奶产出效率与班次奶产量密切相关。

### 6.3.3.1 评估内容

挤奶效率评估包括每小时挤奶牛头数、每名挤奶工每小时挤奶牛头数、每小时平均奶产量、每头牛每班平均产奶量等。如果奶厅配备了牧场管理软件，也可以通过软件查看数据。业内讨论的挤奶效率多指奶厅的输入效率，即单位时间内可处理的牛头数，包括挤奶设备每小时挤奶牛头数和每名员工每小时挤奶牛头数。因此，以下内容将主要讨论以牛头数为单位的两个挤奶效率指标。

**（1）每小时挤奶牛头数**

每小时挤奶牛头数，因奶厅的类型和规模不同而有所不同。一般而言，总挤奶牛头数越多，则每小时挤奶牛头数越多，该挤奶设备的挤奶效率也就越高。这里用每小时奶厅挤奶批次（鱼骨和并列奶厅）或每小时挤奶圈数（转盘奶厅）来评估每小时的挤奶牛头数。

计算公式：每小时挤奶牛头数（头/h）=总挤奶牛头数（头）/挤奶时间（h）。

推荐标准：理想值为80头/h，可接受值为60头/h。

**（2）每名员工每小时挤奶牛头数**

每名员工每小时挤奶牛头数，这个数值区间在不同类型和规模的奶厅中变化较小，推荐范围60~80头/（人·h）。一般来讲，员工人数越少，挤奶工作效率就越高。在人工成本较高的发达国家，牧场常通过减少人员数量的方式提高每名员工的相对工作效率。我国奶厅的员工人数较多，尤其是总挤奶牛位数80位以下的中小型挤奶厅，导致的结果是平均每名员工每小时的挤奶牛头数减少，挤奶效率降低。

计算公式：每人每小时挤奶牛头数（头/人·h）=每小时挤奶牛头数（头/h）/工人数（人）。

推荐标准：理想值为5，可接受值为4。

（3）每小时平均奶产量

计算公式：每小时平均奶产量（kg/h）=总牛奶产量（kg）/班次挤奶时间（h）

班次挤奶时间（h）=班次挤奶结束时间（h）−班次挤奶开始时间（h）。

班次挤奶开始时间为本班次第一头牛开始挤奶的时间，班次挤奶结束时间为本班次最后一头牛挤奶结束的时间。

（4）每头牛每班平均产奶量

计算公式：每头牛每班平均产奶量（kg/头）=总牛奶产量（kg）/总挤奶牛头数（头）。

#### 6.3.3.2 评估案例分析

挤奶效率评估示例见表6-4所列，该牧场为80位的转盘挤奶系统，有7位挤奶工。挤奶效率结果为每小时挤奶507头，每人每小时挤奶72头。该转盘的转速设定为8.5 min/圈（7圈/h），则该奶厅理论可挤奶560头/h，所以，该转盘存在较多空位或停转现象，导致挤奶效率降低。挤奶效率可通过采取适当措施后进行改善，将每小时挤奶牛头数增加到530头以上，挤奶工每人每小时挤奶76头以上效果较好。

**表6-4 挤奶效率评估示例**

| 班次 | 挤奶牛头数 | 总产量/kg | 挤奶牛头数/h | 每小时奶产量/（kg/h） | 每头牛班次产量/kg | 挤奶开始时间 | 挤奶结束时间 | 班次持续时间 |
|---|---|---|---|---|---|---|---|---|
| 1 | 2 968 | 28 973 | 507 | 4 953 | 9.76 | 05:53:00 | 11:44:00 | 05:51 |
| 2 | 2 955 | 26 253 | 498 | 4 425 | 8.88 | 13:49:00 | 19:45:00 | 05:56 |
| 3 | 2 919 | 26 780 | 515 | 4 726 | 9.17 | 22:00:00 | 03:40:00 | 05:40 |
| 平均 | 2 947 | 27 335 | 507 | 4 699 | 9.27 | — | — | 05:49 |
| 总计 | 8 842 | 82 006 | — | — | — | — | — | 17:27 |

#### 6.3.3.3 提高挤奶效率的关键点

影响挤奶效率的因素有很多，除了前面提到的挤奶工人数外，影响奶牛排乳和班次挤奶持续时间的因素都会对挤奶效率产生影响。例如，挤奶厅设计（影响进牛和出牛时间）、奶牛通道距离、挤奶顺序及牛群大小、挤奶前处理流程（熟练度、预刺激是否到位、套杯时间是否适宜）、挤奶参数设置（滑杯漏气、掉杯等挤奶事件发生率，脱杯限值）、乳头皮肤是否干燥、乳头末端是否良好、挤奶设备参数设置等（脉动比率和频率、真空压、转盘转速等）。具体的影响及优化改进意见如下。

（1）挤奶厅设计

奶厅在设计时需考虑奶牛的行走情况和进出牛是否顺畅，提高奶牛移动速度，保证奶牛尽快地离开或进入奶厅。不同类型的挤奶厅，奶牛行进的距离有所差异，会直接影响奶厅的挤奶效率。对于并列和鱼骨式奶厅，奶厅越大，奶牛在走道里走的时间就会越长。如果奶牛在奶厅行走不畅就会造成牛只堵塞。

此外，如果挤奶台上面没有铺橡胶垫、通道比较湿滑等，也可能造成奶牛走路缓慢，进而耽误挤奶时间甚至整个奶厅的挤奶效率。配置驱赶门也可隔离并减少奶牛与挤奶厅的距离，减少奶牛等待时间，提高奶厅工作效率。

**（2）设备方面**

每次挤奶之前都要进行设备检查，保证设备正常运行并定期维护保养，及时更换奶衬、奶管等；设置合适的脉动比例和脉动频率，设定合理真空压水平并定期测试系统真空压及乳头末端真空压、挤奶参数及转盘转速设置等。

**（3）奶牛方面**

①减少奶牛应激：当奶牛进入奶厅前和进入奶厅时，需确保奶牛不会产生应激反应，包括在奶牛通道和待挤厅内。无应激的奶牛可以快速进入奶厅而不需要员工驱赶，同时挤奶迅速、用时较少。需格外注意避免人为因素造成的应激，如叫嚷、暴力赶牛等。

②保持良好的乳头状况：乳头皮肤光滑柔软，乳头末端良好，挤奶无痛感的奶牛挤奶快速，挤奶效率高。定期做乳头末端评分，1分和2分占比>90%可保证较高的挤奶效率。另外，乳头评估还包括对乳头皮肤和乳头末端清洁度评分等。

③保持牛体干净卫生：如果牛体很脏，则需要增加清洁和擦干乳房的操作，这些操作耗时长，因此很难在短时间内使乳头彻底干燥并及时上杯。

**（4）奶厅管理方面**

①保证奶厅光照强度：注意观察奶厅的灯光强度，奶牛不喜欢进入比待挤区灯光更暗的奶厅；同时，光照强度利于检查乳房状况，及时揭发患病牛只。建议光照强度控制在200 lx左右，简言之，光照强度要保证能在奶厅看清报纸上的内容。

②保证安静的挤奶环境：奶牛喜欢在安静的环境中挤奶。要为奶牛营造一个安静的挤奶环境，奶厅内须杜绝叫嚷、重响和敲打。对于鱼骨和并列式挤奶厅，挤奶员还需要掌握正确的赶牛技巧，避免棍棒击打和大声叫嚷给奶牛造成应激，提高奶牛移动速度，从而提高奶厅效率（图6-7）。

③合理的挤奶顺序和牛群大小：乳房炎牛只和新产未过抗牛只在单独的奶厅挤奶或在每个挤奶班次最后挤奶。选择合理的挤奶顺序，避免等待个别奶牛挤奶结束而增加挤奶时间。

④充分的挤奶前准备：挤奶开始前，所有相关工具和药品都要准备充足。在奶厅工作的所有人员做好防护，每名挤奶工都要配有药浴杯、毛巾、假乳头和标记乳房炎的工具。准备好专用白板和记号笔以记录乳房炎牛只、跛行牛只及其他异常牛只。

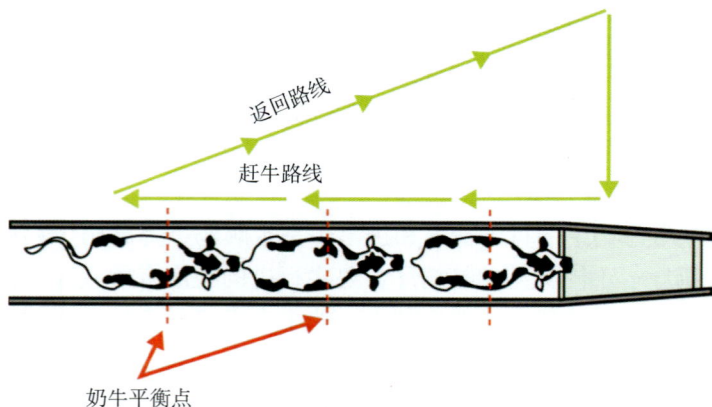

**图6-7 鱼骨和并列式挤奶厅赶牛方法示意图**

　　⑤优化挤奶流程和人员安排：通过分析操作流程并实施最有效的挤奶流程可以提高30%的挤奶效率。对挤奶流程的每一步进行计时统计，然后与最佳挤奶操作流程每一步的时间标准进行对照，可找出可缩短时间的环节。人员安排方面，鱼骨和并列奶厅建议每名挤奶工负责单侧8～12头奶牛的乳房准备和上杯；对于转盘式挤奶机，要确保有足够的人员和时间完成每一个步骤。

　　⑥监控并优化流量数据：监控前2 min奶流量，持续增加不出现双峰曲线；提高峰值流量，可缩短挤奶时间和减少剩奶量；根据挤奶频率、峰值流量和剩奶量设置合理的脱杯流量。奶流量数据的目标值见表6-5所列。

**表6-5　奶流量数据目标推荐值**

| 班次产量/kg | 前2 min产量/kg | 前2 min产量占比/% | 峰值流量/（kg/min） | 平均每头牛的挤奶时间/min | 平均奶流量/（kg/min） |
|---|---|---|---|---|---|
| 8～10 | 5.5 | >55 | 4.0 | 3.5～4 | >2.3 |
| 10～12 | 6.0 | >50 | 4.5 | 4～4.5 | >2.5 |
| 12～14 | 6.5 | >45 | 4.7 | 4.5～5 | >2.7 |

　　⑦做好奶厅监控和人员管理：定期对牧场奶厅挤奶性能和使用效率进行评估及结果监督，定期对挤奶工进行挤奶流程等培训，并制订相应的奖励机制提高挤奶员工操作的熟练度和工作积极性，节约挤奶时间，提高挤奶效率。利拉伐的经验表明，在中国的一些大型奶厅，通过分析挤奶工行为和开展挤奶培训可以提高15%～20%的奶厅效率。挤奶效率不合理导致的奶牛不良表现见表6-6所列。

**表6-6　挤奶效率不合理导致的奶牛的不良表现**

| 不良表现 | 可能原因 |
|---|---|
| 产奶量下降 | 挤奶效率较低导致奶牛齐奶时间过长，采食和休息时间缩短；挤奶过快导致剩奶增加，奶量减少 |
| 乳头开花增多 | 挤奶效率较低导致奶牛护奶时间过长，乳头有过挤风险 |
| 乳房炎风险升高 | 挤奶过快导致不完全挤奶，乳房剩奶多，增加致病菌感染风险；挤奶效率低乳头过挤，乳头孔闭合不完全 |
| 体细胞数升高 | 挤奶过快导致不完全挤奶，导致患有亚临床乳房炎感染的奶牛乳房剩奶增加，体细胞数升高 |

　　做好奶厅监控，包括通过头三把奶和牧场管理软件及时发现乳房炎牛只并做好标记和定期进行CMT检测等，减少高风险牛只上台和对挤奶流程的影响，提高挤奶点使用率。具体方法及步骤可参考附录6。

　　⑧各部门的相互配合：对于奶厅来说，它与饲养和清理部门有非常密切的联系，在挤奶期间做到牛走、料到、粪清。

## 6.3.4　清洗检查与评估

　　要保证牛奶质量，控制牛奶中菌落总数的水平，就必须在每次挤奶之后，及时有效地对设备进行彻底清洗。在实际生产中，尽管大多数残奶被清除，肉眼看起来很干净的设备表面也可能有细菌。在一定的有利条件下，这些细菌也可以形成一层生物膜，这种生物膜非常难以去除，所以防止生物膜的形成是设备清洁的难点及重点。还有一种污染物是奶石，主要是牛奶中的钙离子和自来水中的镁离子形成的一层鳞状物，奶石不仅使设备看起来很脏，而且会导致细菌滋生。生产中，常见清洗问题及解决方案见表6-7所列。

表6-7　常见清洗问题及解决方案

| 问题 | 表现和解决方案 | 产品 |
| --- | --- | --- |
| 细菌<br> | 细菌可以通过分级培养进行检查，但是肉眼是不可见的；强消毒剂会有帮助，但是需要质量控制部门共同检测来获得最佳的效果 | 消毒剂 |
| 奶石<br> | 表层出现脂肪、蛋白质和矿物质；看起来像灰色石头，类似血小板；确保清洗时使用酸、碱洗涤剂交替进行，有时需要手工刷洗 | 酸性洗涤剂 |
| 脂肪<br> | 油腻的油脂沉淀；最佳的方式是使用热水和强碱进行清洗，可以使用手工刷洗 | 碱性洗涤剂 |
| 蛋白质<br> | 表面出现蓝紫色的彩虹纹路；最佳的方式是使用含氯的碱液进行清除，根据说明书混合少量的水（将化学洗剂添加入水中，不要将水加入化学制剂），一定戴手套 | 含氯碱性洗涤剂 |
| 矿物质沉淀<br> | 白/灰色粉质层；铁的沉淀看起来像铁锈，锰的沉淀是黑色的；最佳的方式是使用酸制剂进行清除，必要时需要手工清除 | 酸性洗涤剂 |

### 6.3.4.1　奶厅常用清洗模式

　　CIP清洗通常也称就地清洗，是食品行业清洗管道和密封设备的常用方法，是指不需要把设备拆卸下来，而是固定在原位，用水及清洗剂在一定条件下将挤奶后留下的残渣和微生物彻底清除和杀灭的过程。清洗流程通常分为：预冲洗、循环清洗和后冲洗3个主要阶段。其中，循环清洗也称主清洗，是添加碱性清洗剂或者酸性清洗剂而进行的清洗过程。牧场可以根据情况选择主清洗的类型，如果选择单次清洗程序中既包括碱洗也包含酸洗，那么在酸、碱循环之间需要增加水冲洗或者吹气的流程，以防止酸、碱在设备管道中发生化学反应而降低清洗效果和对设备造成损伤。

　　由于牛奶的自然属性，每次挤奶完成后都必须清洗挤奶设备。总体而言，挤奶设备中所有与牛奶接触的部分都要清洗。这些部分可以分成三组：第一组是挤奶时装牛奶和储存真空的地方，包括挤奶单元、奶量计、奶管和集乳器；第二组是集乳罐和牛奶冷藏罐之间的输奶管路，包括奶泵，有时候也包括板式换热器。在输奶管中运输牛奶过程中普遍不需要真空协助；第三组是牛奶冷藏罐。

将挤奶系统分为三组是因为这三组的清洗方式不一样（图6-8）。同时，奶厅清洁不仅要清洗挤奶机内部，挤奶设备的周围环境也要保持清洁，也就是储奶间和挤奶厅，以及挤奶机的外部，如挤奶杯组和台面、地面等。

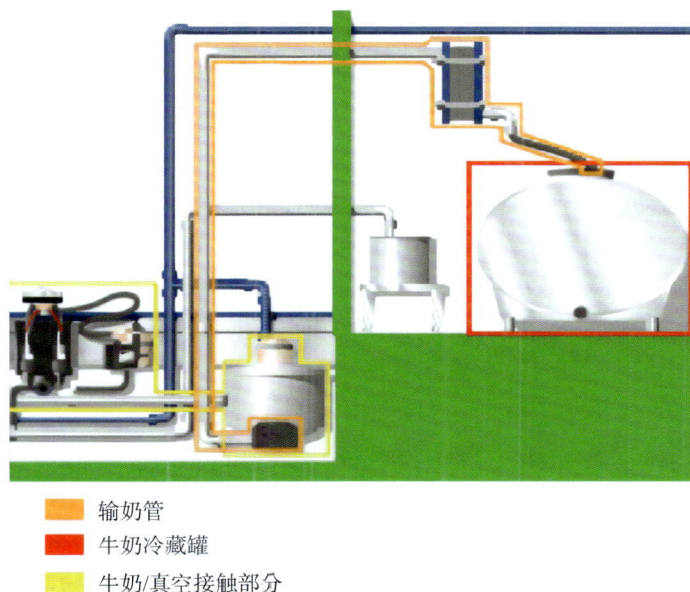

■ 输奶管
■ 牛奶冷藏罐
■ 牛奶/真空接触部分

**图6-8　清洗挤奶系统的三部分**

（1）高效清洗五要素

为了达到最佳的清洗目的，就必须首先满足清洗五要素的要求：水质、清洗剂、温度、时间及机械力。把握这5个关键因素的核心要点，才能获得满意的清洗效果。

①水质：主要的杂质类型包括钙、镁及其他使水变硬的离子。因此，牧场在选择清洗水源时，非常重要的是检测水质的硬度，以及水中的微生物的数量，这些因素都会直接影响最终的清洗效果。

②清洗剂：分为清洗剂和消毒剂两种。但是通常一种清洗剂包含清洗兼消毒的功效。清洗剂包括碱性清洗剂和酸性清洗剂，其主要功能是松动奶垢并使其保持悬浮，冲洗时易于冲走；防止钙离子和镁离子形成奶石。碱性清洗剂主要用于去除管道中的有机物，包括乳脂肪和乳蛋白；酸性清洗剂主要用于去除挤奶系统中的无机物，也就是矿物质。通常采用五步清洗法，在一次清洗过程中分别使用碱性清洗剂和酸性清洗剂进行酸碱循环洗。对于比较小的设备，挤奶时间不太长的情况下，也可以使用三遍洗，即每次清洗只使用碱或者酸进行循环，定期轮换。

好的清洗剂需要满足以下条件：松动粘在设备表面的奶垢，使松动的奶垢保持悬浮状态，防止松动的奶垢再次附着在设备表面的其他地方，防止形成奶石或生物膜，杀灭微生物。

同时，对清洗剂还有其他要求，例如，对挤奶设备表面的负面影响最小化，如对橡胶部分的腐蚀性较低；操作简便安全；不包含任何会影响牛奶质量的物质；环保。

③温度：是指清洗时所使用的水温，对于有效清洗来说也是非常重要的一个因素，因为

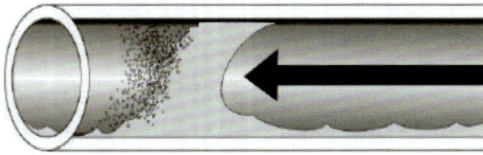

图6-9 挤奶管道中浪涌示意图

温度可以改善不同材料的溶解和乳化情况。另外，清洗剂在温水中更容易溶解，而脂肪类物质也需要高温才更容易溶解去除。通常使用含氯的碱性清洗剂循环清洗时，水温要求在75~85℃。如果因锅炉或其他问题，水温达不到这个要求，可以考虑使用低温清洗剂。

④时间：是指水、热能和清洗剂需要有足够的时间进行清洗这项工作。所需时间根据不同的清洗方法而有所不同。保证足够的接触时间是保证清洗效果的重要因素。

⑤机械力：挤奶后奶垢会沉积在挤奶设备的表面，需要机械力将其松动。机械力来自挤奶设备中循环的水，当水和气分别被真空吸进管道时，就形成了一种塞流，也称浪涌（图6-9）。这种快速移动的塞流可以形成一种机械力，不仅可以将松动的奶垢冲刷下来，并且可以充满整个管道，清洗到所有的管道内壁，包括管道上壁。虽然这种机械力是肉眼无法辨别的，但是可以借助浪涌检测设备对这一重要因素进行检测。

利用浪涌设备检测固定一段距离之间两次真空降的时间，就可以计算出浪涌的长度和速度，并且系统可以自动判定浪涌的有效性。

（2）CIP清洗步骤

原则上有多种清洗设备的方式，但是最常用的是循环清洗。这种清洗方式分为3~5步，其中至少有一步涉及清洗液的循环。

①预冲洗：通常是挤奶后用温水将残留在系统中的牛奶冲掉，必须要冲到流出来的水变清为止。水温要求控制在40~45℃。水温太高会使蛋白质变性，大量的牛奶蛋白黏附在管壁上，很难清除。水温太低，会使牛奶中的脂肪凝固，也会导致清洗不净。另外，需要注意的是预冲洗的判定只有一个标准：排水清澈为止。预冲洗一般会洗掉90%以上的残留牛奶。

②循环清洗：是指使用复合清洗剂进行多次清洗，包括碱循环和酸循环两个部分。酸碱循环分别是去除脂肪、蛋白质和矿物质的有效途径。清洗剂的浓度要根据厂家的推荐水平，并根据清洗水的水质情况稍加调整。清洗水量按照每个杯组8~10 L水的标准来确定清洗水用量。另外，有效的循环时间至少保证10 min。如果单次清洗包含碱洗和酸洗的情况下，中间需要增加水冲洗的步骤，或者使用泵彻底清除管道中碱残留，防止酸和碱混合在一起，影响酸性清洗剂的作用效果。

③后冲洗：通常使用洁净的凉水漂洗，去除所有残留的清洗剂。在清洗剂和消毒剂分开使用的系统中，清洗程序还应增加两个步骤：清洗剂清洗之后，要冲洗挤奶设备，再循环使用消毒剂，消毒之后还要进行最后一次冲洗。

（3）清洗后排水

挤奶机清洗之后，需要排水。在重力的作用下，管道排水自然完成，但有时候也会使用海绵等工具进行助力排水后，往管道中吹气来对管道进行干燥。输奶管也是由于重力自然排水，此外在靠近奶泵处装有一个手动排水阀门。如果安装一个板式换热器则还需要一个排水阀门。管道式挤奶系统中管道的坡度无法保证只靠重力就能适当地排水，所以会在管道中塞入一个或几个海绵，吸出系统中剩余的水。海绵最后到达牛奶接收罐时，需要手动去除。挤奶厅中的管道比较短，可以有足够的坡度保证排水。管道式系统挤奶设备和挤奶厅的清洗最后一个阶段一般都是让空气进入设备进行干燥。对于大型的转盘等设备，如果是自动排水的，一定要在彻底清洗结束后检查所有排污阀是否正常工作，否则系统中会残留大量的水，这些污水会混入下一次的牛奶中，影响牛奶的品质。

### （4）牛奶冷藏罐的清洗

与挤奶设备的其他部分一样，冷藏罐也要清洗（图6-10）。冷藏罐清空之后要立即清洗。小型冷藏罐一般手动清洗，大型冷藏罐一般用自动清洗装置，因为人工清洗很难清理到所有的表面。在自动清洗装置中，溶液被抽到一个或两个分流机中，分流并将清洗溶液喷洒至要清洗的表面上。原则上，冷藏罐的清洗步骤和挤奶机其他部分的清洗步骤是一样的。先用温热的水预冲洗，然后用热水加碱性或酸性清洗剂循环冲洗，最后用冷水后冲洗。因为冷藏罐表面温度低，很难保持循环水流的理想温度，所

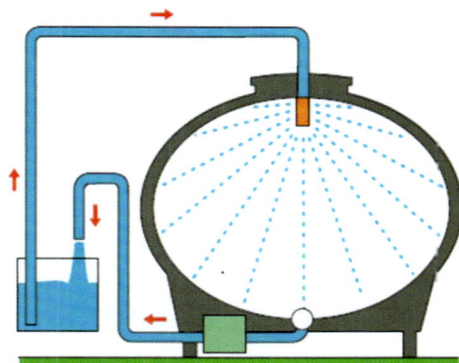

图6-10 自动清洗牛奶冷藏罐

以循环阶段的水温尽量高些，但是不能超过蛋白质的变性温度，否则很难清洗。鉴于冷藏罐的特性，建议使用低温清洗剂清洗冷缸。

### 6.3.4.2 清洗效果评估

清洗效果的好坏，直接影响牛奶口微生物的数量。因此，我们需要特别关注清洗过程中的效率评估。如果清洁不彻底，挤奶设备中可见残留的奶垢，所以人工检测是发现潜在故障的可靠方法。不同挤奶机之间的区别很大，很难指出难以清洗的具体位置。但一般情况下，牛奶计量器比较难清洗，管道比较容易清洗。不彻底的清洗效果有时候肉眼看不见，事实上，在出现肉眼可见的污物之前就已经存在明显污染了，所以需要其他监测清洁度的方法。大多数方式是使用细菌的增长作为一个评估的指标，但是这些方法非常耗时，有时候很难操作。

总体而言，牛奶中菌落总数的水平是清洗效果好坏最直接、真实的反馈。我们可以使用表6-8中对清洗流程的监控评判标准来确保最终清洗的效果。

表6-8 清洗流程的监控评判标准

| 关键绩效指标 | 好 | 差 |
| --- | --- | --- |
| 总细菌数（前药浴+擦拭）/（CFU/mL） | <5 000 | >10 000 |
| 嗜热菌数/（CFU/mL） | <100 | >200 |
| 总大肠杆菌数/（CFU/mL） | <50 | >100 |
| 嗜冷菌数/（CFU/mL） | <10 000 | >20 000 |
| 预冲洗水温/℃ | 40~45 | <30 |
| 预冲洗水排水的颜色 | 清澈 | 奶白色 |
| 碱洗水排出温度/℃ | >45 | <40 |
| 低温清洗剂RTD清洗排出水温/℃ | >30 | <30 |
| 碱洗时的有效浪涌数/个 | >15 | <12 |
| 碱洗循环之后的浓度/（mg/mL） | >200 | <100 |
| 碱洗或消毒洗之前的氯浓度/（mg/mL） | >100 | <50 |

## 6.3.5 牛只管理评估

牛只管理的目标是控制传染性致病菌在牛群内部的传播，并保证奶牛乳房皮肤和乳头末端的健康状况。

### 6.3.5.1 奶牛乳房和肢蹄健康评估

#### （1）牛尾尾毛修剪评估

牛尾尾毛易被粪便等污物污染，建议新产牛挤完初乳需要修剪牛尾尾毛，之后每两个月修剪一次。

推荐评估标准见表6-9所列。

表6-9　牛尾尾毛修剪评估标准

| 评分 | 1分 | 2分 | 3分 | 4分 |
|---|---|---|---|---|
| 图片 | 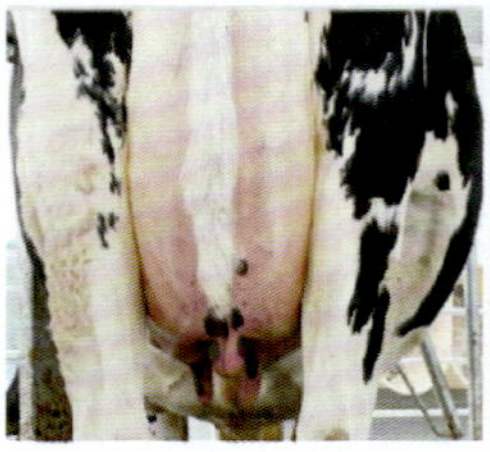 | 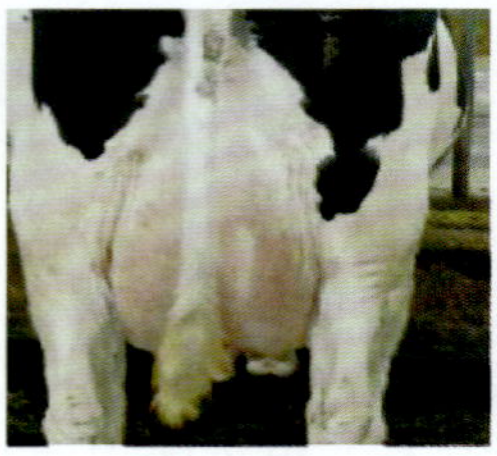 | 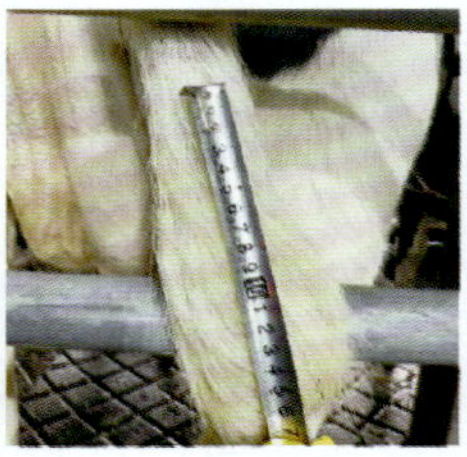 | 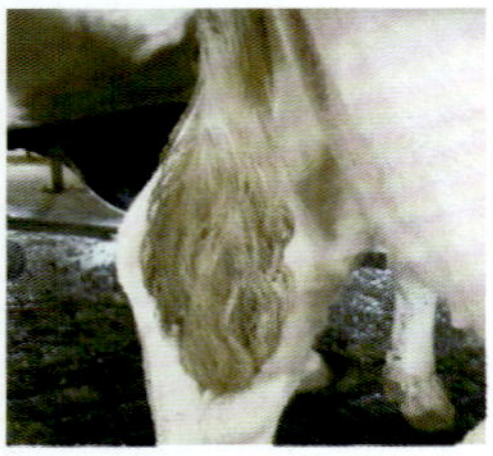 |
| 描述 | 修剪干净尾毛长度<2 cm | 修剪2个月后尾毛长度2~6 cm | 修剪3个月后尾毛长度6~15 cm | 修剪4个月后尾毛长度>15 cm |
| 评价 | 好 | 良好 | 可以接受 | 不可以接受 |
| 目标 | 牛群中1分牛的比例>80% | 牛群中2分牛的比例<10% | 牛群中3分牛的比例<8% | 牛群中4分牛的比例<2% |

#### （2）乳房绒毛评估

新产牛挤完初乳需要处理乳房绒毛，通过定期对乳房绒毛进行清理，管控乳房清洁度，要求每季度处理一次。

推荐评估标准见表6-10所列。

表6-10　乳房绒毛清理评估标准

| 评分 | 1分 | 2分 | 3分 |
|---|---|---|---|
| 图片 | 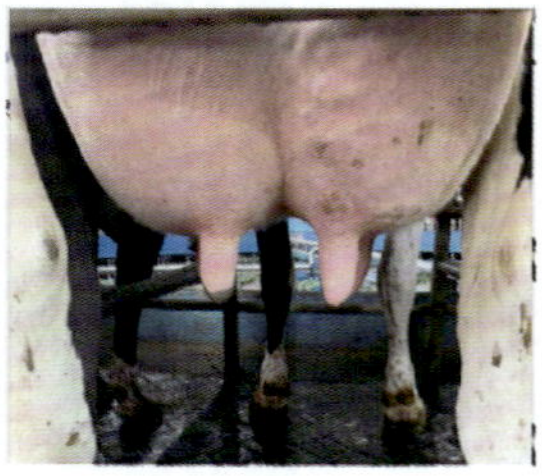 | 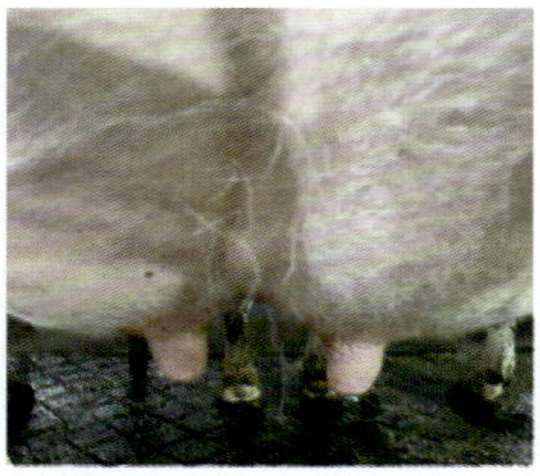 | 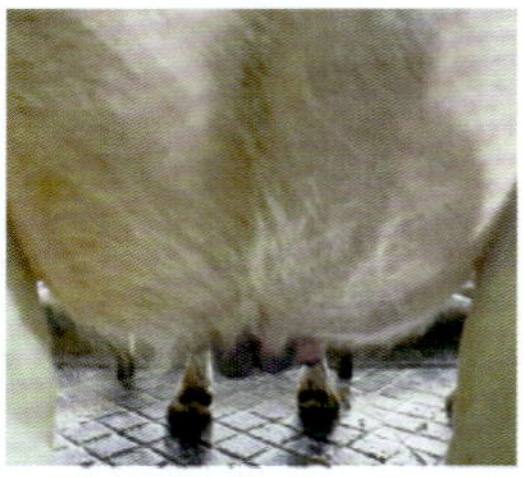 |
| 描述 | 干净，几乎没有绒毛 | 轻度污染，未覆盖乳头基部 | 严重覆盖乳头 |
| 评价 | 较好 | 良好 | 不可接受 |
| 目标 | 牛群占比>80% | 2分牛群占比<15% | 3分牛群占比<5% |

（3）乳头末端评估

通过检查乳头健康，评估挤奶厅操作流程是否到位、挤奶设备参数是否合适。

评估方法：挤奶完成奶杯脱落后立即进行（后药浴前），用手电筒照射观察，参考标准见表6-11所列，记录每个乳头的评分。每月做一次评测，并记录趋势，评测的人要是与记录人同一个人，评测样本一定要涵盖所有的挤奶牛群。建议低于200头泌乳牛的牧场评测所有泌乳牛；低于1 000头牛，评测至少200头牛；1 000头泌乳牛及以上的大型牧场按牛群的20%进行乳头末端评分。

推荐评估标准：3分加4分乳头占比<15%。

表6-11　乳头评估标准

| 评分 | 1分 | 2分 | 3分 | 4分 |
|---|---|---|---|---|
| 图片 | | | | |
| 描述 | 乳头末端正常，乳腺孔周围无环非常平滑 | 乳腺孔有光滑凸起的环 | 乳端皮肤粗糙，乳腺孔有1~3 mm角质层，从乳腺孔向外有放线状的皲裂，并且有粗糙的角质环 | 乳端皮肤非常粗糙，乳腺孔有3 mm以上的角质层，有乳头开花情况，从乳腺孔向外有明显的皲裂，呈现非常粗糙的角质环 |

注：引自威斯康星大学，2023；Mein，2001。

（4）乳房清洁度评估标准

乳房清洁度评估标准见第7章。通过对乳房清洁度进行评分，可以反映卧床的清洁度和舒适度。如果3~4分占比>10%需要查找原因，提高清洁度。

评估方法：每月对泌乳牛进行1次乳房清洁度评分，选取泌乳牛头数大于群体10%进行评估，评测样本需涵盖所有的挤奶牛群。

推荐评估标准：3分加4分牛只占比<10%。

（5）牛后肢卫生评估标准

牛后肢卫生评估标准见第7章。通过对牛后肢卫生进行评分，来评估卧床、牛舍粪道、赶牛通道、挤奶厅的清洁度和舒适度。如果3~4分占比>15%需要查找原因，提高清洁度。

评估方法：每月对泌乳牛进行1次后肢卫生评分，选取泌乳牛头数>10%。

推荐评估标准：3分加4分牛只占比<15%。

## 本章小结

本章从奶厅设备、人员和挤奶流程、挤奶效率、设备清洗、牛只管理等方面进行多方位奶厅评估。强调了奶厅设备运行的系列关键参数及检测方法，合理的人员配置及挤奶效率提升的关键，牛只乳房与肢蹄管理及推荐标准。

## 思考题

1. 奶厅管理评估一般包括哪些部分？
2. 为什么要做挤奶系统维护检测？
3. 从哪些方面进行奶厅的挤奶流程和人员操作评估？
4. 清洗流程通常分为哪几个阶段？
5. 如何对奶厅的挤奶效率进行评估？

# 第 7 章
# 舒适度评估

保证奶牛舒适度即满足动物基本生存需要，使其遭受的痛苦最小化。本章主要根据奶牛在养殖环境中对牧场人员、管理流程、机械设备、畜舍环境和自然气候表现出特有的个体和群体行为，结合国内外养殖经验和相关数据，通过感官评定或利用工具设备对奶牛舒适度进行评估，综合反映出奶牛应激水平，以期改善奶牛生产性能、保障动物福利。

## 7.1 评估清单及关键数据参数

关键评估参数及推荐范围见表7-1所列。

表7-1 关于舒适度评估的重要参数

| 评估项目 | 评估内容 | 推荐范围及参数 |
|---|---|---|
| 采食 | 是否有充足的饲料 | 无空槽现象 |
| | 是否存在挑食 | 避免挑食现象出现 |
| | 是否存在采食竞争 | 避免采食竞争 |
| | 每头牛的采食空间 | 泌乳牛≥60 cm；围产牛≥75 cm |
| | 每天饲喂次数 | ≥2次为宜 |
| | 每天推料次数 | 应>12次 |
| | 日粮是否保存良好 | 未见杂物、发霉、污染现象 |
| | 日粮营养水平 | 满足营养需要 |
| | 反刍习性 | 躺卧牛反刍比例≥70%；每个食团咀嚼次数50~70次 |
| | 剩料率 | 青年牛0~1%；新产牛3%~5%；高产牛2%~3%；中产牛1%~2%；低产牛0~1%；干奶牛、围产牛2%~3% |
| | 体况评分 | 青年牛3.0~3.5；新产牛3.0~3.5；高产牛2.5~3.25；中低产牛3.0~3.5；干奶牛、围产牛3.0~3.5 |
| | 瘤胃充盈度评分 | 泌乳牛3.0~4.0；干奶牛≥4.0 |
| | 粪便评分 | 干奶牛3.5~4.0；围产前期牛3.0~3.5；围产后期牛2.5~3.0；高产牛2.5~3.5；中、低产牛3.0~3.5 |

（续）

| 评估项目 | 评估内容 | 推荐范围及参数 |
|---|---|---|
| 饮水 | 饮水空间 | >10 cm/头 |
| | 水流速度 | 泌乳牛>20 L/min |
| | 水槽内水深 | >7 cm |
| | 水槽评分 | 以所有水槽1分为宜，避免3分水槽 |
| | 水槽清洁频率 | 1次/d |
| | 水槽高度 | 70~80 cm（最低液面高度60 cm） |
| | 水槽密度 | 每20头牛至少配置一个水槽 |
| | 每群牛水槽数量 | 考虑弱势牛饮水，建议一个牛舍最低配置2个水槽 |
| | 水温 | 10~20℃，冬季应有温水供应和防冻措施 |
| 休息与躺卧 | 卧床使用率 | ≥75% |
| | 卧床舒适指数 | ≥85% |
| | 卧床站立指数 | <20% |
| | 是否有牛躺卧在过道上 | 无 |
| | 躺卧时间 | 12~14 h |
| | 跪膝测试 | 无疼痛感 |
| | 饲养密度 | 散栏卧床牛舍：泌乳牛<90%，围产牛<80%；大通铺牛舍：泌乳牛及围产牛>11 m²/头 |
| | 卧床长度 | 6~9月龄后备牛双列卧床：4.5 m；10~24月后备牛龄双列卧床：5 m；成母牛双列卧床：5 m；成母牛单列卧床：2.76 m |
| | 卧床粪便污染比例 | ≤10% |
| | 卧床上是否有危险因子或障碍 | 无 |
| | 飞节评分 | 1分>95%，无3分 |
| | 后肢蹄卫生评分 | 3分和4分牛占比<15% |
| | 乳房卫生评分 | 3分和4分牛占比<10% |
| | 后躯卫生评分 | 3分和4分牛占比<5% |
| 行走与应激 | 步态评分 | 1分与2分牛占比>95% |
| | 不正常的牛蹄（蹄叶炎、蹄甲过长等） | <1% |
| | 逃逸距离测试 | 逃逸距离<2 m |
| | 行走应激 | 无打滑声、无抬头牛、正常行走 |
| | 行走速度 | 2~3 km/h |
| | 行走通道是否有危险因子或障碍 | 无（避免地面坑洼裸漏、积水积粪，直角弯多，陡坡） |
| | 赶牛时是否暴打、怒斥牛只 | 无 |
| | 待挤区面积 | >1.5 m²/头，1.9 m²/头最佳 |
| | 调群频率 | 一个泌乳期不超过4次，有条件遵循全进全出的原则 |

（续）

| 评估项目 | 评估内容 | 推荐范围及参数 |
|---|---|---|
| 空气 | 牛群扎堆 | 否 |
| | 氨气浓度 | 犊牛舍<10 mg/m³；成母牛舍<20 mg/m³ |
| | 硫化氢浓度 | 犊牛舍<5 mg/m³；成母牛舍<10 mg/m³ |
| | 二氧化碳浓度 | 犊牛舍<1 000 mg/m³；成母牛舍<1 500 mg/m³ |
| | 换气率 | 夏季：40~60次/h；冬季：4~8次/h |
| | 热应激期间风扇风速 | 采食区、卧床≥2 m/s；待挤区、奶厅≥3 m/s |
| | 空气与通风 | 冬季≤0.3 m/s |
| 光照 | 光照强度 | >200 lx |
| | 光照时长 | 后备牛和泌乳牛16~18 h/d；干奶牛6~8 h/d |
| | 显色指数 | >90 |
| 冷、热应激 | 温湿指数 | 38~68 |
| | 环境温度 | −5~20℃ |
| | 直肠体温 | 犊牛38.5~39.5℃；青年牛38.0~39.5℃；成母牛38.6~39.2℃ |
| | 呼吸频率 | 成母牛40~60次/min；犊牛15~40次/min |
| 声音 | 噪声音量 | <60 dB |
| | 赶牛时有无声音应激 | 无口哨声、吆喝声、敲击声以及行进路线上的噪声 |

注：参数中未特殊表明动物生理阶段的均属于成母牛。

## 7.2　评估思路与分析维度

牧场评估可以分析现有的生产数据，结合现场流程观测进行分析和评价，但不同于工业化生产的是，牛群是牧场评估的核心对象。舒适度评估作为牧场评估的一部分，不仅要考虑客观的数据和主观的经验，还要根据奶牛群体和个体的行为表现，通过相关工具的使用和基本生理指标的分析对牛群状态进行判断。一般情况下，异常行为和群体特有行为将被记录，这些行为特征产生于不同程度的应激或条件反射，与包括牧场人员、牛群、畜舍、气候和操作流程等在内的牧场环境息息相关，因此牧场管理信息需要一并记录。

### 7.2.1　评估思路

通过舒适度评估，分析奶牛行为的潜在原因，找到相关应激源，以提高牧场管理能力，减少不利的生产行为和结果。

舒适度评估应该从牛舍整体观察开始，按照群体—个体—群体原则。首先，观察牛群分布度，牛群集中在哪些区域，如聚集在饲喂区、饮水区、躺卧区、补饲区或畜舍外围，或者哪些区域没有牛群分布。分析牛群分布的原因：通风过大或过小、空气质量好或差、温度太高或太低、光照或日晒过强、地面太滑、卧床不舒适、社群冲突或蚊蝇叮咬等。其次，在饲喂道上观察牛群整齐度，包括体况、体型、瘤胃充盈度、牛体伤口分布等外部特征，观察点至少需要涵盖畜舍两端和中段。最后，进入牛舍内，观察奶牛的外部特征，尤其是后躯伤口的分布和奶牛站姿，重点观察粪便稀稠度和粪便的分布规律。这些细节都与牛群竞争、硬件设施产生的其他应激密切关联。

## 7.2.2　分析维度

牛群竞争是舒适度评判的核心，需要思考目前硬件设施和管理流程是否满足牛舍所有牛只的相关自由度需要，如牛舍内是否有充足的采食位、饮水位、躺卧位、行走空间、采光和通风等。

自由度的评估需要从3个维度进行考虑：
①物理数量的评估和统计（客观存在的）。
②可利用数量的评估和统计（评估人员的角度）。
③实际使用数量的评估和统计（奶牛的角度）。

例如：某牛舍有160个颈夹，即物理位颈夹数量为160个。很多牧场发料一般会在畜舍的两端留出4~5个颈夹的区域不投料，可利用颈夹数量为150个左右，这样通过对牛群分布度的反复观察，可以观察到奶牛偏好的颈夹或者不愿意采食区以及人为控制的空槽区，最终导致奶牛原有合理的采食空间在实际使用中减少，从而增加牛群采食竞争。

如果同一个牛舍卧床为140个，那么物理卧床数量为140个。经过人员评估，可利用卧床位为130个，在现场评估中进一步观察到牛群实际使用卧床为120个，则该牛舍最佳的牛头数为120个。尽管这一牛舍的实际使用水槽可供130头牛饮水，但由于卧床数量的限制，该牛舍最优的存栏量应该为120头，而不是130头。由于后两个维度的现场评估需要观察者的从业经验和更多重复性观察，所以不同的评估者得出的结论会存在数量上的差异或者维度的重叠。

对于管理者而言，并不是要找到最优的养殖密度，而是通过奶牛在牧场里的反应和适应现象，判断牛群舒适度上是否频繁出现过度竞争，从而寻找应激源，改进硬件设施和管理流程。根据牧场应激发生的关键环节和阶段，接下来对挤奶、采食（饮水）和卧床等舒适度将进行逐节阐述。

## 7.3　评估内容与方法

### 7.3.1　奶牛的习性

奶牛是群居动物，奶牛的大多数行为表现为群体行为，且同时发生，这就意味着奶牛群体一般会同时采食、饮水、休息、排便（尿）和行走。值得注意的是牛群中的社会等级，头牛和社会等级相对较高的奶牛会优先采食（饮水）。这群牛如果有足量牧草（日粮）或挤奶前后长距离行走，这种关系就呈现简单的线性规律（图7-1）；反之，竞争越多，等级关系也就越复杂，尤其是非强势牛和非弱势牛的中间牛群。

每个牛群都有社会结构，每头奶牛的社会等级取决于温驯程度、年龄、体格和体重。胎次多的成母牛通常处于较高等级，在采食、饮水和躺卧拥有优先权（图7-2），而头胎牛和个体小的奶牛等级一般较低。牧场生产应遵循群体习性和相关规律，如头胎牛或个体小的奶牛应单群饲养，减少与高阶牛群产生竞争。

#### 7.3.1.1　群居习性

大多时候，奶牛会形成一个由10~12头牛组成的小群，这个小群又是一个由50~70头奶牛组成的大群中的一部分。这个群体数通常被认为是奶牛间可以相互记住的最大数量，而一

图7-1　挤奶后返回牛舍的牛群

图7-2　躺卧中的牛群

头牛要认识这个群体的所有牛至少需要7 d，尤其在最初2~3 d，整个牛群竞争排序最为频繁。有数据表明在舍饲条件下，超过200头以上的牛群，头牛竞争打斗增加，而在自然界里牛群会分成若干群，如成年牛与犊牛群、小母牛群，可能还有一部分青年公牛群。

#### 7.3.1.2　等级划分

每一个奶牛群中只有少数几头奶牛处于支配地位，其他奶牛处于从属地位。那些"低阶"奶牛只有感觉到"足够安全"时才能从"高阶"奶牛身边走过，所以畜群地位低的奶牛需要足够的空间才能稳步行走，因此躺卧率高的牛舍，既可以保障较高的通行效率，又能减少奶牛之间的社群冲突。牛群长期处于稳定状态或者很少争斗，会表现出安静和不惧怕生人的特征。

## 7.3.2　采食评估

采食是奶牛产奶的基础，奶牛的采食行为与白昼周期同步，太阳升起后采食，中午休息，傍晚再次采食，牧场应根据奶牛的习性合理安排投料时间，优先保证新产牛舍、高产牛舍的投料，做到饲喂时牛走料到。同时，根据繁育的工作时间，保证晨饲时配种青年牛的及时投料。生产上比较推行晨饲最大投喂量，如超过全天日粮的50%。采食舒适度的评估可通过采食量、采食时间、采食次数、采食空间等方面进行。

#### 7.3.2.1　采食量评估

奶牛的采食量与生产健康水平息息相关，保证奶牛的采食量是保证奶牛健康高效生产的前提。可通过饲槽和牛自身表现对奶牛采食量进行评估。

（1）采食量统计

评估方法：通过全日投料量和剩料量差值，结合群体牛头数，计算出个体牛只干物质采食量。

推荐标准：新产牛15~18 kg/d、高产牛25~30 kg/d、中产牛23~25 kg/d、低产牛20~23 kg/d；干奶牛11~14 kg/d；头胎围产牛11~13 kg/d、经产围产牛12~15 kg/d。

（2）剩料率评估

评估方法：在清料前对采食通道剩料量进行称重，除以全日投料量计算出各群体剩料率。

推荐标准：青年牛0~1%；新产牛3%~5%，高产牛2%~3%，中产牛1%~2%，低产牛0~1%；干奶牛、围产牛2%~3%。

**（3）瘤胃充盈度评分（详见第4章）**

瘤胃充盈度是反映奶牛在过去2~6 h的采食情况，评估时间：挤奶前或投料前1~2 h（最低瘤胃充盈度）及采食后1~2 h（最高瘤胃充盈度），评分为5分制，0.5分为最小变化单位，1分表示采食差，瘤胃内缺乏食物填充，评分5分时瘤胃最充盈。

推荐标准：泌乳牛3.0~4.0分，干奶牛≥4.0分；泌乳牛评分<3.0分的奶牛低于20%。

**（4）腹部充盈度评分**

腹部充盈度反映奶牛在过去1周内的采食情况，评分不合格表示采食差，评分合格表示采食量充足。

评价方法：如图7-3所示，从奶牛体后端观察，距离2 m处，观察腹部的凸出情况，若左右腹部皆隆起，奶牛机体左侧为"苹果型"，右侧为"梨形"则为合格，否则为不合格。

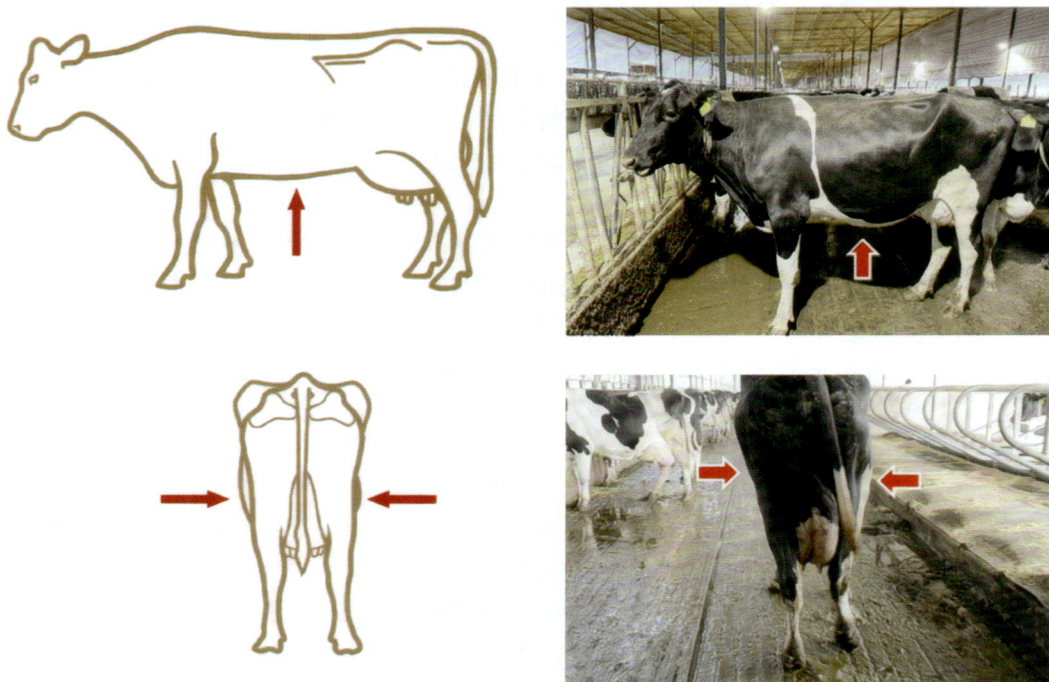

图7-3　腹部充盈度评分

**（5）体况评分（详见第4章与附录）**

体况反映奶牛在过去一个月内的营养状况，评分为1~5分制，0.25分为最小变化单位，1分奶牛为非常瘦弱，5分奶牛为非常肥胖。建议每月进行1次体况评分。

推荐标准：高产牛2.5~3.25分，中、低产牛3.0~3.5分，干奶牛3.0~3.5分，围产前期牛≤3.5分；体况合格率≥85%。

#### 7.3.2.2　采食时间评估

舍饲情况下奶牛的采食时间为4~6 h，如果能提高挤奶效率，可优化躺卧时间并增加采食时间和采食量。采食时间不足会减少奶牛的采食量，影响奶牛的生产表现。奶牛每次采食时间为30~45 min，牛群密度过大或采食位不足都会产生饲喂竞争，减少总采食量、采食时间和次数，并增加采食速率。

空槽评估方法：在清料前对采食通道剩料量进行评估，观察是否有余料，若剩料<1%则定义为空槽。

推荐标准：新产牛、高产牛、干奶牛、围产牛、犊牛和6～12月龄成牛不允许出现空槽现象（图7-4）。

### 7.3.2.3　采食次数

奶牛每天采食10～12次，头胎牛采食次数增加10%。为了进一步满足奶牛采食的需求，需保证足够的饲喂次数和推料频次。

**图7-4　空槽现象**

（1）饲喂次数评估

评估方法：通过查询牧场饲喂管理制度、询问牧场饲喂管理人员、查看视频监控等方式确认牧场计划和实际执行的饲喂次数。

推荐标准：泌乳牛群根据季节不同应保证饲喂2～4次/d，其他牛群饲喂1～2次/d。

（2）推料频次评估

推料频次始终保持每1～2 h推料一次，建议白天频次高于晚上，尤其是3:00～6:00可减少推料频次，但这种频次调整不适用目前4次挤奶的牧场；而发料后的1～2 h需要增加推料次数，研究表明，发料后2 h内推料4次较推料2次的奶牛有更高的干物质采食量。

评估方法：通过查询牧场饲喂管理制度、询问牧场饲喂管理人员、查看视频监控等方式确认牧场计划和实际执行的推料频次。

推荐标准：总体上每天推料次数应>12次。同时保证各牛群挤奶结束回舍后的0.5 h内完成一次推料。推料后确保日粮在饲喂道各段均匀分布，奶牛能轻易自由采食，一般日粮最远端距离颈夹60～70 cm。推料不及时导致奶牛吃料困难如图7-5所示。

**图7-5　推料不及时导致奶牛吃料困难**

### 7.3.2.4　采食空间评估

饲喂区域过度拥挤会增加竞争、降低奶牛采食时间，这一现象给处于从属地位的牛（包括跛行牛或病牛）带来了更加不利的影响。

评估方法：采食空间不足或者过于拥挤，最宜在奶牛采食高峰期（挤奶后回舍1 h内）进行观察。

①采食区应能满足所有牛同时上槽，不能出现排队等待的奶牛和频繁寻找采食位的奶牛。

②不能出现频繁争抢打斗和经常听到奶牛打滑的声音。

③评估奶牛不愿采食的区域，从温度、日照、通风、日粮气味、蚊蝇干扰等因素分析，包括人为造成的采食盲区。

推荐标准：

①颈夹饲喂方式（图7-6）：每头牛至少60 cm的横向采食空间，围产牛和病牛应增加到75 cm的横向采食空间；对于泌乳牛建议饲喂密度不要超过90%，而对于围产牛建议饲养密度应<80%。若是大通铺牛舍，应保证泌乳牛及围产牛拥有>11 m²/头的饲养面积。

②颈杠饲喂方式（图7-7）：由于挡墙上钢结构柱的压力，奶牛一般不愿靠近采食，同时，因为社群竞争的存在，建议每头牛的横向空间适当增加10 cm以上。

③奶牛采食身体习惯性前倾，根据矮墙的厚度，颈夹可向饲喂通道前倾一定的角度，若采用挡颈杆时，挡颈杆可向饲喂通道方向前置15~20 cm，都可以满足奶牛采食习性，增大奶牛纵向空间。

④舍饲条件下奶牛采食，两前肢并排于矮墙（高度40~50 cm，厚度20~25 cm，上端磨圆）；而饲槽前后一般存在10~20 cm高度差，如图7-8所示，可增加奶牛采食范围，高度较低的采食槽会增加奶牛前肢的负担，尤其前肢内侧趾负重导致变形蹄；而高位"餐桌"（采食槽过高）会造成奶牛唾液分泌量少，增加奶牛瘤胃酸中毒的风险。

图7-6　颈夹饲喂方式

图7-7　颈杠饲喂方式

图7-8　前倾的采食槽

⑤采食槽宽度应在60~70 cm，并建议铺设瓷砖、不锈钢板或者涂层，增加采食舒适度，利于清料，减少槽底发霉。

⑥饲喂通道推荐宽度至少为4 m，增至4.5 m最优；采食通道地面干燥，增加防滑措施，有利于奶牛采食和蹄部健康。

⑦增加采食区的喷淋吹风装置，优化通风光照设施，有利于增加采食舒适度。

### 7.3.2.5　反刍活动评估

反刍活动是反映牛群采食舒适度的关键指标，受应激、采食量、饲料物理有效纤维含量等多方面因素的影响。奶牛采食后1.5~2 h进入反刍高峰期，也是躺卧高峰期，牛群反刍比例应≥50%，牛群躺卧反刍最佳比例≥70%，反刍食团咀嚼次数为每食团50~70次。

评估方法：以1 min为单位时间，计算单位时间内奶牛的咀嚼次数及食团吞咽次数。

### 7.3.2.6　挑食行为评估

（1）感官评定

评估方法：在投料后1 h内对日粮进行评估，以是否存在采食窝评判挑食行为。如果多处出现明显采食窝并见底，就需要重新检查日粮配制过程（图7-9）。

推荐标准：无大量明显采食窝出现。

（2）宾州筛评估挑食（详见第4章）

评估方法：使用日粮宾州筛筛分新鲜和剩余日粮，计算各层比例差异可判断挑食情况。

推荐标准：新料与剩料各层宾州筛比例相差≤5%。

从表7-2可知，牧场2新料和剩料第一层宾

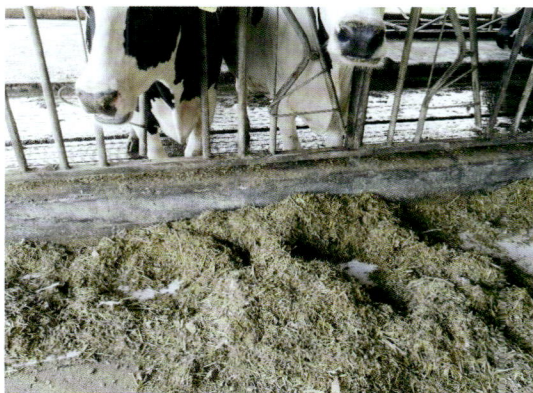

图7-9　挑食形成采食窝

州筛比例相差9%，第二层相差8%，第三层和底层相差12%，牧场2奶牛挑食现象严重。

表7-2　宾州筛评估奶牛挑食情况示例　%

| 宾州筛结果 | | 牧场1 | 牧场2 |
|---|---|---|---|
| 第一层 | 新料 | 8 | 10 |
| | 剩料 | 7 | 19 |
| 第二层 | 新料 | 49 | 46 |
| | 剩料 | 48 | 58 |
| 第三层、底层 | 新料 | 43 | 45 |
| | 剩料 | 45 | 23 |

### 7.3.2.7　采食消化评估

（1）粪便评分（详见第4章）

粪便评分度反映牛的采食消化情况及健康状况。需注意：犊牛和成年牛的评分系统不同，犊牛为0~3分制，分值越高，粪便越稀，犊牛0~1分为宜；成母牛为1~5分制，分值越高，粪便越干。两个评分系统均以0.5分为最小变化单位。

评估方法：随机选取新鲜粪样，一般按照牛群数量的10%~15%进行评分，最低不少于10

头牛的粪样，评分方法详见附录5。

推荐标准：干奶牛3.5~4.0分；围产前期牛3.0~3.5分，围产后期牛2.5~3.0分；高产牛2.5~3.5分，中、低产牛3.0~3.5分。

（2）粪筛评估（详见第4章）

评估方法：取特定牛群数量10%~15%的新鲜牛粪，最低不少于10头牛的粪样，共2 L，按粪筛操作方法冲洗粪便直至无污水流出。

推荐标准：见表7-3所列。

表7-3 粪筛的颗粒分布标准                                                    %

| 奶牛类型 | 顶层 | 中层 | 底层 |
| --- | --- | --- | --- |
| 泌乳前期牛 | <20 | <30 | >50 |
| 其他阶段奶牛 | <10 | <20 | >70 |

（3）粪便表观评定

评估方法：随机选取牛群数量10%~15%的新鲜牛粪，最低不少于10头牛的粪样，观察饲料消化情况。

推荐标准：无未消化的整粒玉米、棉籽等（图7-10、图7-11），或是肉眼可见的白色淀粉颗粒。

图7-10 粪便中有未消化的整粒玉米

图7-11 粪便中未消化的整粒棉籽

（4）粪便淀粉含量评定

粪便中淀粉含量越高表明淀粉消化可能受到影响。宾夕法尼亚大学最近的研究表明，粪便淀粉含量每增加1%，每天的产奶量可能减少0.3 kg。

评估方法：随机选取牛群数量10%~15%的新鲜牛粪，最低不少于10头牛的粪样，混匀后分为两个重复测定粪便中淀粉含量。

推荐标准：粪便干物质淀粉含量≤5%，≤3%为最优。

### 7.3.2.8 采食竞争评估

奶牛喜欢集体采食、饮水、躺卧和休息，采食与饮水交替进行，如果奶牛存在采食竞争或单独采食，会增加采食率和蹄病风险，减少采食量和躺卧时间。

评估方法：在投料后1 h内评估，站在采食道外观察奶牛是否存在头部触碰、追逐、争斗、驱赶等竞争行为，如有2头牛同时争抢一个采食位。

推荐标准：无竞争行为。

#### 7.3.2.9　牛群整齐度评估

评估方法：眼观并记录小个头奶牛和头胎奶牛的牛号个体数量，计算占整个牛群的比例。或以体重/体高的实际测量值为基础数据，以平均值±标准差为标准挑选异常牛只占比。分群不合理造成体型差异如图7-12所示。

推荐标准：小体型或头胎牛占比<10%。

图7-12　分群不合理造成体型差异

### 7.3.3　饮水评估

据统计，正常状态下泌乳牛饮水量为60~130 L，如果受热应激的影响，饮水量会进一步增加（20%~100%）。奶牛饮水每次时间约10 min，现代化奶牛养殖环境中，每天饮水总时间一般不超过1 h，不同生产阶段的奶牛饮水量为12~19 L/min。

放牧时饮水次数随着水源距离的增加而减少，从3~5次减少到1~2次。舍饲状态下，奶牛采食和饮水总是交替进行，所以奶牛饮水次数接近于采食次数，可能达到9~12次；头胎牛、拴系状态或使用饮水碗，饮水次数增加20%，除此之外挤奶后饮水较多，自然环境中奶牛偏好在晨昏采食，因此每天晨昏既是采食的高峰期，也是饮水的高峰期。

除饮水高峰外，一般2~3头成乳牛会同时在水槽饮水。社群地位低的奶牛或后备牛倾向聚集性饮水（图7-13），这些弱势牛群容易被应激影响造成更大的饮水竞争。

图7-13　饮水槽后备牛"扎堆"

### 7.3.3.1　饮水空间评估

**（1）饮水长度**

舍内水槽要求能同时满足15%的奶牛饮水，其中牛饮水时每头需要60~70 cm饮水长度，在100头牛的牛群中，15头牛饮水的长度共需要900~1 050 cm，换算下来，每头牛平均需要9~10.5 cm饮水长度，因此一般推荐牛舍中平均饮水长度>10 cm/头。考虑到夏季饮水量增加和干奶牛、围产牛的腹围更大，接近于20 cm的饮水长度是值得参考的。

评估方法：测量牛舍内饮水总宽度。

推荐标准：饮水长度>10 cm/头。

**（2）饮水深度**

奶牛头部饮水时呈60°，深入水中2.5~5 cm，一般7 cm水深可满足奶牛饮水深度需求；考虑环保压力和清洗难度，国内大型牧业要求冬季水位保障在水槽深度的1/3以上，夏季水位保障在水槽深度的2/3。

**（3）水槽高度与宽度**

很多资料显示水槽的高度应该在70~80 cm，水槽液面最低离地面应≥60 cm，同时水位可以从液面离水槽上沿的距离考虑，夏季5 cm，冬季10 cm，充分保证水槽的蓄水量。水槽宽度应该在40~50 cm（图7-14）。水槽高度过低如图7-15所示。

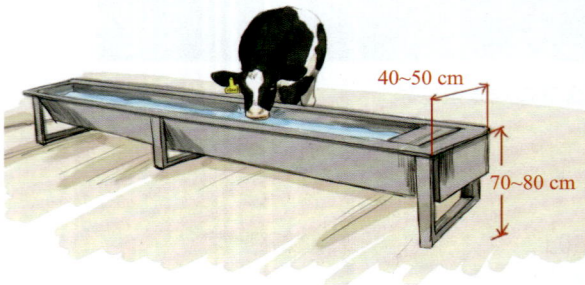

图7-14　水槽高度、宽度推荐（周鑫宇，2016）

图7-15　水槽高度过低

**（4）饮水点设置**

①散栏式饲养模式下牛舍内除了产房外，一般建议使用水槽。

②每20头配置一个水槽，考虑弱势牛饮水，建议一个牛舍最低配置2个水槽，均匀分布于牛舍，运动场也应配置2个水槽或饮水器。

③舍内两个水槽间距25~30 m，同时奶牛周边15 m范围内能找到采食位、饮水位和躺卧位。

④水槽周边应拥有4 m的活动空间，保证1头或多头牛饮水，2头"会牛"往来通行（图7-16）。

饮水点设置需额外注意以下几点：

①单侧水槽和双侧水槽的选择：按照水槽周边4 m的合理空间，双侧水槽之间的最小距离应≥5 m，而横向通道的宽度为6 m。考虑到双侧饮水槽的占据空间，通道实际可用宽度不足5 m。因此，在采食和饮水的高峰期，尤其是连接运动场的横向通道，极易出现拥堵的状态（图7-17），为了增加横向通道的通行效率，一般建议有条件的牧场使用单侧水槽（图7-18）。

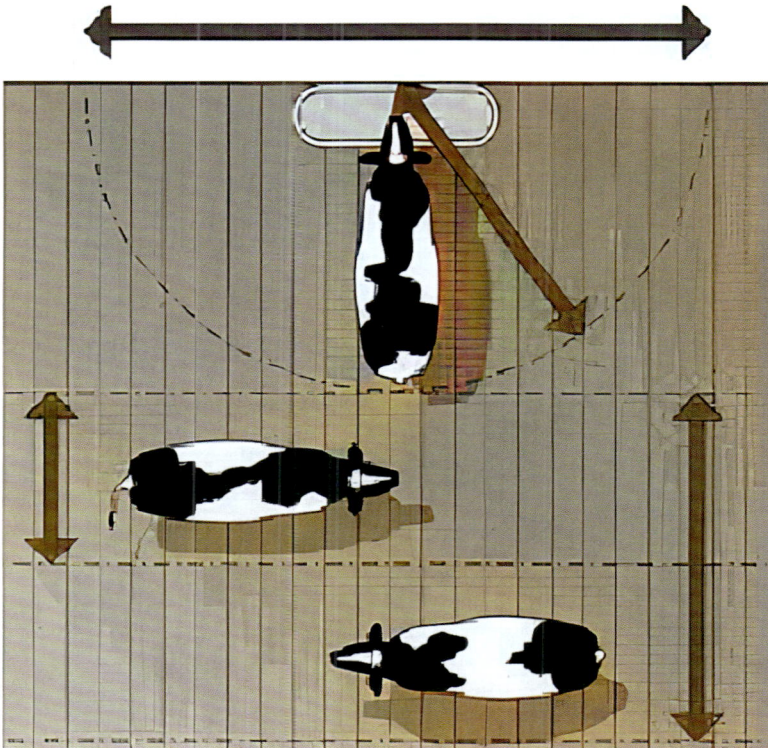

图7-16　水槽周边空间

图7-17　双侧水槽通道发生严重拥堵

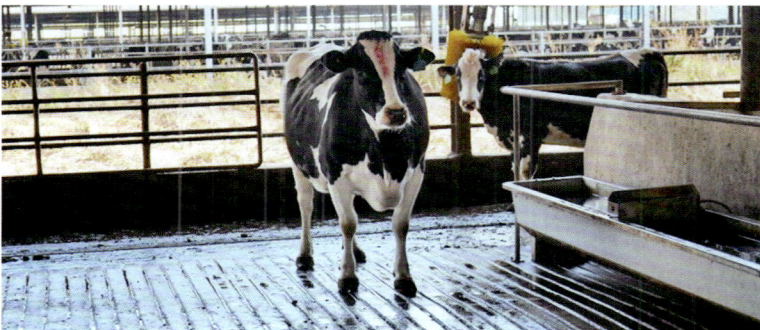

图7-18　单侧水槽提高了通行空间

②水槽与补饲槽（小苏打槽或盐槽）：补饲槽一般放在舍内某区两端的饮水平台上，舍（区）内的两端一般是单侧水槽，增加补饲槽等同于双侧水槽。对于东西向牛舍，东西两端饮水平台上的补饲槽是死角，而对应的采食位是优势区，所以此区域的通行效率也应重点考虑；对于靠近挤奶通道饮水平台增加补饲槽，会延缓通道内奶牛的通行速度，也会增加奶牛挤完奶回舍的难度，饮水平台功能区主要作用是饮水，其次是通行。

③水槽与牛体刷：一般牛体刷的位置与补饲槽放置处相同，水槽与牛体刷之间至少应保持5 m的距离（图7-19）。

④水槽与饲槽：水槽不能安装在饲槽处，也不宜与饲槽并行。如果无法避免并行，饲槽与水槽间的距离至少在5 m以上，否则在采食饮水高峰期会造成拥堵和竞争（图7-20）。

图7-19　牛体刷与水槽必须保证充足通行空间

（a）　　　　　　　　　　　　　　（b）

图7-20　平行水槽及拥堵的采食饮水区

（a）平行水槽；（b）采食饮水区

⑤挤奶通道上是否安装水槽：通道内的水槽如图7-21所示。安装水槽的优势：可缓解产奶前的人为应激；有效降低泌乳后产热引起的应激。安装水槽的劣势：占用通道空间，通道宽度减少；减慢奶牛上厅回舍的速度，赶牛应激增加；增加通道泥泞程度，蹄病和乳房炎风险增加；增加水槽与牛群碰撞的风险，外伤风险增加。

**图7-21　通道内的水槽**

### 7.3.3.2　饮水清洁度评估

奶牛的嗅觉灵敏，水中有异味或异物会减少奶牛的饮水欲望。水槽的卫生状况至关重要，清洁的饮水是保障奶牛高产、健康的前提条件。牧场应每日对水槽进行清理，保证水槽和饮水的卫生状况。

（1）水槽评分

评估方法：对各牛群水槽进行评分，建议对所有水槽或随机选取10个水槽进行评分，如图7-22所示。

推荐标准：避免3分水槽出现，1分水槽占比≥90%。

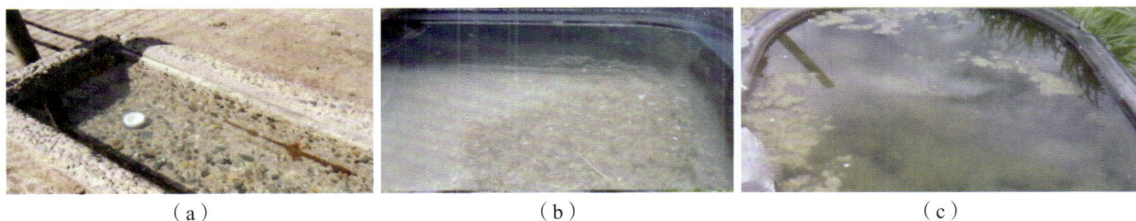

| （a） | （b） | （c） |

**图7-22　水槽评分**

（a）1分：水槽干净、清澈见底，无或只有很少的饲料残渣，无杂物；（b）2分：有少量漂浮物或池底有饲料残渣沉淀，水槽内侧或底部形成薄膜，水较为清澈；（c）3分：有漂浮物或池底有大量的饲料残渣或杂质沉淀，水槽内侧或底部有明显薄膜，水浑浊或水质发绿，水池发臭，伴有牛粪

（2）饮水质量

推荐标准：见表7-4所列。

目前，国内牧场多数采用地下水，硬度、溶解性固体和总大肠菌群（饮水槽/饮水桶）容易超标，需特别关注。

评估方法：根据地下水季节性变化规律，有必要每2~3月采集一次样本，送相关部门进行检测。

推荐标准：硬度≤1 500 mg/L，溶解性固体≤4 000 mg/L，相关有机物或总大肠菌群为犊牛<10 MPN/100 mL、母牛<100 MPN/100 mL。

### 7.3.3.3　其他

（1）水流速度评估

单个（碗式）饮水器出水速度20 L/min，水槽（非采食高峰）一般会有2~3头牛同时饮

表7-4　水质标准比较

| 指标 | 无公害食品畜禽饮用水水质（NY 5027—2008） | 生活饮用水卫生标准（GB 5749—2022） | NRC 2001 |
|---|---|---|---|
| 色度/° | ≤30 | ≤15 | — |
| 浑浊度/° | ≤20 | ≤1 | — |
| 臭和味 | 无异臭/异味 | 无异臭/异味 | — |
| 总硬度/（mg/L） | ≤1 500 | ≤450 | — |
| pH | 5.5~9.0 | 6.5~8.5 | 6.5~8.5（EPA，1997） |
| 溶解性总固体（TDS）/（mg/L） | ≤4 000 | ≤1 000 | <3 000（TSS） |
| 硫酸盐/（mg/L） | ≤500 | ≤250 | 成牛≤1 000 犊牛≤500 |
| 硝酸盐/（mg/L） | ≤10 | ≤10 | ≤10（1980） |
| 总大肠菌群/（MPN/100 mL） | 成牛≤100 犊牛≤10 | 不应检出 | 0 |
| 氟化物/（mg/L） | ≤2.0 | ≤1.0 | ≤2.0（EPA，1997） |
| 氯化物/（mg/L） | — | ≤250 | — |
| 镁/（mg/L） | — | — | ≤0.05 |
| 铁/（mg/L） | — | ≤0.3 | ≤0.3（EPA，1997） |
| 钠/（mg/L） | — | ≤200 | — |

注：EPA.美国国家环保局；TSS.水中总可溶性盐；TDS.又称总可溶固形物或溶解性固体。

水，根据水槽蓄水量和挤奶后饮水高峰期要调整出水速度，至少保证20 L/min。

评估方法：使用20 L塑料桶，打开水阀做引流，计算灌满时间或者在奶牛采食后1~2 h查看各水槽的剩余水量占比。

推荐标准：水桶灌满时间<1 min或存水量≥水槽的1/3。

（2）水温评估

水温过凉（<10℃）或过热（>25℃）都会减少奶牛饮水，夏季犊牛饮水桶（处）没有遮挡，温度很容易升高，加上日粮残渣或奶渍，水质变差，冬季犊牛需要添温水的同时，尽量保证3次以上供水的频次。

评估方法：牛舍两端和中段，选取4~6个饮水槽进行水温测定；夏季选取犊牛岛外围和内部5~9个区域，每区域进行连续3个点位测试，冬季确保加水温度达标和增加供水频次即可。

推荐标准：10~20℃的水最适宜奶牛饮用。北方冬季牛舍水槽不能结冻，水温应>10℃，夏季温度成母牛水温应<20℃；对于犊牛，环境温度<10℃时，加水温度10~20℃，极寒结冰天气加水温度30℃左右，夏季随机抽测时犊牛饮水温度不能高于遮阴条件下的环境温度，保证饮水清洁和4次以上供水频次。

注意：水槽放置冰块，可以有效降低水温，但是水温不易控制，水温接近0℃抑制饮水并减少牛群的饮水宽度。因此，是否添加冰块及添加量需结合实际温度决定。

### 7.3.4　休息与躺卧评估

躺卧是奶牛的第一需求，奶牛每天躺卧10~14 h，舍饲条件下使用足量的垫草和垫沙，加上良好卧床管理，可以达到14 h躺卧时间，正常状态下牛群里前10%高产奶牛比较容易达到这一目标，大部分奶牛躺卧时间在12 h左右；奶牛躺卧统计中，平均每天与卧床发生7.2次交互，共计13.6次起卧回合，每回合平均1.2 h（0.3~2.9 h）。

躺卧优点如下：

①增加乳房血液流通速度，每增加1 h躺卧时间奶产量提高1.6 kg/h。

②降低机体维持能量需要，提高反刍效率。

③增加蹄部干燥时间，改善肢蹄健康。

④显著提高舍内通行的自由度，增加群体尤其是弱势牛的通行效率和采食饮水自由度。

躺卧同样是集体行为，大多数奶牛通常在躺卧后站立、排便或排尿，然后换另外一侧躺卧；高阶（优势）奶牛一般会优先挑选舒适度较好的位置，如果双排卧床过短（不足5 m），高阶牛躺卧后形成斜卧，同阶奶牛因为体型过大，不易进入对侧和旁侧卧床，体型较小或低阶牛更不可能躺卧这些空位，最终减少舍内躺卧位，增加牛只之间的竞争，减少躺卧时间。

#### 7.3.4.1　躺卧率评估

**（1）卧床使用率（stall-use index，SUI）**

评估公式：卧床使用率=躺卧牛头数/（全群牛头数量-采食牛头数）×100%。

采食牛头数包括主动采食、饮水和采食槽0.6 m附近并且头朝向饲槽的牛头数，日常观察中变异系数较小的躺卧指标，也容易受到舍内热环境的影响。评估时间为挤奶回舍后1 h，推荐标准≥75%。

**（2）卧床舒适指数/奶牛舒适指数（stall comfort index，SCI/cow comfort index，CCI）**

评估公式：卧床舒适指数=躺卧牛头数/全群接触卧床牛头数×100%。

接触卧床牛头数包括躺卧牛头数和卧床站立牛头数（两蹄或四蹄在卧床上），日常观察与评估中变异系数变化最小，能直接反映卧床舒适程度，推荐标准≥85%。

有研究指出，早上挤奶回舍1 h后可评估躺卧相关指数的最大值，这也被视为反映卧床利用程度最大的最佳观察时间。但是对于大型牧业实际生产中，有时候很难在1 h内全部采食完，另外有时候受到热应激的影响，饮水喷淋处等待时间延长，因此需要结合多个评估参数和卧床垫料类型一起观察，将早上挤完奶回舍1~4 h作为观测时间时段，并且需要连续观察2~3次，估测躺卧高峰时段后进行评估，如沙床可能在1 h左右达到85%，而橡胶垫卧床可能需要4 h达到躺卧高峰，躺卧评估示意图如图7-23所示。

除以上参数之外，躺卧率评估中为了明确不同站姿，相关学者完善了下列参数。

**（3）卧床站立指数（stall standing index，SSI）**

评估公式：卧床站立指数=卧床上站立牛头数/全群接触卧床牛头数×100%。上述3个参数评估方式如图7-23所示。

$SSI=1-SCI/CCI$，$SSI$可反应奶牛跛行的情况，推荐标准<20%。

与$SUI$和$SCI/CCI$不同，$SSI$数据收集是在挤奶前1~2 h，研究表明奶牛每日站立时间>2 h与$SSI>20\%$相关。在早上或下午挤奶前2 h，若发现$SSI>20\%$，这表明需要对牛群跛行率和相关风险因素进行更彻底地调查，包括牛群蹄病、垫料情况和卧床设计等。

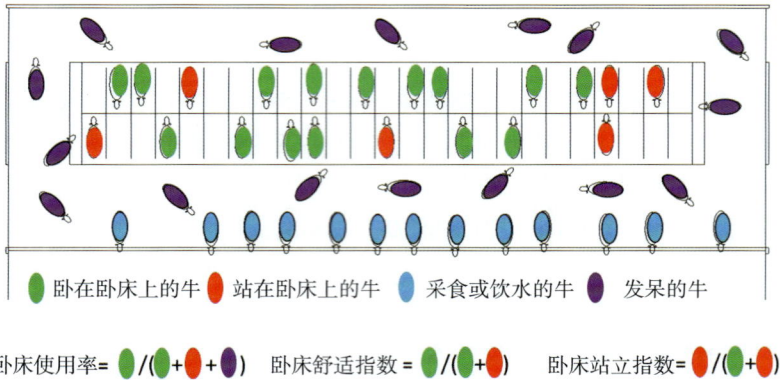

卧床使用率= 🟢/(🟢+🔴+🟣)　　卧床舒适指数= 🟢/(🟢+🔴)　　卧床站立指数= 🔴/(🟢+🔴)

**图7-23　躺卧评估示意图**

（4）卧床栖息指数/跨卧床站立指数（stall perching index，SPI）

评估公式：卧床栖息指数/跨卧床站立指数=卧床栖息站立牛头数/全群接触卧床牛头数×100%。

卧床栖息站立奶牛是指前蹄在卧床上和后蹄在通道上站立的奶牛，类似栖息树枝的鸟类，根据栖息站姿称这类奶牛为"台阶牛"，评估时不出现台阶牛最佳，若台阶牛过多，应关注该站立位的奶牛体格大小、颈轨位置、垫料厚度等。

"栖息"奶牛：前肢站立卧床，后肢站立通道（图7-24）。除了卧床尺寸相对不合理外，颈杆位置不当是主要原因，另外，后蹄出现蹄病后也会出现这种站立行为，由于奶牛重心后移增加后肢负重，还会加重后蹄病情；"栖息"动作一般持续数分钟或1 h以上，这种站立行为会导致蹄部清洁度变差，躺卧后也会持续降低乳房、后躯和尾部及卧床清洁度。

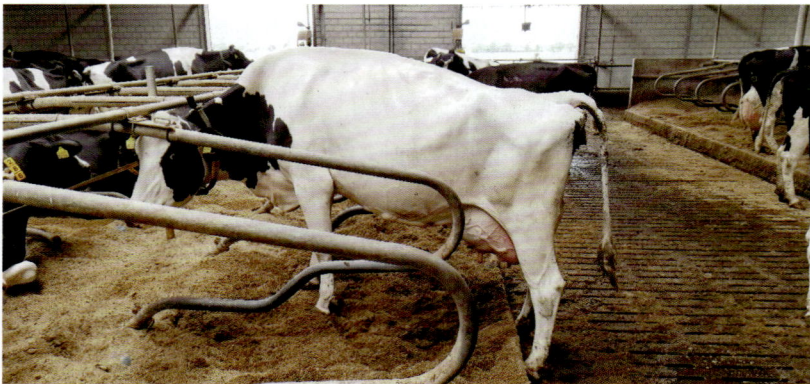

**图7-24　荷兰牧场"栖息"奶牛或台阶牛**

（5）躺卧与"忙碌"比例

奶牛每天活动中最重要的部分是躺卧，躺卧比例相关参数只能反映躺卧或卧床使用情况，还需参考挤奶和投喂时间。根据经验推荐，计算躺卧比例、采食比例（上槽率）、饮水比例和社交比例之和（≥85%），可综合反映非挤奶时间段舍内牛群"忙碌"的状态，而"呆站"（包括站立反刍）比例应在20%以下。

①站立比例过高：这是评估工作中最不希望看到的状况，除去卧床大小、尺寸等常规评估外，还需要考虑卧床或运动场日常维护、牛舍内外施工。投喂与清扫等人为影响，卧床附

近和舍内的温度、湿度、风速、光照（日晒）、异响等环境影响，以及牛群发情、转群、蚊蝇等动物影响。

②躺卧比例过高：这是评估工作中最希望看到的状况，不过评估者仍需要观察久卧不起、不反刍和嗜睡等非正常情况和比例，泌乳牛舍最好在挤奶前1~2 h进行再观察，其他牛舍可以在上料时进行复核和再观察，或者直接进舍观察。

（6）起卧耗时评估

奶牛起卧时，能听到牛只与卧床接触碰撞的声音或观察到行为困难（超过1 min），正常在30 s左右内奶牛可完成起卧动作。

### 7.3.4.2　起卧体尺与卧床评估

（1）起卧体尺评估

牧场奶牛一般有3种体尺，头胎、经产和干奶围产（特需奶牛），卧床或舒适度管理根据这3种体型进行优化，所以一定要根据本场牛群的实际情况进行测量来调整标准卧床。相关参数见表7-5和图7-25所示。

表7-5　荷斯坦奶牛体尺参数

| 体尺 | 数值/cm | 体尺 | 数值/cm |
|---|---|---|---|
| 鼻到尾 | 265（范围244~279） | 经产体高（后高） | 中位数152（范围147~163） |
| 卧姿身体着地长度 | 183（173~193） | 头胎体高（后高） | 中位数147，前25%为150 |
| 卧姿身体着地宽度 | 132（122~137） | 站姿蹄间距 | 152（范围147~163） |
| 前冲（趋）空间 | 61（58~65） | 体高（前高） | 152（范围147~163） |
| 站立跨步距离 | 46 | 体宽（十字部宽） | 66（范围61~69） |

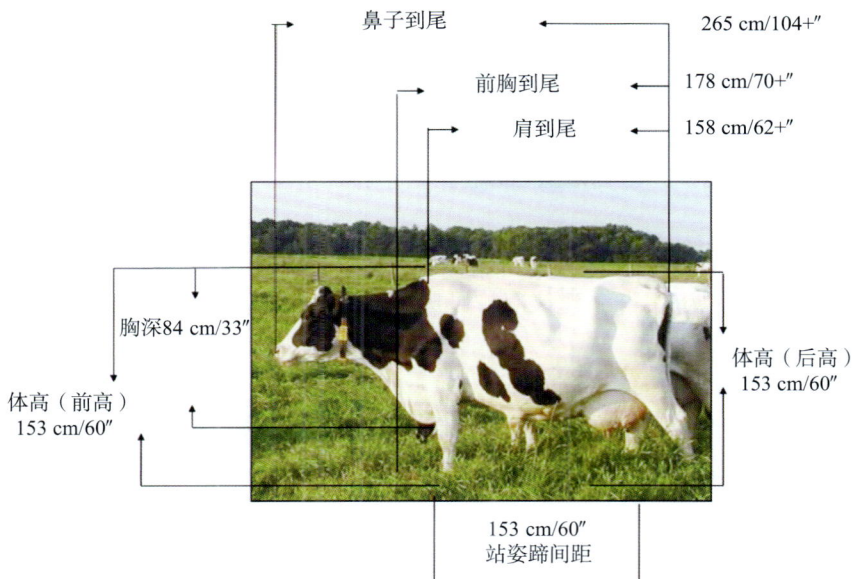

图7-25　站立奶牛参数

卧姿身体着地长度是指在奶牛窄位卧姿时，从前腿膝关节弯曲处到尾部的长度，也是奶牛躺卧时与卧床全接触长度，但在奶牛正常（长位）卧姿时该长度要更长。

卧姿身体着地宽度是指在奶牛窄位卧姿时，从稍高后腿飞节到对侧腹部最宽处的距离，也是奶牛躺卧休息时卧床最短宽度，如果奶牛处于宽位卧姿斜躺或者后腿伸展时，着地宽度也会增加。近年来为了改善奶牛舒适度，新建的卧床宽度都要比着地宽度大。

（2）卧床长度评估（详见第1章）

近年来奶牛体型不断增大，体重随之增加，如图7-26所示，高舒适度卧床适用于700 kg体重以上的奶牛。

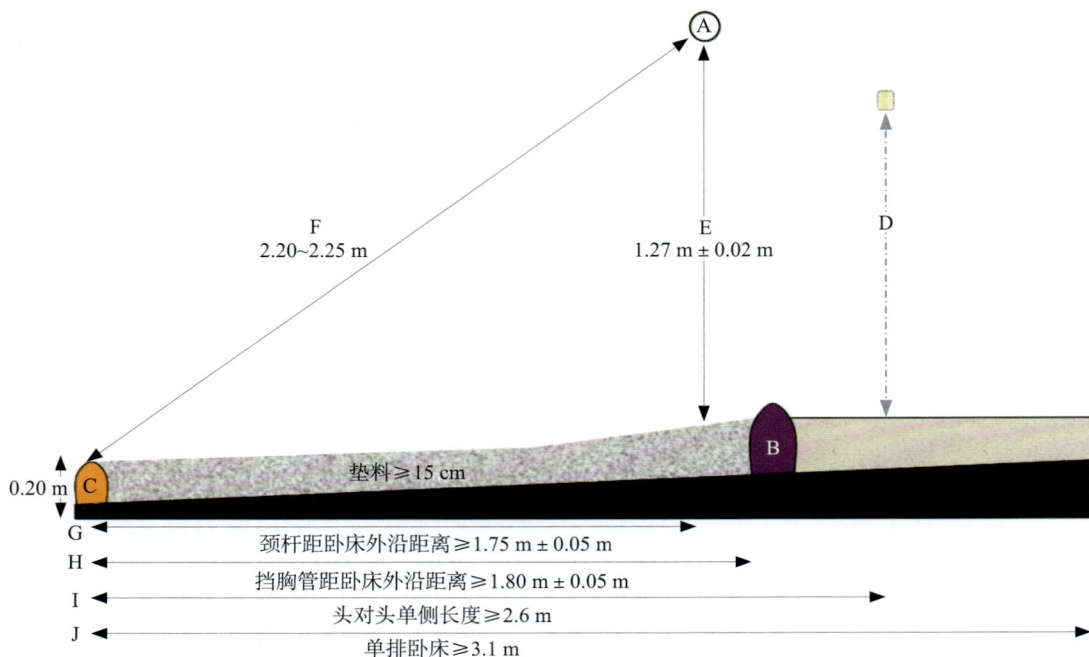

图7-26　奶牛卧床尺寸

评估方法：选取同一牛舍内，不同区域的双排或单排卧床各5个，用测量工具测量双排卧床外沿间的距离（图7-26I的2倍），或是测量单排卧床外沿至前端墙面或封闭空间的距离（图7-26J）。

推荐标准：6~9月龄后备牛双排卧床4.5 m；10~24月龄后备牛双排卧床5 m；成母牛双排卧床5 m；针对700 kg以上牛群，建议双排卧床5.2 m。成母牛单排卧床2.76 m，针对700 kg以上牛群，建议单排卧床3.1 m。

（3）卧床颈杆或颈轨评估

卧床颈杆或颈轨评估帮助奶牛在躺卧前调整位置，确保奶牛再次起卧时留出充足的前冲空间。一般选取牛群里体型较大的牛只进行颈杆测试：卧床直站、背线平直、四肢正常直立、颈部与颈杆柔和接触。颈杆的垂直高度在实际工作中主要受备存垫料的堆积影响较大，减少了相应的空间，国内牧场奶牛无法躺卧，绝大部分与此有关。

评估方法：选取同一牛舍内，不同区域的双排或单排卧床各5个，用测量工具测量颈杆至卧床表面的距离。

推荐标准：3~5月龄犊牛0.81 m左右，6~8月龄0.89 m左右，9~12月龄0.94 m左右，13~16月龄1.04 m左右，17~21月龄1.12 m左右，成母牛1.17~1.27 m。

（4）挡胸管或挡胸板评估

挡胸管或挡胸板评估主要界定奶牛身体着地长度（图7-26H），并防止躺卧时奶牛继续向前爬行，确保前冲空间。一般高于卧床表面10~15 cm，有助于奶牛躺卧时自由伸出前蹄和站立时做出最后一步踏步动作（图7-27）。

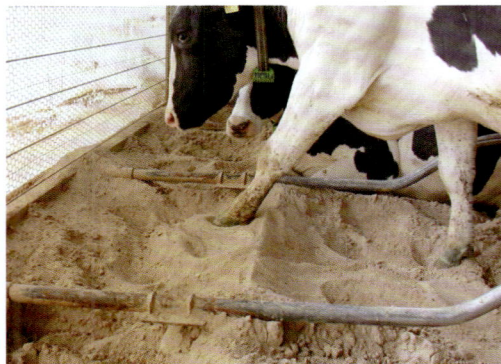

**图7-27　奶牛站立时最后的踏步动作**

（威斯康星大学）

评估方法：选取同一牛舍内，不同区域的双排或单排卧床各5个，用测量工具测量卧床外沿至挡胸管的距离。

推荐标准：3~5月龄犊牛1.07 m左右；6~8月龄1.17 m左右；9~12月龄1.27 m左右；13~16月龄1.37 m左右；17~21月龄1.45 m左右；成母牛1.78 m左右，推荐在1.75~1.85 m。

（5）卧床末端坎墙评估

卧床末端坎墙评估主要作用是分隔通道中粪便，所以一般高出通道20 cm、宽15~20 cm，这也保证奶牛能够自如上下卧床，深坑卧床内测可做成斜面或磨圆样式，如果铺设橡胶垫，坎墙与胶垫高出通道不能超过30 cm。

评估方法：选取同一牛舍内，不同区域的双排或单排卧床各5个，用测量工具测量卧床坎墙外沿至内沿的距离。

推荐标准：高约20 cm、宽15~20 cm。

（6）双排卧床头杆位置和其他防钻装置高度评估

离挡胸管的水平距离包括奶牛卧末头部空间和部分前冲空间，部分牧场会在立柱离地100 cm左右的高度上加装防钻杆或防钻带，但仍存在卡牛的风险。

评估方法：选取同一牛舍内，不同区域的双排或单排卧床各5个，用测量工具测量中央立柱挡杆至卧床表面的距离。

推荐标准：底杆<15 cm，防钻杆>100 cm。评估经产牛舍时如双排卧床长度<5 m，建议去掉底杆和防钻杆，减少奶牛前驱和头部空间的阻碍。

（7）卧床斜长评估

评估方法：选取同一牛舍内，不同区域的双排或单排卧床各5个，用测量工具测量颈杆至卧床外沿的距离。

推荐标准：体重700 kg以上的奶牛为220~225 cm，体重650 kg的奶牛为210~215 cm。

（8）颈杆（颈轨）到卧床阴影离卧床外沿的水平距离（图7-26 G）

如图7-26所示，G一般比H要少5 cm，部分资料显示G与H可以等长。

（9）风险因子评估

评估方法：评估牛舍所有卧床及周围是否存在不利于奶牛的外界风险因子（图7-28）或障碍物。

推荐标准：无风险因子存在。

**图7-28　舍内存在的风险因子**

（10）卧床垫料评估

卧床垫料的使用和管理直接影响卧床舒适度。常见的垫料为垫草、稻壳、锯末、细沙、干粪等。

①厚度评估：

评估方法：随机选取一个卧床3个点（前、中、后端），测量垫料表面与卧床最深处的距离即垫料厚度。

推荐标准：轻质垫料，垫草、稻壳或锯末等厚度≥20 cm；重质垫料，石粉或垫沙≥15 cm。

②干燥度评估：

评估方法：随机选取5个卧床，每个卧床采用9点采样方法采集卧床垫料，并送检测定水分含量。也可根据跪膝测试感官评定卧床的干燥程度。

推荐标准：干物质≥55%。

（11）卧床宽度和躺卧姿势评估

卧床的宽度也决定奶牛能否呈自然姿势躺卧。一般都是奶牛十字部宽的双倍，即卧姿身体着地宽度122~138 cm，干奶期、围产期或者群体中大体型牛只着地宽度要增加8~10 cm，而国内泌乳牛卧床宽度比较固定为120 cm（6.5 m卧床），建议牧场至少在围产期使用通铺躺卧（>11 m²/头），或"五卧栏改四卧栏"，卧床牢固度差、维护成本高和卧床配件不兼容是目前限制"四卧床"使用的主要原因。另外，青年干奶和青年围产目前不建议"五卧栏改四卧栏"，有助于加深这一阶段奶牛对标准卧床的熟悉程度。

如果双排头对头卧床过短（<5.0 m），即便改善了躺卧宽度，如图7-29所示，也会出现本侧奶牛斜卧或对侧直卧（空床），只有充分改进卧床长度（5.0~5.5 m）和保证双侧奶牛的前冲空间（90~120 cm/头），才能使大部分牛只呈双侧直卧状态。

奶牛常见的躺卧姿势如图7-30所示，有以下几种：

①长位卧姿：头部伸展向前。

②短位卧姿：头部向后贴身休息，这是奶牛睡眠的主要方式。

③窄位卧姿：身体胸部大部分着地，颈部微微弯曲，后腿贴近身体，前腿伸展或不伸展。

④宽位卧姿：身体一侧大部分着地，后腿伸展。

⑤侧位卧姿：少见的卧姿，身体一侧完全着地，头部四肢完全伸展，放松休息时易出现。

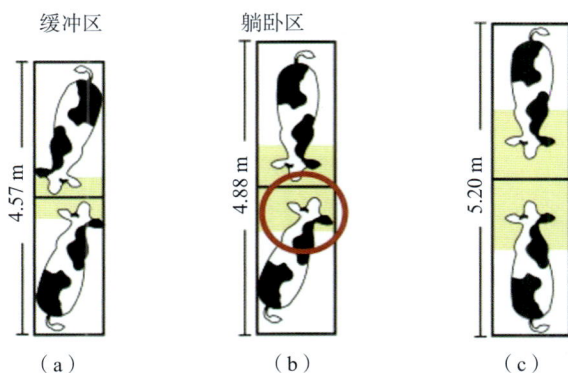

**图7-29　不同尺寸卧床对奶牛躺卧姿势的影响**

（a）卧床过短导致两侧奶牛斜卧；（b）卧床过短导致单侧奶牛斜卧；（c）成母牛适宜的卧床长度

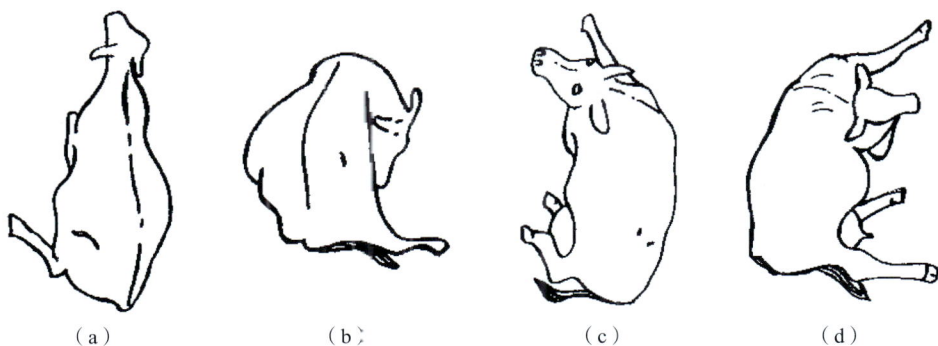

**图7-30　奶牛常见的躺卧姿势**（C. Rietveld）

（a）长位卧姿；（b）短位卧姿；（c）窄位卧姿；（d）宽位卧姿；（e）侧位卧姿

奶牛常见的异常姿势如图7-31所示，有以下几种：

①倒站/倒卧：卧床上反向站立/躺卧。增加卧床清扫难度；多见于头胎牛、小个牛和青年牛，主要原因是从通铺管理转到卧床管理，小型个体不适应偏大的卧床造成的。

②斜站/斜卧：斜向（对角线）动作能争取最大四肢站立空间和前冲空间，斜身的奶牛传递了明确的信息——请清除卧床前端的障碍物或者卧床尺寸偏小。

③犬坐：奶牛后躯着地，前肢支撑。主要原因是卧床设计不合理，如卧床前端有障碍物

影响起卧，着重评估挡胸板和颈杆高度以及观察奶牛起卧是否困难，触碰卧床引起疼痛或害怕；其次评估前肢是否有伤口或肿胀，导致奶牛不愿弯曲前肢；另外，注意该动作与蛙卧姿态的区别。

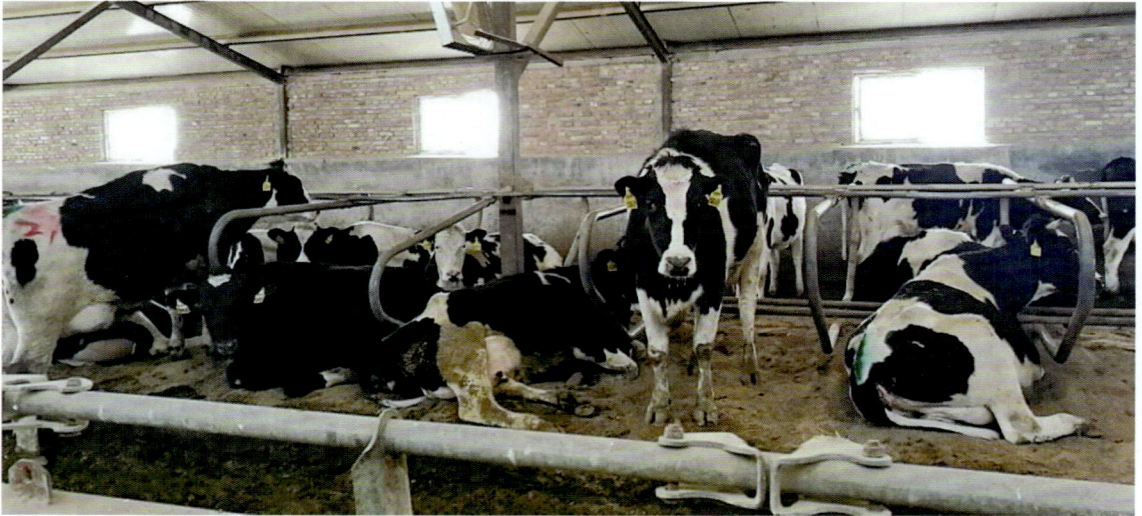

**图7-31　从左至右分别为栖息（左一）、倒卧（左二）、斜卧（左三）、倒站（左四）等异常行为**

**图7-32　卧床上的粪便**

评估方法：随机选取舍端和中段三段卧床上的奶牛，对其躺卧姿势进行评估。

推荐标准：≤10%出现斜卧，不应出现其他异常行为牛只。

**（12）卧床粪便污染评估**

不合理的卧床设计会使牛粪出现在卧床内，增加奶牛感染乳房炎的风险（图7-32）。落粪位置集中在卧床末端（坎墙）的中部或后面通道上，属于正常排粪；粪便出现在隔栏附近的比例高，表明奶牛斜卧/斜站的可能性大，那么需要依次评估颈轨高度、胸挡位置、前冲空间和上摆空间的障碍物，以及卧床长度和宽度等因素。

评估方法：对牛舍/区域内卧床上留有粪便的卧床数量进行计数，除以牛舍/区域内总卧床数量。粪便在卧床坎墙上不计数。

推荐标准：≤10%以上的卧床留有粪便。

### 7.3.4.3　跪膝测试

奶牛起卧过程中，前腿膝关节起着重要的作用。如果卧床不舒适，会对前腿膝关节造成很大的疼痛和伤害，久而久之，磨损严重，形成大包。跪膝测试可以反映卧床的软硬程度和舒适度。

评估方法：测试者随机选择卧床，首先笔直站在卧床上，随后身体稍微前倾，呈自由落体下跪，并跪于卧床10 s后起身，连续测试约5次，落膝测试应该包括卧床前、中、后端的评估（图7-33）。测试者通过感受自己膝盖是否疼痛，以此来判定奶牛卧床的舒适度。测试者膝盖上浸湿或垫料大面积附着在膝盖周边，可初步认定垫料水分过高。

推荐标准：无痛感、干燥。

### 7.3.4.4　躺卧测试

卧床是否舒适影响着奶牛的躺卧时间和生产水平。如果卧床不舒适，奶牛宁愿站立。躺卧测试可以反映卧床的舒适度，如软硬是否合适、垫料是否充足等。

评估方法：测试者随机选择3~5个卧床，自由躺卧在卧床内，持续10 s后起身。感受卧床是否舒适，同时可对光照强度进行评定，无须额外光源可清晰看到报纸上的文字则表明光照充足。

推荐标准：无痛感、卧床干燥、光照充足。

### 7.3.4.5　手臂摩擦测试

评估方法：测试者手背在卧床表面左右摩擦，以确保没有擦伤或割伤。

推荐标准：无痛感、无擦伤。

### 7.3.4.6　飞节评分

正常、健康的飞节没有皮肤损伤和肿胀。理想情况下，该区域的毛是光滑的。飞节健康状况是衡量畜栏垫料耐磨性和奶牛舒适度的重要指标。损伤通常是长期暴露在不舒适、粗糙的垫料表面的结果。皮肤破损会增加感染的风险，这可能导致飞节肿胀，甚至跛行。飞节评分可以帮助检查卧床管理的水平和质量。如图7-34和图7-35所示中所指跗关节（飞节）处进行评价。

评分方法：选择某一牛舍或群体至少20头牛对后肢飞节处评分。计算群体内不同评分的占比。每月监测，以评估卧床和垫料管理的变化。

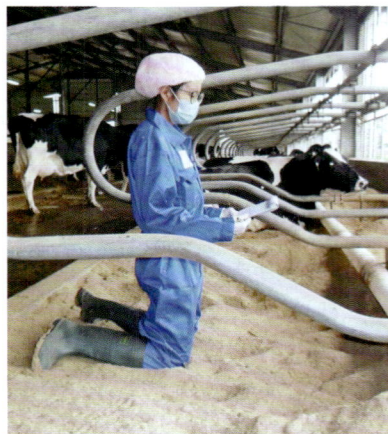

图7-33　跪膝测试

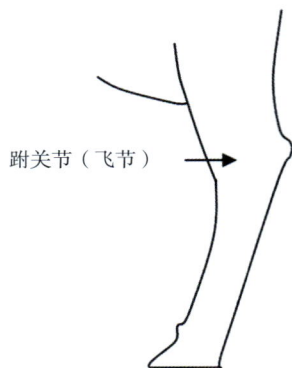

图7-34　飞节评分部位

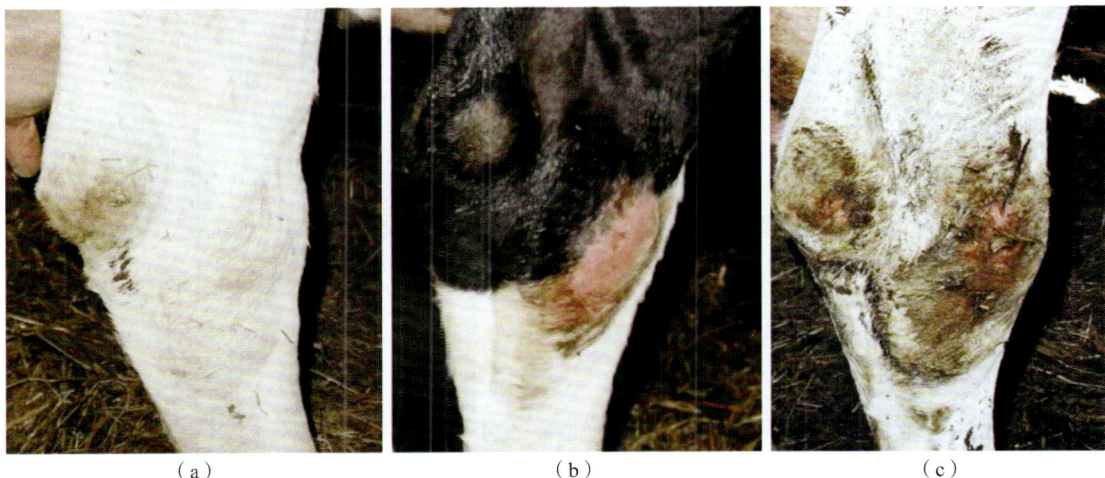

|(a)|(b)|(c)|

图7-35　飞节评分（康奈尔大学飞节评分标准）

（a）1分：无肿胀，无毛发脱落；（b）2分：无肿胀，有毛发脱落；（c）3分：肿胀明显或有损伤推荐标准：1分的占比>95%，2分的占比<5%，无3分发生。

其他伤口和肿块观察也是非常必要的，奶牛身上是否存在伤口和肿块与舒适度相关，观察和统计头部、颈部、垂皮、背部、肢蹄，尤其是后肢和飞节等与卧床常接触部位的破损分布和群体比例≤10%。

### 7.3.4.7 卫生评分

卫生评分系统可以量化牧场的卫生状况，并作为监测工具评估牧场卫生管理方面的情况。

评分方法：

①在小群体中（<100头）对所有奶牛进行卫生评分，在大群中（>100头）选择至少25%的牛只进行卫生评分。

②按照威斯康星大学牛体清洁度评分标准分别对后肢蹄、乳房、后躯3个区域进行评分。

a. 后肢蹄卫生评分（图7-36）是依据蹄冠上方粪便数量和延伸至腿部的距离评分。

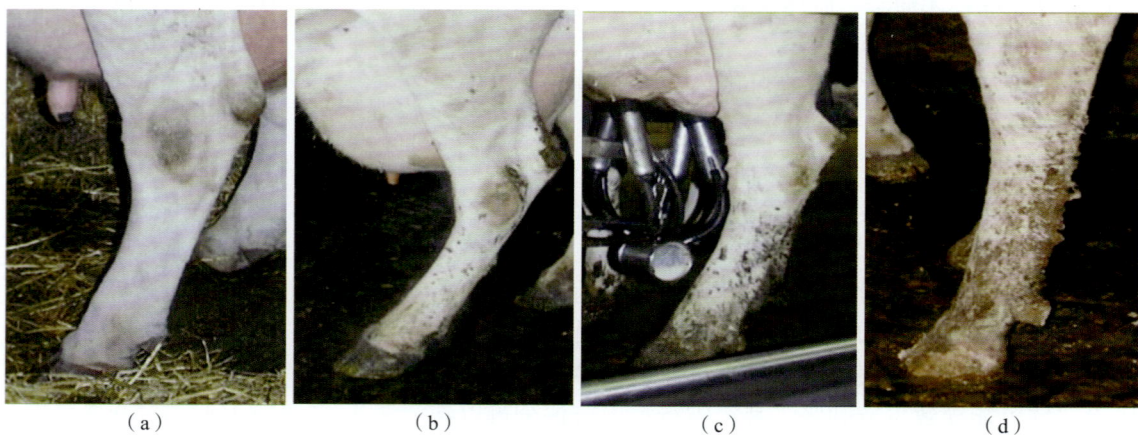

（a）　　　　　　　　（b）　　　　　　　　（c）　　　　　　　　（d）

**图7-36　后肢蹄卫生评分**

（a）1分：在蹄冠上方很少或没有粪便；（b）2分：在蹄冠上方有飞溅的粪便斑点；（c）3分：在蹄冠上方有明显的粪便斑块，但仍可看到腿毛；（d）4分：大量粪便在小腿上黏结，延伸至高处

b. 乳房卫生评分（图7-37和图7-38）是对乳房后方或乳房侧面进行评分，乳头附近可见的粪便是乳房感染的危险因素。乳房粪便可能源自肮脏的卧床表面或是污染的肢蹄。

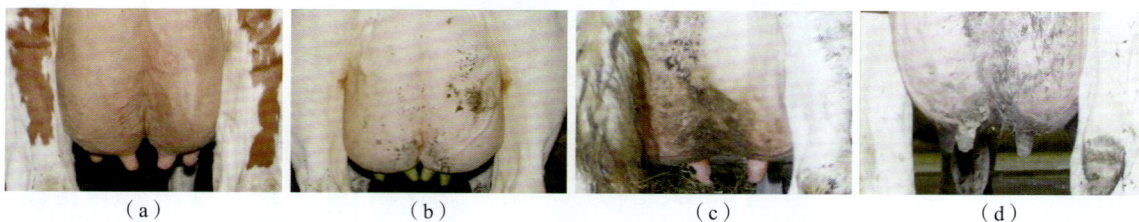

（a）　　　　　　　　（b）　　　　　　　　（c）　　　　　　　　（d）

**图7-37　乳房卫生后视评分**

（a）1分：没有粪便；（b）2分：乳房表面有轻微飞溅的粪便；（c）3分：乳房下半部分有明显的粪斑；（d）4分：乳头上和周围附着粪斑

c. 后躯卫生评分（图7-39）是针对后肢上半部分和腰部的评分。这一区域可能由于躺在一个肮脏的表面而被污染，或者由于被粪便包裹的尾巴在臀部附近摆动而造成污染。

上述三项评分均为4分制，3分和4分表示卫生水平差，是不可接受的，计算3分和4分在每个得分区域的比例。

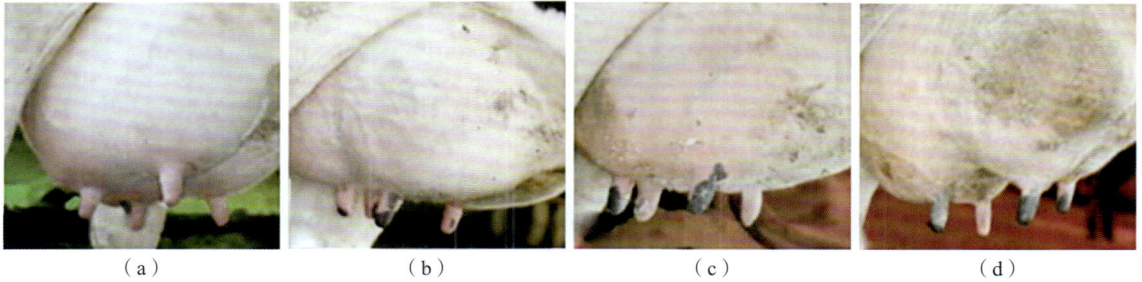

**图7-38　乳房卫生侧视评分**

（a）1分：乳房表面干净，无污染物；（b）2分：乳房表面有轻微飞溅的粪便；（c）3分：乳房下半部分有明显的粪便斑块；（d）4分：粪便汇集的斑块在乳头表面和周围

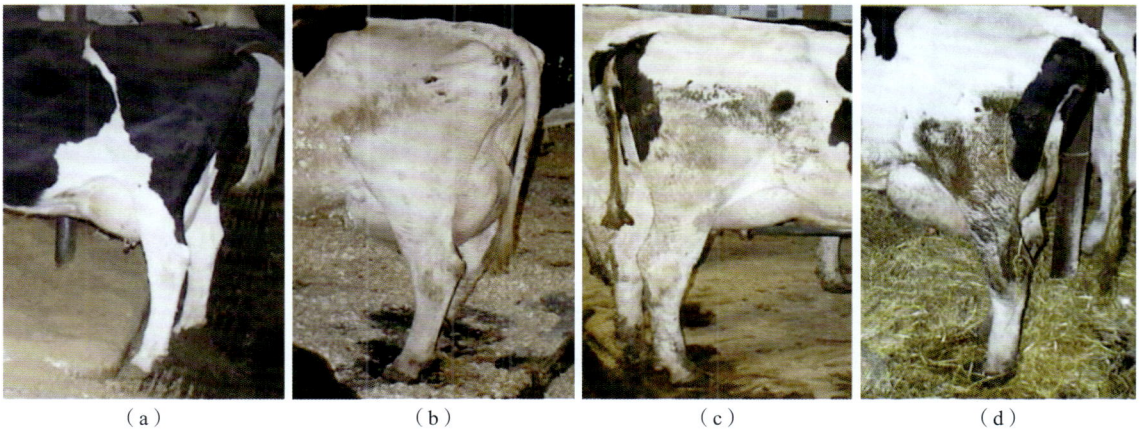

**图7-39　后躯卫生评分**

（a）1分：没有粪便；（b）2分：有轻微飞溅的粪便；（c）3分：有明显粪斑但仍可看到腿毛；（d）4分：大量粪斑

推荐标准：见表7-6所列。

**表7-6　卫生评分推荐标准**

| 牛舍类型 | 3分和4分占比/% | | |
| --- | --- | --- | --- |
| | 后肢蹄评分 | 乳房评分 | 后躯评分 |
| 散栏牛舍 | <24 | <5 | <6 |
| 栓系牛舍 | <9 | 0 | <5 |

结合国内规模牧场实际，推荐规模化奶牛场后肢蹄评分3分和4分牛只占比<15%，乳房评分3分和4分牛只占比<10%，后躯评分3分和4分牛只占比<5%。

## 7.3.5　行走与应激评估

### 7.3.5.1　奶牛行走的特点

#### （1）行走步距

奶牛行走有特定规律，后蹄一般会踏入前蹄留下印迹附近（后蹄点前窝），如果差异变大，步距缩小，说明地面湿滑或者肢蹄存在问题。

（2）行走速度

正常状态下奶牛行走速度为2~3 km/h，成人步行速度为4~6 km/h，赶牛时需要掌握奶牛行走节奏，尽量与奶牛行走速度保持一致。

（3）行走姿态

奶牛一般低头行走，离地高度为1 m左右。如出现过低情况，一般是在进入灯光昏暗处或阴影处之前、坡度过大（>5%）、涉水或地面湿滑，另外，肢蹄疾病也会引起奶牛头部过低；如出现抬头情况，则是赶牛速度过快，牛群出现拥堵后施加更大应激导致的，如图7-40、图7-41所示。

图7-40　待挤区的抬头牛　　　　　　　　　图7-41　畜舍中的抬头牛

（4）行走应激评估

根据牛群行进中的表现可将应激严重程度分为以下3个级别。

Ⅰ级应激：牛群表现为减速，开始出现拥堵。

Ⅱ级应激：部分奶牛抬头，开始出现打滑、争抢和避让行为或加速行走。

Ⅲ级应激：可听到较多打滑的声音，部分牛群开始排粪（排尿）。

评估方法：连续2 d早、中、晚三次跟随牛群上（下）厅，在挤奶通道上记录反复出现拥堵点和粪量集中区域。

推荐标准：不应或减少出现Ⅲ级行走应激。

## 7.3.5.2　正确的赶牛

具体方式可参考第6章"无应激赶牛"，可以根据牛群行走应激评估结果，优化赶牛速度、方式和相关硬件设施，赶牛基本原则是保持牛群相对安全，同时保障人员、奶牛和设备的安全。尽量避免赶牛器和人为刺激造成的应激。待挤区员工应熟练掌握正确的赶牛技巧，避免使用工具和声音赶牛。

赶牛注意事项：

①岁数过小或过大（60周岁以上）、身体有疾病或残疾的人员不宜赶牛。

②赶牛工作需要在上岗前进行专业和安全培训。

③现场培训和新员工赶牛时必须有富有经验的员工陪同。

④产犊高峰时段、长时间高强度或节假日工作时，应优化相关人员工作时间，合理调配工作强度，如产房双班制改成三班制或加派人手。

⑤需要额外注意刚分娩、发情和霸道的奶牛，更加温柔地对待育成牛、头胎牛、单独或掉队的奶牛和进入新环境的奶牛，如刚刚转群、转场、在产房或（小）奶厅的牛只。

⑥注意赶牛器的合理使用。赶牛器实际上是分隔器，待挤区工人应熟练掌握正确的赶牛技巧，避免过度使用赶牛器（图7-42），不能用声音和电击赶牛；赶牛器至少与牛群保持1~2 m距离。

**图7-42　赶牛器过度挤压牛群**

### 7.3.5.3　牧场常见拥堵交通点

奶牛会有群体性排粪和排尿的习惯，要识别出粪尿集中的区域，寻找规律。同时，要关注奶牛举尾和夹尾现象，所以在挤奶前、挤奶中和挤奶后的流程中寻找奶牛拥堵点和排粪（尿）集中的区域是判断应激源的核心。及时观察或标记好牛群行进中的拥堵处，寻找规律性拥堵点，比较常见拥堵点如下。

①直角弯或180°转弯：90°的直角弯在奶牛视野中展现的是前方不通（死胡同），牛群到直角弯处开始进行身体急转，此时转弯半径不够，造成牛群在行进过程中应激增加、直角弯处牛群聚集严重和通行效率下降，弧形弯道和较宽的通道设置有助于缓解这种拥堵情况；另外，180°转弯可以定义为两个连续的90°直角弯，拥堵情况会更严重。

②上下坡或上下台阶：奶牛可以适应5%左右的上下坡和3%左右的斜坡，奶牛的重心靠前，通过调节头部高低相对容易在前行或上坡时行走，而下坡时重心调节能力受限只能靠后躯蜷缩或肢蹄外叉及低头降速控制（图7-43），所以奶牛不喜欢向下走，尤其表现在转置卸牛的时候。

**图7-43　下行坡度过大奶牛很难调节重心开始打滑**

③存在阴影暗区、明暗交替、灯光闪烁或频闪强烈的光照条件。

④空气混浊，奶牛趋外性增加（图7-44）。

⑤地面湿滑、破损、涉水或粪污较多（图7-45）。

⑥不合理的蹄浴池和过高的蹄浴液浓度。

⑦待挤区充足的空间，待挤区面积推荐大于1.5 $m^2$/头，达到1.9 $m^2$/头最佳。

图7-44 奶牛需要新鲜空气

图7-45 潮湿、粪污较多的地面

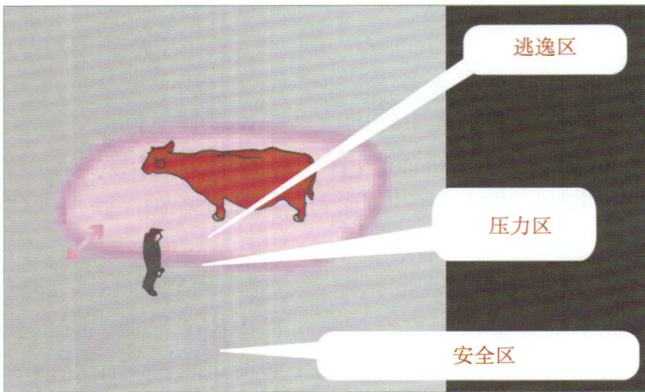

图7-46 奶牛周边区域划分

#### 7.3.5.4 逃逸测试

我们一般会使用逃逸测试判断奶牛与人亲近的程度。在奶牛周边分为3个不同区域：逃逸区、压力区和安全区，如图7-46所示。人或其他动物处于安全区，奶牛没有离开的迹象，会用眼睛和耳朵关注对方；处于压力区，奶牛开始低头，这是即将离开的前兆；处于逃逸区，头部开始转向，寻找其他空间离开。这些区域大小与牛群的年龄大小和生产阶段、工作人员经验和态度、饲养密度和管理流程，甚至接近奶牛的测试方向皆有关联。成母牛和犊牛对曾经粗暴对待它们的牧场人员会有深刻记忆，通过同一群奶牛的逃逸测试（压力圈大小）可以检验不同赶牛工、挤奶班组或其他岗位人员的工作习惯和效率。

评估方法：进行逃逸距离测试时，单手伸出，并与身体呈30°～45°夹角，模拟"高阶"奶牛姿势，向评测奶牛肩侧移动，保持速度0.5～0.8 m/s，即每秒一步的速度，当评估人员行径至奶牛开始低头（压力区），此时距离为逃逸距离。切勿直接面对奶牛或处于盲区视野。随机抽测5～10头成母牛（牛群占比10%），测逃逸距离<2 m，表明牛群处于正常状态；如果能接触到奶牛，表明牛群非常安静，社群应激很小。

推荐标准：逃逸距离<2 m。

#### 7.3.5.5 步态评分

步态评分可用于评估奶牛个体和整个群体的肢蹄健康状态，主要针对奶牛站立和行走时背部的姿态进行评分，评分为1～5分制，1分为最小变化单位。1分表示这头牛步态情况好，采食量和产奶量不受影响；2分表示这头牛步态略有异常，需要继续关注，采食量下降1%，产奶量不受影响；3分表示这头牛中度跛行，采食量下降3%，产奶量下降5%，当天就需要对这头牛采取有效处理或治疗；4分表示这头牛跛行较为严重，采食量下降7%，产奶量下降17%，属于病牛，应给予充分的治疗和关注；5分表示这头牛患有严重肢蹄病，采食量下降16%，产奶量下降36%，需要密切地关注并及时治疗。

　　评估方法：按照步态评分表，记录牛群步态得分，在挤奶通道中观察整个牛舍牛只，统计3分、4分的头数和占比。

　　推荐标准：1分和2分牛占比≥95%。

### 7.3.5.6　蹄部评分

　　牛蹄问题会给奶牛带来巨大的疼痛，并将直接影响采食和生产。健康的牛蹄如图7-47所示。早期发现症状很重要，Hulsen（2011）提出了一种3分制的牛蹄评分系统，将同时发生的各种牛蹄症状纳入其中。图7-48为腐蹄病、蹄皮炎和蹄叶炎的评分示意图。

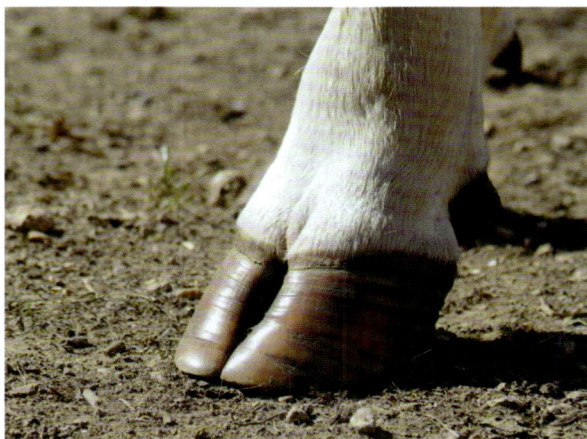

图7-47　健康的牛蹄

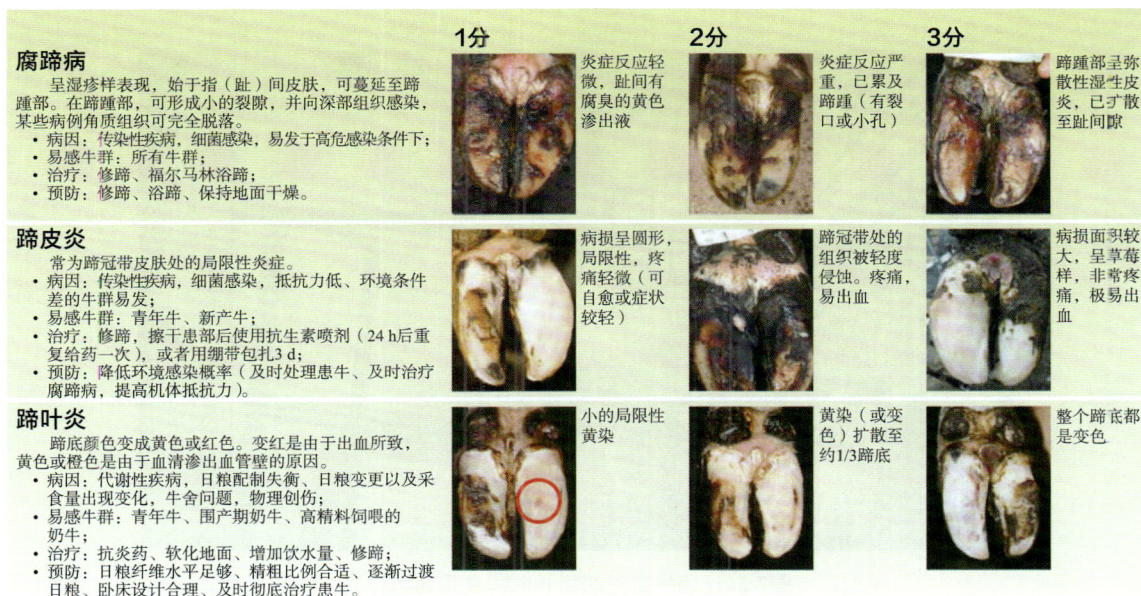

**腐蹄病**
呈湿疹样表现，始于指（趾）间皮肤，可蔓延至蹄踵部。在蹄踵部，可形成小的裂隙，并向深部组织感染，某些病例角质组织可完全脱落。
- 病因：传染性疾病，细菌感染，易发于高危感染条件下；
- 易感牛群：所有牛群；
- 治疗：修蹄、福尔马林浴蹄；
- 预防：修蹄、浴蹄、保持地面干燥。

1分：炎症反应轻微，趾间有腐臭的黄色渗出液
2分：炎症反应严重，已累及蹄踵（有裂口或小孔）
3分：蹄踵部呈弥散性湿生皮炎，已扩散至趾间隙

**蹄皮炎**
常为蹄冠带皮肤处的局限性炎症。
- 病因：传染性疾病，细菌感染，抵抗力低、环境条件差的牛群易发；
- 易感牛群：青年牛、新产牛；
- 治疗：修蹄、擦干患部后使用抗生素喷剂（24 h后重复给药一次），或者用绷带包扎3 d；
- 预防：降低环境感染概率（及时处理患牛、及时治疗腐蹄病，提高机体抵抗力）。

1分：病损呈圆形，局限性，疼痛轻微（可自愈或症状较轻）
2分：蹄冠带处的组织被轻度侵蚀。疼痛，易出血
3分：病损面积较大，呈草莓样，非常疼痛，极易出血

**蹄叶炎**
蹄底颜色变成黄色或红色。变红是由于出血所致，黄色或橙色是由于血清渗出血管壁的原因。
- 病因：代谢性疾病，日粮配制失衡、日粮变更以及采食量出现变化，牛舍问题，物理创伤；
- 易感牛群：青年牛、围产期奶牛、高精料饲喂的奶牛；
- 治疗：抗炎药、软化地面、增加饮水量、修蹄；
- 预防：日粮纤维水平足够，精粗比例合适，逐渐过渡日粮、卧床设计合理、及时彻底治疗患牛。

1分：小的局限性黄染
2分：黄染（或变色）扩散至约1/3蹄底
3分：整个蹄底都是变色

图7-48　腐蹄病、蹄皮炎和蹄叶炎的评分示意图

## 7.3.6　空气评估

　　新鲜的空气是满足奶牛舒适度的关键，有效的空气质量管理可以避免奶牛感染呼吸道疾病和其他疾病。奶牛对新鲜空气有很明显的趋向性，通过观察牛群分布度，如果看到奶牛频繁出现长时间滞留或聚集（扎堆）在空气流通好的地方（如在牛舍两端，停留侧墙通风处，图7-49）和长时间躺卧在运动场，都有可能是舍内空气质量差导致的。

　　另外，在牧场的挤奶通道、待挤区和奶厅（图7-50）也容易发生奶牛驻足或扎堆外趋现象。

### 7.3.6.1　通风管理评估

#### （1）犊牛通风管理评估

　　①贼风评估：评估犊牛舍空气质量，应该考虑犊牛高度，由于犊牛躺卧时间比成母牛更

**图7-49　长时间聚集在通风口**

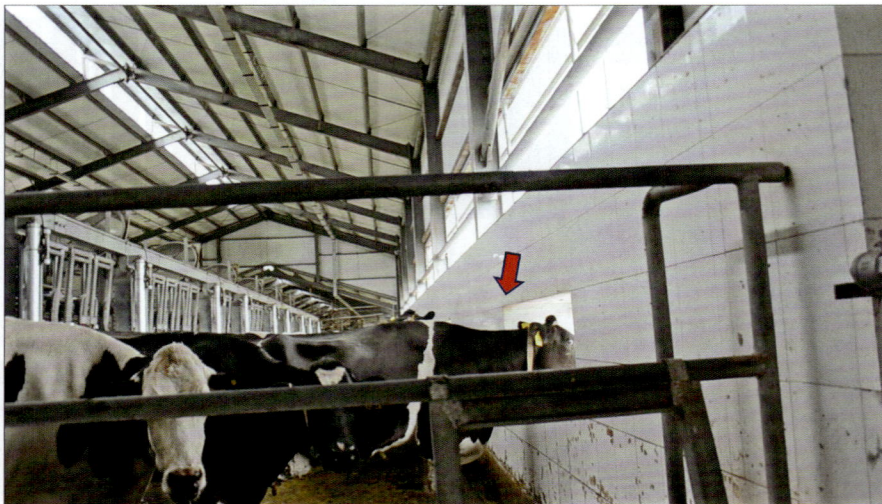

**图7-50　奶牛挤完奶后长时间驻足通风口**

长，所以躺卧高度空气评估更有参考价值，如选取躺卧区域离地30 cm高度左右进行风速和有害气体的测量。另外，风速仪可选用较为灵敏的热敏风速仪评估贼风。

　　评估方法：随机选取舍内周边和内部5个区域，或岛内躺卧区域离地30 cm高度左右8~10个点位进行风速测定。

　　推荐标准：风速≤0.3 m/s。

　　②犊牛舍换气效率评估：需要参照夏季40次/h，冬季4~6次/h通风换气标准执行，可以做相关的烟雾试验进行舍内烟雾排尽计时和走向观察。

　　评估方法：使用专业无毒害性烟雾，充满牛舍后开始计时，直至烟雾肉眼不可见结束计时。

　　推荐标准：冬季10~15 min，夏季1~2 min。

　　（2）成母牛通风管理评估

　　目前，评估区域除了重视采食区降温效果外，还应该重视躺卧区的风速，在相同的外界条件下，奶牛站立时对外散热，体温每小时降低0.25℃；躺卧时身体蓄热，体温每小时升高0.5℃，奶牛躺卧容易产生热应激行为，如呼吸频次升高，后躯躺卧区的温度对牛只影响更大。

进行风速评估时，要从奶牛不同的高度进行测量，整体考虑通风效果。

①躺卧区风速评估（图7-51）：

评估方法：针对卧床以纵轴方向某一风机为起点，每隔3 m选择一个测定面，连续测定4个面后选择卧床两端和中线3条测定线（L/M/R），每条线上选择3个高度点进行风速测定，共计36点。建议选择0.6 m（奶牛躺卧）、1.2 m（奶牛站立）、1.8 m（上层空气）3个高度。每个测量点风速要进行10~15 s的观察，同时也为风扇角度的调整提供参考。

推荐标准：所有测量点风速≥2 m/s。

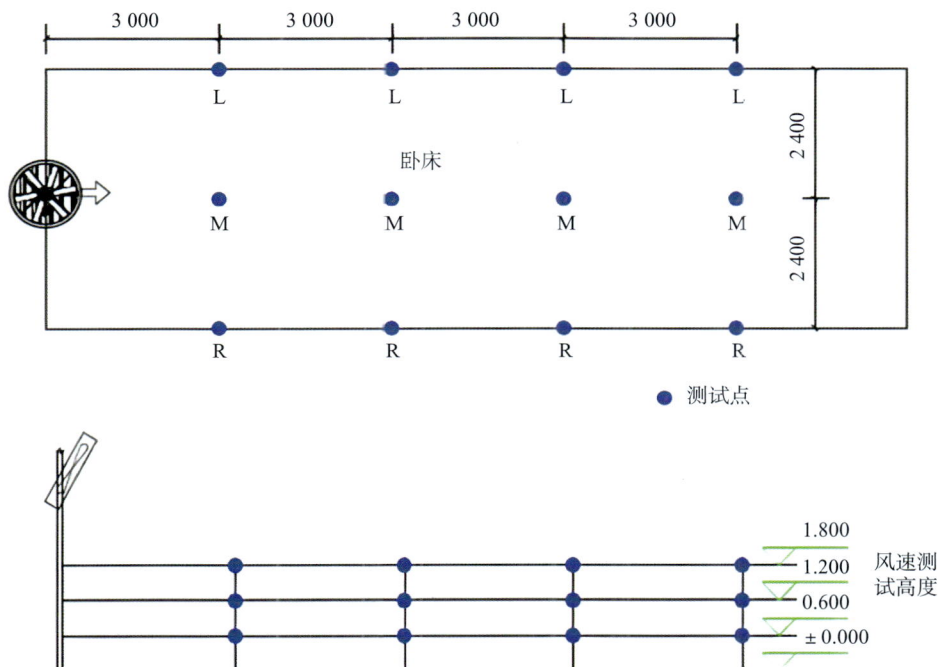

图7-51　躺卧区风速评估示意

②采食区风速评估（图7-52）：

评估方法：评估采食区的风速，同样每隔3 m连续选择4个测定面，在选择L/M/R三条线的位置略有不同，以颈夹为界，R线离颈夹（料槽一侧）600 mm，M线离颈夹（采食区一侧）900 mm，L线远离颈夹，距离M线1 500 mm，如图7-52所示，每条线上选择上述3个高度点，共计36点。每个测量点风速要进行10~15 s的观察。

推荐标准：所有测量点风速≥2 m/s。

目前，卧床上风机常用的是单风机、双风机或大风机。按照夏季舍内风速核心要求躺卧区风速≥2 m/s或者牛只贴身风速2~3 m/s，根据评估的经验，使用单风机，卧床后端风速较难达到2 m/s的要求，而选择双风机或大风机，要综合考虑后期维护成本和不同季节风向的调整。

③待挤区及奶厅风速评估：相较于饲养区域，待挤区奶牛聚集密度更大，对通风降温的要求更高。

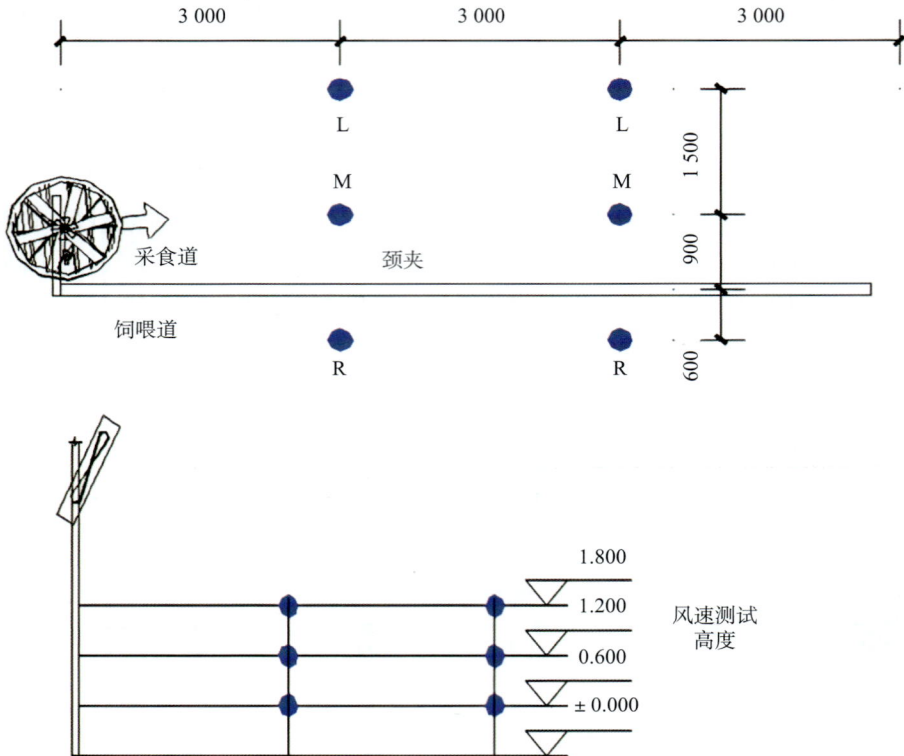

图7-52　采食区测定风速

评估方法：待挤区的风速测定面以横向风机间中央位置为面，连续选择4面；由于风机排列的间距有可能在前、中、后段不一样，可以参考分段测量；选择3条及以上测量线进行测定，测量线位于每排竖向风机间中央位置，每条线上可包含1.2 m、1.8 m两个高度，共进行至少24个点的测量。如果有必要，可以选择0.6 m高度作为风机角度的参考。奶台上风速评估大致相同，寻找低速死角，从安全的角度出发，评估风速时建议在无牛的状态下进行。

推荐标准：所有测量点风速≥3 m/s。

④奶厅换气效率评估：由于大部分奶厅都是半封闭式空间，计算换气效率应该在封闭空间中进行评估，挤奶区一般会增加正压风机进行通风换气。不考虑静压的情况下，可以用下列公式对挤奶区域通风换气的进行经验估测。

每小时换气效率（次）＝（每小时风机风量×风机数量）/挤奶区体积

如果不进行机械通风，尽力保证待挤区/奶台的侧墙开放或打开卷帘。

评估方法：计算挤奶区的空间体积，查找侧墙正压风机风量和数量，按照上式估算换气效率。

推荐标准：夏季换气40~60次/h，冬季换气4~8次/h。

#### 7.3.6.2　空气质量评估

空气质量评估主要评定的气体为氨气、硫化氢、二氧化碳。

评估方法：使用专业单传感器仪器进行，在卧床高度60 cm进行躺卧空气质量评估，如果带牛测量需要在舍内选取两端和中段卧床，固定检测仪器24 h进行动态数据收集。

推荐标准：国内标准参考《离禽场环境质量标准》（NY/T 388—1999），同时提供了美国国家职业安全卫生研究所工作环境暴露限值供参考，见表7-7、表7-8所列。

表7-7　牛舍主要有害气体浓度范围　　　　　　　　　　　　　　　　　　　　mg/m³

| 污染物种类 | 犊牛舍 | 成母牛舍 |
| --- | --- | --- |
| 氨气 | <10 | <20 |
| 硫化氢 | <5 | <8 |
| 二氧化碳 | <1 000 | <1 500 |

表7-8　NIOSH美国国家职业安全卫生研究所工作环境暴露限值

| 污染物种类 | IDLH/ppm | TWAEL/ppm | STEL/ppm | 转换系数$N$ 1 ppm=$N \times$ mg/m³ |
| --- | --- | --- | --- | --- |
| 氨气 | 300 | 25（18） | 35（27） | 0.7 |
| 硫化氢 | 100 | — | 10（10 min峰值） | 1.4 |
| 二氧化碳 | 40 000 | 5 000（9 000） | 30 000（54 000） | 1.8 |

注：该标准主要针对从事相关人员所处工作环境的要求，可作为牧场评估工作的参考点。ppm与mg/m³可按照下列公式转换，$X=M \times C/22.4$，$C=22.4 X/M$；$M$代表气体分子质量，$C$单位ppm，$X$单位mg/m³。

IDLH指立即威胁生命和健康浓度（immediately dangerous to life or health concentration），是指有害环境中空气污染物浓度达到某种危险水平，如可致命，或可永久损害健康，或可使人立即丧失逃生能力。

TWAEL指时间加权暴露限制（time-weighted average exposure limit），其值浓度表示对一定时间内化学气体浓度的衡量，通常的一个8 h工作日和40 h工作周内一种在空气中的化学制品的时间加权平均浓度，在这个限制下这种化学制品几乎不会对天天接触它的工作人员产生有害影响。TWAEL的计算方法：在8 h内，定时取数，然后求平均值，考虑到结果的有效性和实用性，规定采样间隔的时间不大于15 min，然后所有的结果相加平均即作为8 h TWAEL值。

STEL指短时期暴露限制（short-term exposure limit），和TWAEL的差别是时间短，通常是15 min，即STEL是15 min的时间加权。计算方法：根据采样时间来定，STEL的值规定由15 min时间加权，这样在15 min内取多次求平均值，但是不得小于3次，其得到的值即为所要的STEL值。工作人员短期(通常是15 min)接触这个浓度时，不会出现情绪愤怒，不会受到永久性不可恢复的组织伤害，或者机体机敏性降低，使用在毒性气体测量方面。

## 7.3.7　光照评估

奶牛是以白天活动为主的节律性动物。自然放牧条件下，夏季是奶牛泌乳的最佳季节（16 h白天，至少6 h不被打扰的黑夜），这种环境会刺激泌乳，奶牛也感觉更舒适，更容易表现出发情信号。冬季是奶牛干奶和青年牛准备产犊的季节（8 h白天，16 h黑夜）。舍饲的奶牛每天对光照比较敏感，通过人为的光照控制可以改善泌乳牛的产奶量，调节干奶牛的健康。

### 7.3.7.1　奶牛对光的反应

（1）明暗交替易致奶牛应激

奶牛是昼行动物，不喜欢明暗交替，如图7-53所示，奶牛从亮区进入暗区前开始排粪，

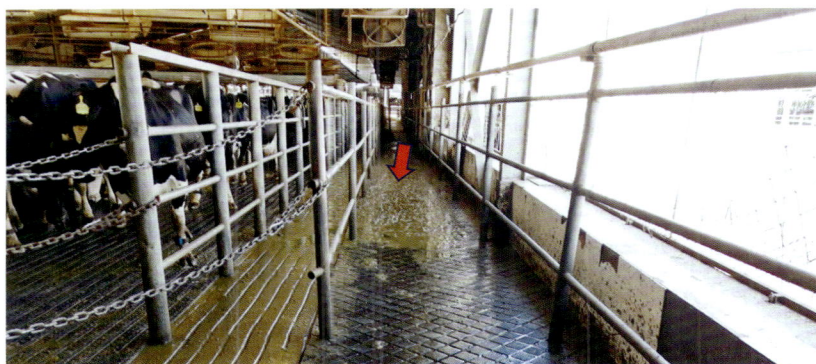

图7-53　回牛通道明暗对比处造成粪便聚集

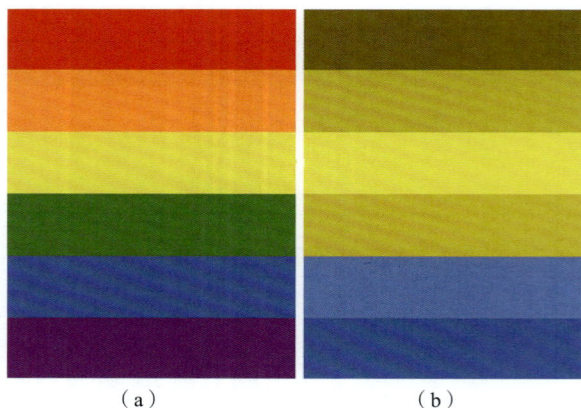

（a） （b）

**图7-54 正常颜色（a）与对应色盲颜色（b）分布**

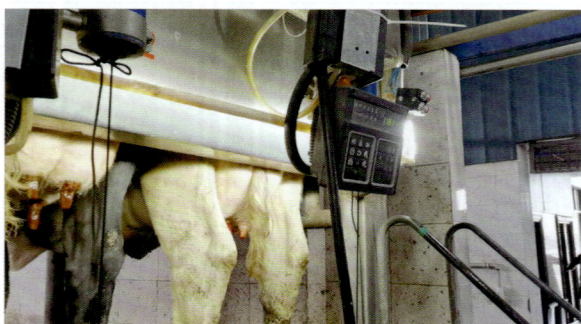

**图7-55 挤奶坑道验奶区的较好的光照**

导致回牛通道上粪便聚集。光照装置尽量不要使用射灯和交替排列方式，人为造成明暗交替影响奶牛上槽和采食。

### （2）奶牛对颜色的反应

牛是红绿色盲。如图7-54所示，左侧是正常颜色分布，右侧是红绿色盲看到的世界。所以对于奶牛而言，不对红色敏感并且看不见红色；对于斗牛而言，斗篷的抖动才是主要原因。对饲养员来说工作时穿红色工作服也是安全的。因此，生产中要尽量减少人或物的刺激，减少奶牛因刺激产生的恐惧。

### 7.3.7.2 光照质量评估

### （1）光照照度评估

光照照度：用来说明被照面（工作面）上被光照射的程度，通常采用照度计进行检测，用其单位面积内所接受的光通量来表示，单位为勒克斯 lx。

评估方法：奶牛站立或行走区域，可进行舍内两端行进测定，测量高度离采食槽地面1.0~1.2 m。在奶牛通行的其他区域，同样应按照奶牛头部的离地相同高度进行测量；如果是躺卧区，需要在离地面60 cm进行测量，挤奶坑道验奶区较好的光照如图7-55所示。

推荐标准：见表7-9所列。

**表7-9 牧场主要光照照度推荐值** lx

| 牧场区域或相关工作 | 推荐光照照度 | 牧场区域或相关工作 | 推荐光照照度 |
|---|---|---|---|
| 采食区 | 200 | 主粪道 | 100 |
| 奶厅挤奶坑道/验奶工作区 | 500 | 副粪道 | 50 |
| 奶厅挤奶台/挤奶通道 | 200 | 赶牛/转置 | 200 |
| 待挤区 | 100 | 兽医操作区 | 1 000 |

### （2）躺卧测试

测试员在卧床上躺卧，可以清晰地阅读手册或书籍上的文字即达标。

### 7.3.7.3 光照时间评估

光照不足会影响奶牛生产性能（图7-56），一般干奶牛进行短光照管理6~8 h，夜环境管理16~18 h；后备牛和泌乳牛进行长光照管理16~18 h，夜环境管理6~8 h；长日照处理后，产奶量提高5%~16%，繁殖率和采食量也有一定提升。

评估方法：首先选择卧床高度60 cm处，选择内外两侧卧床头部位置进行光照测定；采食区1.0~1.2 m高度舍内两端进行测定，使用专业设备排除频闪、色温和显色的影响，统计光照时间；如果光照设备能保证要求，可以从另一方面评估暗周期的时间，即使用专用光感计时设备统计卧床高度60 cm，光照≤10 lx的时间。

推荐标准：卧床高度60 cm，主粪道侧100 lx，副粪道侧50 lx，采食区1.0~1.2 m高度200 lx，泌乳牛长光照时间应该保证16~18 h，暗周期为6~8 h。所以，泌乳牛如果3班次挤奶，需要在晚班之后给新高产牛留出一个6 h无打扰的暗周期，而干奶牛、围产牛正好相反，躺卧区的光照10 lx在16~18 h为宜。

图7-56　光照不足的畜舍

#### 7.3.7.4　相关智能灯具要求

①节能，低发热（散热片）。

②自动控制调光，手控很难做到长光照和调光管理。

③防水防尘，IP67级，便于水冲洗。

## 7.3.8　热应激评估

我国奶业存在南北方发展不平衡的问题，南方的奶牛存栏量和奶产量不到全国总量的20%，但需求量却占50%以上，造成了奶源的南北不均。究其原因，我国奶牛养殖主要以荷斯坦奶牛为主，其适温区是-5~20℃，具有耐寒怕热的特点，而高产奶牛因为采食量高和产热多，在18℃也会开始出现热应激反应。而我国夏季高温天气持续增长，尤其南方地区夏季高温、高湿，易引起奶牛严重热应激，影响奶牛养殖的经济效益。奶牛热应激严重影响全球奶业的发展，对奶牛的泌乳性能、繁殖性能、免疫力等造成了不可预估的影响。因此，对奶牛热应激程度进行正确的评估不仅能提高奶牛福利水平，更是提高奶牛生产性能不可或缺的手段。从奶牛生理、环境状况及牛群异常行为三方面进行热应激评估，可以系统地评估奶牛热应激严重程度。奶牛生理评估包括牛体体温、心率等评估；环境评估包括温湿指数评估、牛舍降温措施等评估；牛群异常行为评估包括呼吸频率、站立和奶量损失评估。下面将展开具体评估的介绍。

#### 7.3.8.1　体温评估

牛体体温是评价奶牛健康和生理状态的第一指标，奶牛体温的检测对奶牛疾病检查、健康管理、应激响应、发情预测等都具有重要意义。奶牛为恒温哺乳动物，正常情况下其体温保持在恒定的范围之内。一般情况下，奶牛体温会随昼夜和不同的生理阶段或病理状态在一定范围内规律性变化。例如，犊牛正常体温一般为38.5~39.5℃，青年牛为38.0~39.5℃，而成年牛则为38.4~39.2℃。当奶牛处于热应激时，其体温会显著升高，因此可通过牛体体温的高低评估奶牛热应激情况。

评估方法：使用兽医专用体温表测量奶牛的体温。测量时站在牛体后方，用一只手提起牛的尾巴，另一只手将体温表慢慢插入奶牛的肛门。插入体温表时水银球朝里，边插边转动，直到全部插入为止。然后放下牛的尾巴，并将连在体温表根部上的夹子固定于牛的臀部，5~10 min后取出体温表，读数后将体温表清理干净，消毒后备用。一般上午和下午两次测温。

推荐标准：不同热应激状态下的奶牛直肠温度见表7-10所列，若5%~10%的奶牛体温超过40.6℃，必须立即采取缓解热应激的降温措施。

表7-10　奶牛直肠温度 ℃

| 热应激程度 | 直肠温度 | 热应激程度 | 直肠温度 |
|---|---|---|---|
| 正常 | 38.6~39.1 | 中度-重度 | 40.1~40.6 |
| 轻度 | 39.2~39.4 | 重度 | >40.6 |
| 轻度-中度 | 39.5~40.0 | | |

注：改编自Joe Armstrong，2023。

### 7.3.8.2　呼吸频率评估

呼吸频率是奶牛重要的生命体征参数，常作为热环境舒适度的重要参考指标，是评判奶牛热应激状态最直接、最有效的生理指标。当奶牛处于热应激状态时，奶牛呼吸频率普遍在60次/min以上，并随着热应激程度的增加而升高。

评估方法：以人工观察为主，利用秒表连续观察1~3 min，记录侧腹起伏次数。

推荐标准：不同热应激状态下的呼吸频率见表7-11所列，如10%的奶牛呼吸频率超过100次/min，必须立即采取缓解热应激的降温措施。

表7-11　奶牛呼吸频率 次/min

| 热应激程度 | 呼吸频率 | 热应激程度 | 呼吸频率 |
|---|---|---|---|
| 正常 | 40~60 | 中度-重度 | 85~100 |
| 轻度 | 60~75 | 重度 | 100~104 |
| 轻度-中度 | 75~85 | | |

注：改编自Joe Armstrong，2023。

### 7.3.8.3　心率评估

评估方法：成母牛的心率在48~84次/min，可以将听诊器放在奶牛左侧肘部后方进行评估。心跳加快可能是疼痛、疾病、应激的征兆。

推荐标准：不同热应激状态下的奶牛心率见表7-12所列。

表7-12　奶牛心率 次/min

| 热应激程度 | 心率平均值 | 热应激程度 | 心率平均值 |
|---|---|---|---|
| 正常 | 65.00 ± 7.06 | 中度 | 81.00 ± 5.35 |
| 轻度 | 76.00 ± 4.90 | 重度 | 96.00 ± 12.20 |

注：引自侯引绪，2012。

### 7.3.8.4　温湿指数评估

温湿指数（temperature-humidity index，THI）由Thom于1959年首次提出，1994年Armstrong把该指标引入用于评估奶牛热应激。De Rensis在2015年报道奶牛热应激温湿指数的阈值为68。温湿指数是目前使用最广的奶牛热应激指数。由于温度和湿度影响了动物与环境大部分的热交换过程，因此用温湿指数反映奶牛热应激被广泛接受。

评估方法：见表7-13所列，用干湿球温度计测定牛舍中央和运动场的干湿球温度，测定点高度为距地面1.5 cm，每天至少测3次，分别为一天中清晨温度最低的时候、中午温度最高的时候和晚间温度开始变凉的时候，即每天的测定时间为9:00、14:00和20:00，取平均值分别计算牛舍和运动场的温湿指数。目前，牧场常在牛舍内主要活动区（卧床和采食区）上方布置数个温湿度传感器，测定牛舍24 h温湿指数动态变化，方便指导缓解热应激的措施，并联动开启喷淋吹风系统。

计算公式：

$$THI = 0.72 \left( T_d + T_w \right) + 40.6$$

式中，$T_d$为干球温度（℃）；$T_w$为湿球温度（℃）。

温湿指数计算公式众多，只要是经过研究推导的科学公式均可使用。

表7-13　奶牛温湿指数

| 热应激水平 | 温湿指数 | 热应激水平 | 温湿指数 |
| --- | --- | --- | --- |
| 无热应激 | <68 | 中度−重度 | 80~90 |
| 轻度 | 68~71 | 重度 | 91~99 |
| 轻度−中度 | 72~79 | | |

注：改编自Joe Armstrong，2020。

### 7.3.8.5　站立评估

奶牛每天正常的躺卧时间超过12 h，但当奶牛处于热应激时，奶牛会通过增加站立时间使更多的被毛暴露在气流中散热降温，同时表现出如图7-57所示的特殊站立行为。

评估方法：连续2 d在躺卧高峰期时观察到部分牛群站立扎堆在饮水平台、水槽或牛舍运动场阴凉处，并能观察到奶牛栖息状态时，前蹄踏坎墙或踩入水槽中。

评估标准：扎堆（需要排除蚊蝇影响的扎堆）并出现10%的牛只呼吸频率>60次/min，需要立即开启风扇和采取其他降温措施。

另外，奶牛站立时间延长和特殊站立行为的出现，将增加跛足风险，查找热应激最严重之后的2个月（初秋）蹄部保健记录，会发现蹄底溃疡和出血等发病率急剧上升。因此，牧场需定期进行奶牛步态评分，及时对步态评分为3分的奶牛进行干涉，早发现、早处理，从而避免更加严重的经济损失。

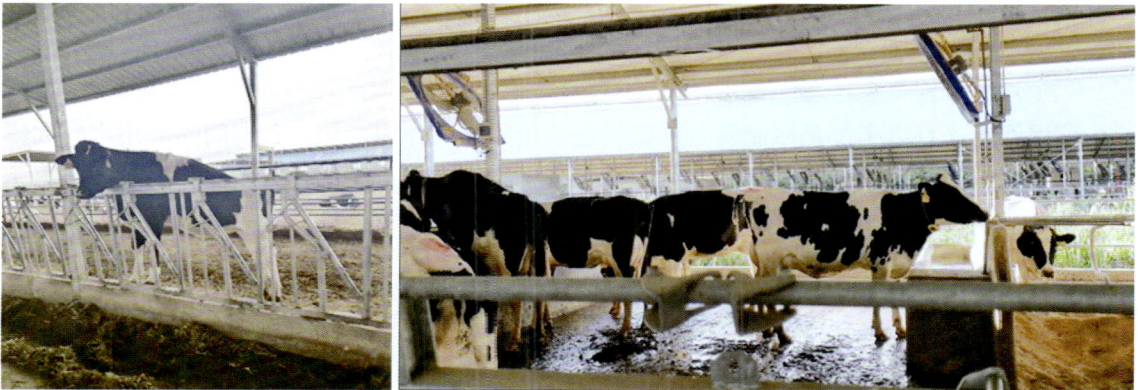

图7-57　奶牛站立在坎墙上（左），牛群扎堆在水槽并伴随奶牛泡蹄（右）

#### 7.3.8.6　奶量损失评估

评估方式：如有日产奶量数据，可连续3 d与前1 d奶量对比，见表7-14所列进行牛只热应激分级。

推荐标准：如果牛只重度热应激比例超过10%，需要立即采取缓解热应激措施，研究表明，每天产奶量45 kg奶牛的热阈值比产量35 kg的奶牛要低5℃。

表7-14　奶量损失　　　　　　　　　　　　　　　　　kg/（d·头）

| 热应激程度 | 奶量损失 | 热应激程度 | 奶量损失 |
| --- | --- | --- | --- |
| 轻度 | 1.1 | 中度-重度 | 4.1 |
| 轻度-中度 | 2.7 | 重度 | >4.5 |

注：改编自Joe Armstrong，2023。

#### 7.3.8.7　降温措施评估

（1）风扇与喷淋安装标准

相关参数见表7-15所列。

表7-15　风扇与喷淋配置相关参数

| 设施 | | 风扇 | 喷淋 |
| --- | --- | --- | --- |
| 成母牛舍 | 采食道 | 安装高度：2~2.6 m；安装角度：35°~50°；风扇间距：6 m；风扇内径：1~1.2 m；建议风速：待挤区、奶厅≥3 m/s，采食道、卧床≥2 m/s；安装位置：采食道、卧床、待挤区、奶牛挤奶位上方 | 安装高度：距主粪道1.9 m；喷淋头间距：1.8 m；喷淋角度：45°；喷淋流量：1.5~2 L/min；期望效果：80%的牛只肩关节水平线以上被毛湿透；安装位置：颈夹上方 |
| | 卧床 | | 卧床处不安装喷淋 |
| 功能区 | 挤奶台 | 安装高度：2.6~3 m；安装角度：35°~50°；风扇间距：横向1.5 m，纵向6 m，9 m²/台；风扇内径：1~1.2 m；风速：≥3 m/s；安装位置：待挤区覆盖奶牛站立的区域、回牛通道、产栏垫料上方 | 安装高度：2~2.3 m；喷淋头间距：横向1.5 m，纵向3 m；喷淋角度：垂直向下；喷淋流量：>1.5 L/min；期望效果：80%的牛只肩关节水平线以上被毛湿透；安装位置：待挤区（包括回牛通道）覆盖奶牛站立的区域 |
| | 待挤区（集中喷淋区域） | | |
| | 产栏 | | |
| 后备牛舍 | 青年牛 | 奶牛躺卧、采食区域覆盖遮阴棚或遮阴网 | |
| | 育成牛 | | |
| | 犊牛 | | |

注：设施使用规格按照牧场实际情况设计，具体按照实际效果来衡量。

（2）感应喷淋安装标准

环保问题一直以来都是限制防暑降温设备使用的主要原因，热应激期间喷淋用水的大幅增加不仅会造成水资源的浪费，还会导致通过粪污处理设施产生的相关费用显著增多。有条件的牧场建议通过改造现有的喷淋设施，增加感应元件，从而实现在不影响奶牛防暑降温效果的前提下，减少约1/3的喷淋用水。

防暑降温设备安装注意事项：

①风扇安装方向应注意与当地主风向相同。

②泌乳牛舍风扇和喷淋应安装温控开关，并定时校正温控探头温度数值，每月进行清理，保证设备正常运行。

③喷淋管道和储水罐进出口的过滤网应定时进行清理，避免堵塞。

④喷淋管道应安装低位泄水阀避免冬季冻结损坏管路。

⑤风扇使用前，对所有风扇的电线、固定架进行排查，出现电线老化、缺相、松动现象应及时修复。风扇黏附过多尘土杂物时应及时清理，水冲风扇前应断开电源，冲洗后静置15 d方可使用。

（3）设施使用标准

相关参数见表7-16所列。

**表7-16　设施使用关键参数**

| 棚舍内温度/℃ | 奶厅 | 牛舍 | 产栏 |
| --- | --- | --- | --- |
| 16 | 开启风扇 | — | — |
| 18 | 喷淋，1次/10 min | 开启风扇 | 使用前开启风扇 |
| 22 | 喷淋，1次/min | 喷淋，1次/10 min | 使用前开启风扇 |
| 25 | 喷淋，1次/min | 喷淋，1次/min | 使用前开启风扇 |

注：喷淋开启持续时间以彻底淋湿奶牛被毛为原则（30~60 s）。炎热天气泌乳牛集中采食时喷淋连续开启10 min，喷淋和吹风交错进行。牧场应根据气温来决定风扇喷淋的开启方式，同时要关注湿度指数。

（4）风速评估

参见本章空气评估内容。

## 7.3.9　冷应激评估

### 7.3.9.1　生理机能评估

奶牛耐寒怕热，对低温环境的耐受度要高于高温环境，冷应激评估相较热应激研究较少，成母牛正常体温在38.4~39.2℃，最适宜环境温度为−5~20℃。

推荐标准：目前，通过奶牛生理机能指标对冷应激评估并没有系统的研究，表7-17、表7-18所列出的指标仅供参考。

**表7-17　奶牛冷应激生理机能**

| 应激程度 | 冷应激判定标准 | | |
| --- | --- | --- | --- |
| | 直肠温度/℃ | 呼吸频率/（次/min） | 心率/（次/min） |
| 无应激 | 38.4~39.2 | 20~60 | 50~60 |

注：引自王纯洁等，2001；白琳等，2015。

**表7-18　后备牛冷应激生理机能**

| 犊牛冷应激 | 3周龄新生犊牛 | 3周龄以上犊牛 |
| --- | --- | --- |
| 冷应激临界温度 | >15℃ | >10℃ |
| 饮奶 | 乳温保持38℃左右 | |
| 饮水 | 犊牛岛：≥2次/d，水温在20~30℃；犊牛舍：需开启加热装置，维持水温在10~20℃ | |
| 呼吸频次 | 20~40次/min | |
| 犊牛岛 | 出生后立即擦干，保持犊牛岛清洁、干燥、通风，冬季优先选用垫草类垫料，垫料厚度至少需达到20 cm以上，保证垫料干净、干燥 | |

注：改编自Coleen Jones，Jud Heinrichs，2023。

#### 7.3.9.2　环境评估

冷应激环境评估包括温度、温湿指数、冷应激综合指数（comprehensive climate index，CCI）、风寒温度（wind chill temperature，WCT）四项指标。

（1）温湿指数评估

评估方法同热应激评估内容。

（2）冷应激综合指数评估

冷应激综合指数包括温度、湿度、风速和太阳直射时间，是可同时判断动物冷应激和热应激的指数。

冷应激综合指数的计算公式较为复杂，不在此列出，请参考Mader等（2010）采用的方法。

（3）风寒温度评估

风寒温度评估由美国国家气象服务中心（national weather services，NWS）和加拿大气象服务中心（weather services corp，WSC）联合研究提出，可作为判断奶牛冷应激的程度。

计算公式：

$$WCT = 13.12 + 0.621\,5\,T_{air} - 11.37V^{0.16} + 0.395\,6T_{air}V^{0.16}$$

式中，WCT为风寒温度（℃）；V为风速（m/s）；$T_{air}$为气温（℃）。

推荐标准：温度、温湿指数、冷应激综合指数、风寒温度等环境因素对奶牛冷应激的综合评估见表7-19所列。

**表7-19　奶牛冷应激环境指标**

| 应激程度 | 冷应激判定标准 | | | |
|---|---|---|---|---|
| | 温度/℃ | 温湿指数 | 冷应激综合指数 | 风寒温度/℃ |
| 没有应激 | 0 | >38 | >0 | >0 |
| 轻微应激 | −9~0 | 25~38 | −10~0 | −10~0 |
| 中度应激 | −18~−9 | 8~25 | −20~−10 | −25~−10 |
| 严重应激 | −27~−18 | −12~8 | −30~−20 | −45~−25 |
| 极端应激 | −36~−27 | −25~−12 | −40~−30 | −59~−45 |
| 致死应激 | — | <−36 | <−25 | <−60 |

注：改编自徐明，2015；董晓霞，2013；颜志辉，2014。

#### 7.3.9.3　保暖设施评估

奶牛最适宜的环境温度为−5~20℃，超过该温度，奶牛将消耗能量升高或降低体温。

（1）成母牛保温措施评估

牛舍设计时要考虑冬季保温的问题、饮水和清粪的需求，舍内温度至少要保持0℃以上，牛舍的墙体和舍顶最好选用保温材料，冬季可以使用透明的塑料薄膜将门窗封闭好，同时还要配备通风换气设施，保温的同时做好通风换气的工作，以保证牛舍有害气体不超标，相对湿度不应超过80%。可在檐口留出10~30 cm空间，以及使用其他方式进行通风换气。及时关注日常温度变化，提前做好保暖防冻准备。冬季水位保障在水槽深度的1/3以上。北方牧场要安装加热管，提供温水。

（2）犊牛保温措施评估

相较于成母牛，犊牛更怕冷，可穿戴马甲增加保暖效果，当气温<10℃时，建议给犊牛穿上保暖马甲，保证马甲在使用前干净、干燥、无霉味。注意舍内或岛内防止贼风，使用挡风板/挡风布遮挡，或使用垫草填充或草垛挡风，使贼风≤0.3 m/s，评估方法见本章空气评估

内容。同时，可对犊牛卧床垫料厚度进行评估，以判断保暖效果。

评估方法：可实际测量犊牛卧床垫料厚度，或根据如图7-58所示筛选10个以上犊牛卧床进行舒适度评分。具有良好的防风和保温效果的犊牛卧床如图7-59所示。

推荐标准：0分和1分的犊牛卧床占比>90%；推荐垫料厚度20 cm以上。

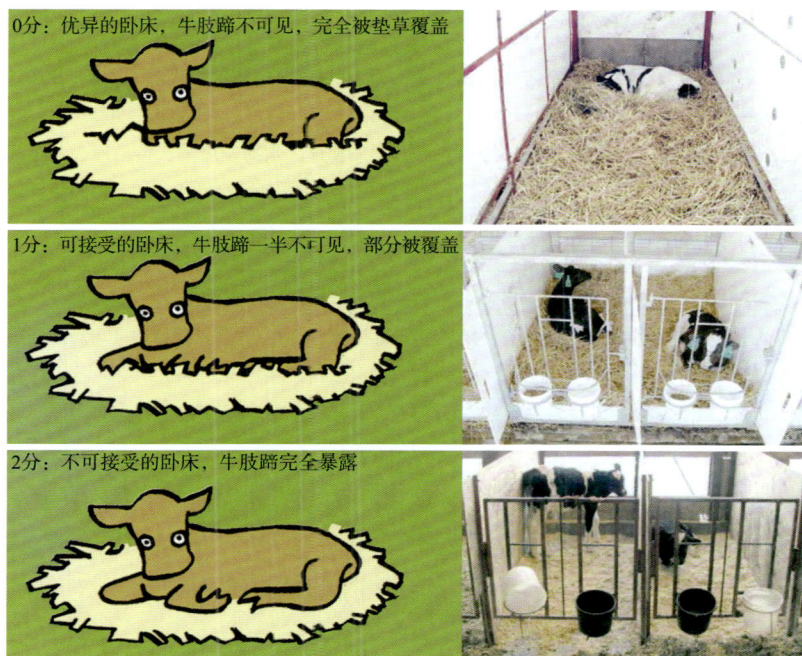

图7-58　犊牛卧床评分

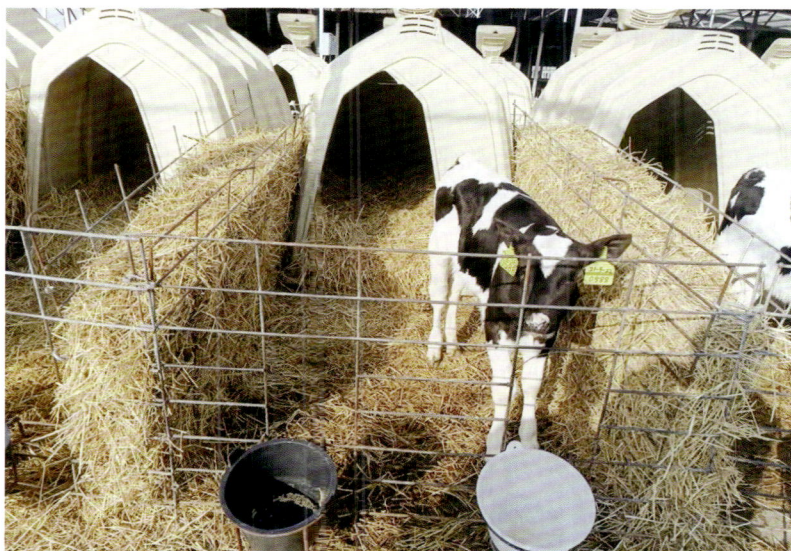

图7-59　犊牛卧床良好的防风和保温

## 7.3.9.4　冬季饲养管理要点

奶牛场冬季的饲养管理，需要注意日粮的营养供给、水温的控制、挤奶操作等方面的内容，见表7-20、表7-21所列。

**表7-20　奶牛冷应激饲养管理注意要点**

| 评估项目 | 要点 |
|---|---|
| 日粮 | 日粮储备及饲喂多样化，提高能量饲料比例10%～15%，补充微量元素；避免饲喂冰冻腐败饲料，及时检查储存饲料情况 |
| 饮水 | 保证饮水温度，成年牛12～14℃；泌乳期和妊娠期的母牛15～16℃；犊牛岛20～30℃；犊牛舍10～20℃；产房及附近有热水源 |
| 挤奶 | 牛舍与奶厅间做好必要防寒保温措施，<-10℃时应采用封闭式回牛通道；挤奶后及时药浴擦干，避免冻伤 |
| 清洁防滑 | 卧床做到垫料充足、干燥、松软、舒适，采食道、水槽及周围、待挤厅、赶牛通道无粪污蓄积冻结 |

**表7-21　奶牛冷应激设施注意要点**

| 项目 | 说明 |
|---|---|
| 临时性挡风墙 | 开放式的成母牛舍、犊牛舍、挤奶厅、待挤厅、产栏/房设立挡风墙（>2 m），或用塑料膜封闭门窗，达到挡风效果 |
| 通风换气 | 门窗可正常开合，排风机正常运转 |
| 气温变化 | 及时关注气温变化，注意寒潮、雨雪等极端天气 |
| 运动场地 | 运动场地清洁干燥，无水、冰，防治打滑、摔伤 |
| 垫料 | 垫料储备充足，注意储放，防止冻结无法使用 |
| 水管、车辆 | 奶牛日粮水管应有保温防冻措施，防止水管出现冻结；车辆油料充足，发动机保暖，车辆可正常使用 |

## 7.3.10　声音评估

奶牛非常厌恶噪声，过大的噪声会引起奶牛的应激。在饲养管理过程中，应采取一切可取措施减少各种噪声，包括设备和人员发出的噪声。

### 7.3.10.1　音乐对奶牛的影响

音乐可有效降低动物应激，稳定动物情绪，给奶牛播放音乐可以降低挤奶应激，提高奶牛生产性能，但不是所有音乐类型都能起到正向效果。音乐作用于奶牛大脑，通过神经系统作用于内分泌系统，经递质和激素可改变升奶牛能量及内分泌的代谢，进而影响泌乳。健康奶牛的正常心率约60次/min，心率与泌乳量呈正相关。节奏频率与奶牛的脉搏率趋于一致可产生生理共振，提高奶牛总代谢效率，来维持奶牛能量代谢平衡，促进奶牛泌乳。目前关于音乐对奶牛泌乳影响的研究包括不同音乐类型、音乐作用场景（采食、挤奶）以及不同音色和速度。不同音乐类型对于奶牛生产性能影响存在差异，不能很好地说明音乐对奶牛影响，可采用音乐的基本形式要素进行评估，见表7-22所列。

**表7-22　影响奶牛舒适度的音乐元素**

| 音乐元素 | 奶牛接受适宜范围 |
|---|---|
| 音乐速度 | 常速音乐，每分钟节拍数60～70 BPM |
| 音乐节奏 | 2/4及4/4拍的简单结构 |
| 音色 | 钢琴（圆润），小提琴（明亮）音色 |
| 调式 | 西方大小调式体系 |

### 7.3.10.2 噪声评估

奶牛的耳朵对 8 000 Hz的高频噪声最敏感，对金属制品在金属上的摩擦噪声比人更敏感，断断续续的和奇怪的噪声对奶牛应激特别大，生活在安静环境下的奶牛比生活在不安静环境下的奶牛对噪声更敏感。不影响正常生产生活的声音应该在30 dB以内，超过40 dB就是噪声，超过70 dB 就是强噪声，短期（暂时）的高频率的噪声（超过90 dB）甚至还会引起奶牛的应激现象，直接影响奶牛的日单产奶量，噪声对奶牛生理机能的危害是全面的，有些方面的危害是不可逆转的。

噪声可分为机械噪声、传入噪声、家畜自身噪声，安静时最低为48~64 dB，饲喂、挤奶、开动风机时，各方面的噪声汇集在一起，可达70~95 dB。

评估方法：使用专门的分贝仪进行现场测量，有条件的进行舍内躺卧区和采食区监测设备固定，进行24 h动态监测，较全面地反映牛舍的声音变化。

推荐标准：见表7-23所列。

**表7-23 噪声强度对奶牛舒适度的影响**

| 噪声强度/dB | 奶牛应激分贝 | |
| --- | --- | --- |
| | 短期 | 长期 |
| <30 | 无应激 | 无应激 |
| 40~60 | 轻微应激，减少一次产奶量 | 属于家畜自身噪声范围 |
| 70~90 | 风机、器械、车辆噪声，可引起应激降低产奶量 | 长期噪声影响生产性能难以恢复 |
| >90 | 引起应激，降低采食量、产奶量 | 长期损害听力，使奶牛产奶量下降30%以上，同时发生流产、早产现象 |

## 本章小结

奶牛舒适度评估不仅可以为奶牛提供更好的生活环境，提高动物福利，还可以为牧场带来更高的经济效益。在进行评估前，应当充分了解奶牛的生理特点、生活习性和群体构成。进行舒适度评估时，应当从客观（物理）维度、主观（评估人）维度和实际（奶牛）维度考虑。奶牛的舒适度评估包括奶牛的饮（饮水）、食（饲喂）、住（畜舍环境）、行（行走）、宿（躺卧休息），全面的评估有助于牧场管理者找到生产中存在的问题，提高牧场的管理水平和经济效益。

## 思考题

1. 为什么要在牧场进行奶牛舒适度评估？
2. 评估奶牛舒适度应当从哪些方面进行？
3. 如何综合评价奶牛聚集（扎堆）的现象？
4. 除本章内容外，你认为还可以从哪些方面评估奶牛的舒适度？

# 第8章
# DHI 报告解读

DHI报告是指通过建立牛群饲养管理基础数据库，定期采集、检测泌乳牛的奶样，再将乳成分数据和牛群基础资料进行联合整理、分析而形成的生产性能报告。DHI报告就像奶牛场的"体检"报告，通过解读其中的关键数据可以了解现有牛群的遗传进展、配种繁殖、泌乳性能、饲养管理和乳房健康等情况，便于及时发现并解决牛只、牛群存在的潜在问题，促进牛群生产潜力的发挥。

## 8.1 评估清单及关键数据参数

DHI报告评估清单及关键数据参数的推荐范围见表8-1所列。

表8-1 DHI报告解读的重要参数

| 评估项目 | 评估内容 | 推荐范围及参数 |
| --- | --- | --- |
| 繁殖记录 | 平均泌乳天数 | 150~170 d |
| | 平均胎次 | 2.8胎 |
| | 产犊间隔 | 365~400 d |
| 乳成分参数 | 乳脂率 | >3.4% |
| | 蛋白率 | >3.0% |
| | 脂蛋比 | 1.12~1.41 |
| | 尿素氮 | 10~18 mg/dL |
| | 体细胞数 | <20万个/mL |
| 牛群管理参数 | 群内级别指数 | 90~110 |
| | 峰值比 | 75%~80% |
| | 泌乳持续力 | 95%~100% |
| | 干奶天数 | 45~75 d |

## 8.2 评估思路与分析维度

### 8.2.1 DHI测定体系

在开展DHI测定前，奶牛场需将牧场信息、牛只谱系、繁殖记录、淘汰记录等牧场基础数据整理后传输到该地区的DHI中心，建立牧场档案。每个月按照标准流程采集奶样送至DHI实验室检测并报送采样信息表、本月繁殖事件等信息。数据收集中心、分析中心、信息服务中心完成数据的收集、分析和报告的制作。我国DHI测定体系的主要环节如图8-1所示。

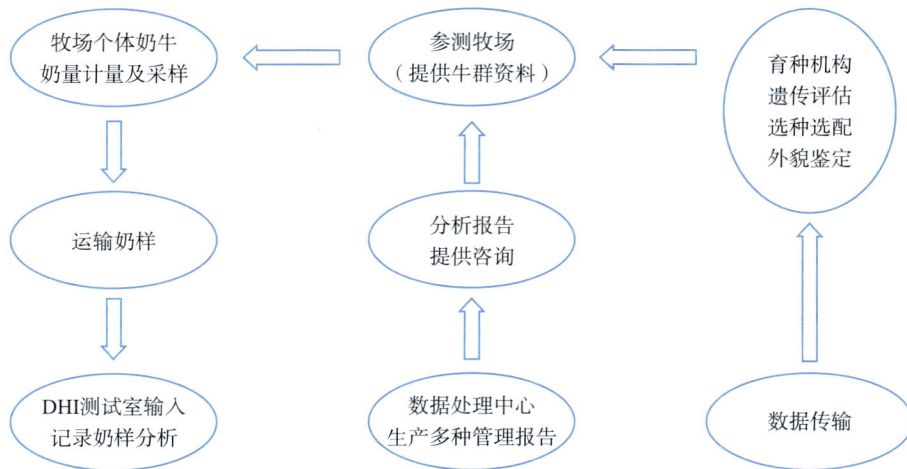

**图8-1　我国DHI测定体系的主要环节**

## 8.2.2　DHI报告的组成

牧场收到的DHI报告通常由一整套报表组成，主要包括牛群分布报告、牛群管理报告、关键参数变化预警表、综合测定结果表、生产性能跟踪表、牛奶尿素氮分析表、体细胞数跟踪报告等。详细DHI报告组成见表8-2所列。不同地区的DHI中心发布的报表数量、格式可能存在差异，但基本涵盖了牧场评估所需的关键指标，如牧场编号、牛号、牛舍编号、采样日期、胎次、泌乳日龄、产奶量、乳脂率、乳蛋白率、乳糖率、体细胞数和尿素氮等。

**表8-2　DHI报告组成**

| 序号 | 表名 | 序号 | 表名 |
| --- | --- | --- | --- |
| 1 | 月平均指标跟踪表 | 11 | 产奶量低的牛只明细表 |
| 2 | 关键参数变化预警表 | 12 | 脂蛋比低的牛只明细表 |
| 3 | 牛群管理报告 | 13 | 产犊间隔明细表 |
| 4 | 综合测定结果表 | 14 | 完成305 d产奶牛只明细表 |
| 5 | 牛群分布报告 | 15 | 采样记录表 |
| 6 | 乳房炎感染分类统计表 | 16 | 管理号重复牛只表 |
| 7 | 牛群中305 d奶量排名前25%的牛只 | 17 | 生产性能跟踪表 |
| 8 | 尿素氮分析表 | 18 | 数据医生 |
| 9 | 体细胞数过高引起的牛只奶损失明细表 | 19 | 体细胞数跟踪报告 |
| 10 | 产奶量下降>5 kg的牛只明细表 | 20 | 样品丢失报告 |

## 8.3 评估内容与方法

### 8.3.1 平均泌乳天数评估

如图8-2所示，平均泌乳天数 >170 d时，产犊间隔将 >400 d。过长的平均泌乳天数会降低群体奶产量。

当牛群平均泌乳天数异常时，首先核查该牧场是否采取了季节性繁育模式。若该牧场为全年均衡配种，但牛群平均泌乳天数出现异常变化，表明牛群的繁殖管理、产后护理等方面可能存在较大问题，此时应改善日粮营养、提高发情检出率、提高繁殖效率。当牛群平均泌乳天数 ≫170 d时，应筛选出泌乳天数 >450 d牛只并核对是否漏记或误记最后一次产犊日期，检查泌乳天数 >150 d的牛只是否怀孕，并对长期未受孕牛只及时治疗或将其淘汰。

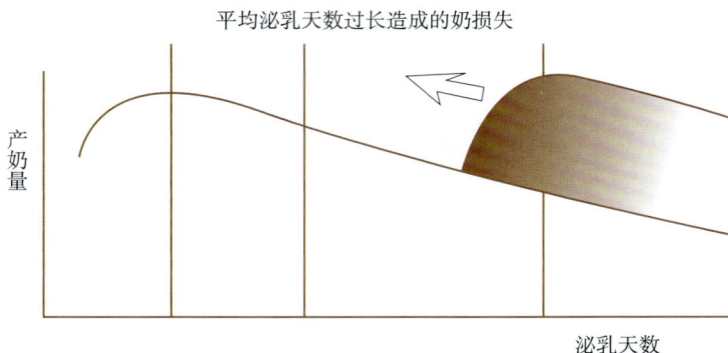

图8-2 平均泌乳天数过长造成奶损失示意图（刘丑生，2016）

推荐标准：全群平均理想泌乳天数150~170 d。

### 8.3.2 平均胎次评估

一般说来，奶牛饲养到2.5胎以上才能够为牧场带来效益。理想情况下，一胎、二胎、三胎及以上牛只在成母牛里占的比例应为30%、20%、50%左右。这样的牛群不仅具有较高的产奶潜力和持续力，还可以保证正常的更新和淘汰。当三胎及以上牛只所占比例较低时，可能该牧场是新建牧场或该牧场新调入牛只过多，也可能是该牧场淘汰率过高。当淘汰率较高而导致三胎及以上牛只比例低时，应在饲养管理、疾病防控、奶牛福利等方面下功夫，提高奶牛健康和利用年限。

推荐标准：全群平均理想胎次为2.8胎。

### 8.3.3 产犊间隔评估

产犊间隔是评估牧场存栏数存栏结构的考核指标。理想情况下，奶牛产后70~90 d开始配种，到380~400 d再次分娩，会产生比较理想的生产性能和经济效益。产犊间隔延长，会导致产奶量损失和产犊损失，还可能影响下一胎次的生产性能。产犊间隔 <339 d，说明流产牛数量可能较多。

产犊间隔过长时，说明繁殖管理存在问题，此时除了加强发情检出率、提高配种人员技术水平和责任心外，还应着重检查干奶期和围产期的日粮配方、接产管理、产后护理等环节，使各阶段牛只达到理想的体况，并减少生殖系统疾病。

推荐标准：全群平均理想产犊间隔为365 d，实际生产中一般为365~400 d。

## 8.3.4　群内级别指数评估

群内级别指数（within herd index，WHI）是用牛只个体校正奶量除以群体平均校正奶量得到的一个相对值，该值的高低可以反映出该牛在群体中的相对表现。全群的WHI始终为100。通过计算校正奶量，可以将个体牛测定日的生产性能校正到同一水平。WHI>100时，说明该牛的产奶性能高于群体平均水平；WHI<100时，表明该牛的产奶性能低于群体平产水平。当某一胎次或泌乳阶段WHI<90时，表明该胎次或泌乳阶段的奶牛可能存在问题。

推荐标准：不同胎次理想群内级别指数为90~110。

评估示例：以表8-3为例分析某奶牛场群内级别指数存在的问题及建议和措施。

表8-3　某奶牛场群内级别指数分布　%/kg

| 胎次 | 全群 | | | 1~99 d | | | 100~200 d | | | >200 d | | |
| --- | --- | --- | --- | --- | --- | --- | --- | --- | --- | --- | --- | --- |
| | WHI | 奶量 | 持续力 | WHI | 奶量 | 持续力 | WHI | 奶量 | 持续力 | WHI | 奶量 | 持续力 |
| 一胎 | 102.2 | 36.5 | 98.9 | 73.1 | 38.3 | 107.5 | 104.6 | 40.2 | 99.7 | 112.7 | 35.2 | 95.6 |
| 二胎 | 105 | 39.8 | 94.9 | 88.8 | 48.8 | 106.8 | 103.2 | 41.9 | 92.9 | 112.8 | 34.8 | 91.6 |
| 三胎 | 89.5 | 42.5 | 96.4 | 81.4 | 47.6 | 103.7 | 97.5 | 46 | 96.6 | 102.5 | 34.1 | 91 3 |
| 全群 | 100 | 40.3 | 97 | 81.1 | 45.7 | 105.2 | 103.8 | 43.3 | 97.2 | 107.1 | 34.7 | 93 |

（1）存在的问题

①在泌乳早期（99 d内），各胎次牛只群内级别指数较低，主要是因为很多新产牛尚未达到泌乳高峰。从全群来看，一胎和二胎牛群内级别指数在正常范围内，而三胎及以上牛的群内级别指数明显低于一、二胎牛，说明高胎次牛的泌乳性能表现不太好。随着泌乳天数的增加，三胎及以上牛群内级别指数逐渐上升。这说明三胎及以上牛泌乳早期可能存在干物质采食量低、营养不良，而泌乳后期产奶量逐渐下降，营养需求逐步得到满足，群内级别指数上升。

②二胎牛泌乳持续力总体偏低，尤其在泌乳中后期，一直<95%。三胎及以上牛只在200 d后泌乳持续力<95%，说明其营养需求可能未得到满足。

（2）建议和措施

①检查三胎及以上牛只泌乳早期日粮配方，提高粗饲料品质、配方营养水平、改善适口性，提高干物质采食量，尽量减缓泌乳早期能量负平衡状态。

②检查三胎及以上牛群日粮配方及饲养管理，适当提高日粮营养浓度，提高其泌乳持续力。检查二胎牛泌乳中后期日粮配方和饲养管理。

## 8.3.5　高峰日/高峰奶量评估

奶牛产犊后产奶量逐渐增加，达到产奶高峰的日期称为高峰日，高峰日的产奶量称为高峰奶量。通常在第2或第3个泌乳月达到高峰,头胎牛比经产牛稍晚一些。也有报道称,高峰日介于产后45~60 d较为理想,经产牛大约在产后8周左右出现,头胎牛大约在产后14周左右出现。高峰奶量每增加1 kg,整个胎次总奶量可提高200~250 kg。如图8-3所示,高峰奶量较低牛只泌乳曲线与正常牛只相比,会出现一定的奶量损失。高峰日是评价奶牛泌乳早期的营养、管理状况的关键指标之一。高峰奶量和高峰日可能会受到牛群生产水平的影响,高产牛群高峰日到来较晚,但高峰奶量也更高。如图8-4所示,高峰日延后,也会造成奶量的损失。

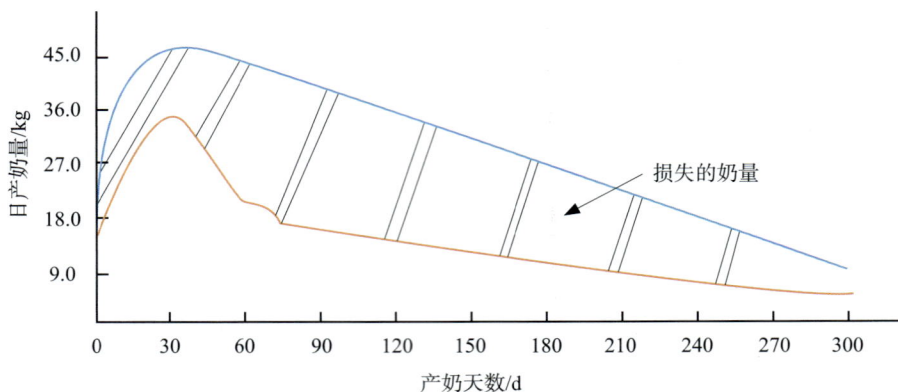

**图8-3　高峰奶较低牛只泌乳曲线**(刘丑生,2016)

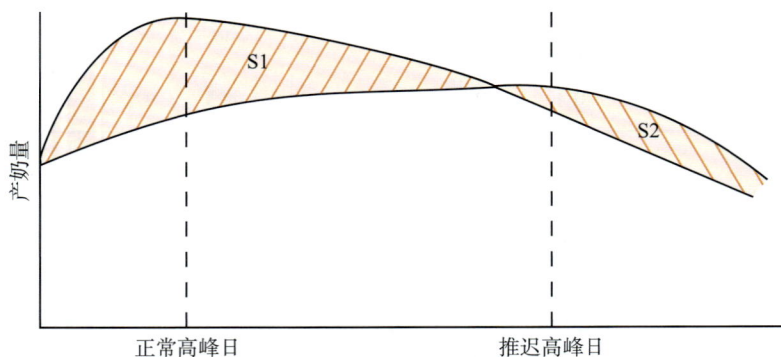

**图8-4　高峰日延后造成奶损失示意图**(刘丑生,2016)

高峰奶量受奶牛体况、育成牛发育情况、干奶期管理、产后护理、泌乳早期营养状况、遗传、疾病(乳房炎、产科疾病)、挤奶程序及设施等多方面因素的影响。不同生产水平牛群平均高峰奶量见表8-4所列。

不同胎次牛只高峰奶量的比值(峰值比)也是一个重要指标。

峰值比的计算公式:

$$峰值比 = \frac{头胎牛高峰奶量}{二胎及以上牛高峰奶量} \times 100\%$$

乳房炎、酮病、日粮营养不均衡、采食量不足等均会降低牛群的高峰奶量。头胎牛高峰奶量一般应为二胎及以上牛的75%~80%,因此正常牛群的峰值比一般为75%~80%。牛群峰

表8-4　不同生产水平牛群平均高峰奶量　　　　　　　　　　　　　　　kg

| 牛群生产水平 | 头胎 | 二胎 | 三胎及以上 | 牛群生产水平 | 头胎 | 二胎 | 三胎及以上 |
|---|---|---|---|---|---|---|---|
| 5 500 | 23.0 | 27.5 | 30.5 | 8 500 | 31.5 | 39.5 | 42.5 |
| 6 000 | 24.0 | 30.0 | 32.0 | 9 000 | 32.5 | 41.5 | 44.5 |
| 6 500 | 25.5 | 31.5 | 34.5 | 9 500 | 34.0 | 43.0 | 46.5 |
| 7 000 | 27.0 | 33.5 | 36.5 | 10 000 | 35.5 | 45.0 | 48.0 |
| 7 500 | 28.5 | 35.5 | 38.5 | 10 500 | 37.0 | 47.0 | 50.5 |
| 8 000 | 30.0 | 37.5 | 40.5 | 平均 | 30.0 | 37.5 | 40.5 |

注：引自李建斌，2016。

值比<75%时，头胎牛可能未达到期望的产奶高峰，此时应反思青年牛配种和产犊时的体重、体尺及发育情况、后备牛饲养管理程序、青年牛围产期管理、选配的种公牛情况、接产及产后护理是否到位等。如果牛群峰值比>80%，表明二胎及以上牛未达到理想的产奶高峰，应检查围产期管理、围产期体况及是否存在营养代谢病等。

### 8.3.6　泌乳持续力评估

泌乳持续力是衡量泌乳高峰后奶量下降速度的标尺。要获得更多的胎次总奶量，不仅高峰奶量要高，泌乳持续力也必须强。泌乳持续力的计算方法有两种，一种是依据标准泌乳曲线预测牛只测定日的理想奶量，用测定日的实际奶量除以预测的理想奶量便是泌乳持续力。例如，一头奶牛测定日预测的奶量为35 kg，实际奶量为31.5 kg，泌乳持续力为31.5/35=90%。另一种是本次测定日产奶量与前一次测定日产奶量的比值，这是当前DHI测定应用较广的计算方法，即

$$泌乳持续力 = \frac{当前测定日奶量}{前一次测定日奶量} \times 100\%$$

当前测定日与上一个测定日间隔不足30 d时，可通过下式换算：

$$泌乳持续力 = \left[ 1 - \frac{（前一次测定日奶量 - 当前测定日奶量）\times \dfrac{30}{本次测定间隔天数}}{前一次测定日奶量} \right] \times 100\%$$

泌乳持续力接近100%表明牛只正常，低于100%表明没有按照正常的泌乳曲线下降，表现异常，高于100%预示前期产奶性能不佳。泌乳持续力会受胎次（表8-5）和泌乳阶段的影响，头胎牛高峰奶量较低，但泌乳持续力高于成母牛，部分原因在于头胎牛高峰奶量相对较低，高峰日后奶量下降幅度相对较低。

若泌乳持续力低，说明牛群可能存在日粮营养不均衡、疾病（瘤胃、子宫、乳房、肢蹄等部位疾病）、应激（冷热环境、日粮变化、饲养环境、分群等）、管理（挤奶操作不规范或挤奶设备存在问题）等方面的问题（表8-6）。高峰过后持续力高，表明大部分牛前期可能没有达到理想的高峰奶量，这可能与产犊时体况不佳、泌乳早期日粮配制不合理、干物质采食量摄入不足、乳房炎或代谢疾病有关。

推荐标准：持续力理想范围为95%~100%。

表8-5　不同胎次奶牛泌乳持续力参考值

| 泌乳天数/d | 泌乳持续力/% | | | 泌乳天数/d | 泌乳持续力/% | | |
|---|---|---|---|---|---|---|---|
| | 头胎 | 二胎 | 三胎及以上 | | 头胎 | 二胎 | 三胎及以上 |
| 66~95 | 98 | 94 | 94 | 186~215 | 96 | 92 | 91 |
| 96~125 | 97 | 93 | 93 | 216~245 | 96 | 91 | 91 |
| 126~155 | 96 | 93 | 92 | 246~275 | 95 | 91 | 90 |
| 156~185 | 96 | 92 | 92 | 276~305 | 95 | 91 | 90 |

注：引自李建斌，2016。

表8-6　高峰日及泌乳持续力在生产中的应用

| 高峰日/d | 泌乳持续力/% | 反应奶牛状况 | 解决措施 |
|---|---|---|---|
| ≤40 | ≥90 | 体况及营养正常 | 维持现状 |
| | <90 | 膘情不佳，营养摄入不足 | 优化饲料配方 |
| 40~60 | ≥90 | 体况及营养正常 | 维持现状 |
| | <90 | 高峰前体况营养正常，高峰后奶量下降过快 | 查找原因，优化日粮配方和管理 |
| >60 | ≥90 | 高峰较晚，但高峰后营养管理合理 | 检查干奶期及泌乳早期的日粮配方和管理 |
| | <90 | 高峰较晚，且高峰后奶量下降过快 | 检查干奶期、泌乳早期及高峰后的日粮配方及管理 |

注：引自白瑞景，2010。

## 8.3.7　奶量下降>5 kg的牛数评估

荷斯坦奶牛产奶量在泌乳高峰过后每天大概下降0.07 kg，每个月下降幅度一般不超过2.1 kg。奶量下降过快可能是饲料原料（营养成分变异大、发霉等）、日粮配方、饮水、饲养管理、奶牛健康等方面存在问题。如果是夏季下降过多，可能是热应激管理存在问题。

## 8.3.8　乳脂率评估

瘤胃中产生的乙酸、丁酸、过瘤胃脂肪酸及体脂是乳脂合成的主要原料。采样不合理也会导致乳脂率异常。每个月要从DHI报告中排查乳脂率比群体平均乳脂率低1%以上的奶牛，根据具体情况分析其原因。泌乳早期乳脂率>4.5%的荷斯坦奶牛，可能患有慢性酮病。如果有8%~10%的牛乳脂率比群体平均乳脂率低1.0%以上时，可能发生了瘤胃酸中毒。

乳脂率异常时，应从下面几方面排查：

①首先核查低乳脂率牛在全群的数量、比例及所处的牛群、牛舍信息。

②如果全群平均乳脂率<3.0%，考虑为采样问题。

③当个别牛出现乳脂率偏低时，重点关注这些牛的泌乳阶段、体况、健康状况、习惯（是否挑食）等。

④当部分牛出现乳脂率偏低时，重点检查精粗比、粗饲料品质和粉碎粒度，并做出及时调整。

⑤当泌乳早期奶牛乳脂率异常升高时，奶牛可能在快速消耗体脂，检测其是否发生酮病

并优化日粮配方。

推荐标准：荷斯坦奶牛DHI检测全群平均乳脂率在3.4%以上即可，乳品企业一般要求达到3.6%以上。

## 8.3.9　乳蛋白率评估

乳蛋白的合成原料主要为瘤胃菌体蛋白、日粮过瘤胃蛋白及少量的组织代谢蛋白。乳蛋白率正常，尿素氮含量>18 mg/dL时，通常为日粮能蛋不平衡、非纤维性碳水化合物（non-fiber carbohydrate，NFC）不足导致。

乳蛋白率偏低时，应进行如下检查：

①核实现乳蛋白率偏低的牛只数量，排除动物个体因素。

②群体性乳蛋白率偏低时，检查牛只干物质摄入量、日粮配方能量水平、日粮蛋白质含量和过瘤胃蛋白含量，若干物质摄入量不足，或日粮泌乳净能偏低，应及时调整日粮配方。

③奶牛产犊时体况太差，也会导致乳蛋白率偏低。

推荐标准：荷斯坦奶牛DHI检测全群平均乳蛋白率≥3.0%即可，乳品企业一般要求达到3.2%以上。

## 8.3.10　脂蛋比评估

测定日乳脂率和乳蛋白率的比值称为脂蛋比，两者的差值称为脂蛋差。不同品种奶牛脂蛋比参考值见表8-7所列。

表8-7　不同品种奶牛脂蛋比参考值

| 品种 | 平均乳脂率/% | 平均乳蛋白率/% | 脂蛋比 | 品种 | 平均乳脂率/% | 平均乳蛋白率/% | 脂蛋比 |
|---|---|---|---|---|---|---|---|
| 荷斯坦牛 | 3.66 | 3.00 | 1.22 | 瑞士褐牛 | 4.03 | 3.38 | 1.19 |
| 娟珊牛 | 4.76 | 3.62 | 1.32 | 更赛牛 | 4.55 | 3.38 | 1.35 |
| 爱尔夏牛 | 3.91 | 3.21 | 1.22 | | | | |

注：引自李建斌，2016。

当乳脂率低于乳蛋白率0.2%或脂蛋比<1.0时，则奶牛可能发生了瘤胃酸中毒。当牛群20%~40%的奶牛脂蛋比偏低时，考虑牛群存在慢性酸中毒。泌乳早期（$DIM<70$）脂蛋比>1.5提示可能存在酮病或亚临床性酮病。除了饲养管理因素外，采样不规范也能造成脂蛋比倒挂。脂蛋比过低时，应着重检查日粮中粗饲料的含量及粗饲料品质。

推荐标准：荷斯坦全群平均理想脂蛋比为1.12~1.41。

## 8.3.11　牛奶尿素氮评估

牛奶尿素氮（milk urea nitrogen，MUN）与血液尿素氮含量高度相关，而血液尿素氮含量与奶牛的生理状况联系紧密。牛奶尿素氮浓度可以作为日粮结构调整的依据，也是检查牛群繁殖性能的参考指标。过高的牛奶尿素氮浓度可能造成饲料蛋白质的浪费，还会改变子宫内环境，影响胚胎发育。

影响牛奶尿素氮的因素很多，如日粮组成、动物因素、采样方式、样品保存方法、检测手段等。由于产后35 d内尿素氮的含量受脂肪代谢影响较大,此时牛奶尿素氮含量参考价值较低。

当牛奶尿素氮含量>18 mg/dL时,表明日粮中瘤胃可降解蛋白质含量过高或非结构性碳水化合物不足,应在调整日粮配方的同时,重点监测牛群的繁育指标。瘤胃酸中毒也可能导致牛奶尿素氮含量升高。当牛奶尿素氮含量<10 mg/dL时,可能是日粮瘤胃可降解蛋白质或总蛋白质含量过低。

推荐标准:全群平均理想牛奶尿素氮为10~18 mg/dL。

### 8.3.12　体细胞评估

体细胞数(somatic cell count,SCC)是指每毫升牛奶中的细胞总数,主要指中性粒细胞、巨噬细胞、淋巴细胞、嗜酸性粒细胞和各种乳腺上皮细胞的数量。体细胞数主要用于评价牛群乳房炎管理情况。生产中通常用体细胞数或体细胞分(9分制)来衡量。当乳房产生炎症反应时,机体大量白细胞分泌进入乳汁,使体细胞数大幅增加。除病理因素外,体细胞数还受生理、遗传、环境、气候等多方面因素的影响。例如,随着胎次增加,牛群体细胞数也会增加;夏季体细胞数通常高于其他季节。体细胞数过高还会影响乳制品的风味和营养价值,体细胞数>50万个/mL的奶牛数量过多说明乳房健康管理存在问题。体细胞分是将体细胞数线性化处理后得到的分值,体细胞数过高的牛通常会出现干物质采食量下降、产奶量下降、饲料效率下降等问题(表8-8)。

表8-8　体细胞数与奶损失的关系

| 体细胞分 | 体细胞数/(万个/mL) | | 305 d奶损失/kg | 体细胞分 | 体细胞数/(万个/mL) | | 305 d奶损失/kg |
| --- | --- | --- | --- | --- | --- | --- | --- |
| | 中位数 | 范围 | | | 中位数 | 范围 | |
| 0 | 1.25 | 0~1.7 | 0 | 5 | 40 | 28.3~56.5 | 544.3 |
| 1 | 2.5 | 1.8~3.4 | 0 | 6 | 80 | 56.6~113 | 725.7 |
| 2 | 5 | 3.5~7 | 0 | 7 | 160 | 113.1~226.3 | 907.2 |
| 3 | 10 | 7.1~14 | 181.4 | 8 | 320 | 226.4~452.5 | 1 088.6 |
| 4 | 20 | 14.1~28.2 | 362.9 | | | | |

注:该表假定体细胞数>10万个/mL奶产量才开始下降。引自Sharma,2011。

查看体细胞数报告时,首先查看全群平均体细胞数,并与上月数据进行对比,可以反映群体乳房炎管理情况。然后筛选出体细胞数>50万个/mL的牛只,明确这些牛的胎次、泌乳日龄、所处牛舍和群组等信息,最后做出处理:

①个别牛只出现体细胞数升高时,核查这些牛的瘤胃、乳房、子宫、肢蹄等部位是否存在问题,是否患有隐形乳房炎,对症采取措施。

②群体性体细胞数超标时,重点检查挤奶设备性能是否良好(奶衬、挤奶机压力、频率等)、消毒液是否有效、挤奶程序是否合理、是否存在其他环境应激,找出根源后对症施策。

③若体细胞数>50万个/mL的牛中泌乳天数在90 d内的牛占的比例较高,应回顾干奶管理(干奶药的选择、操作)、接产、产后护理等工作是否到位。

④如果经产牛开始泌乳时体细胞数就很高,应回顾干奶期饲养管理和干奶药的选择与使

用是否正确。若青年牛开始泌乳时，体细胞数就很高，应可顾青年母牛产前的饲养管理。如果泌乳期开始时，体细胞数较低，随后却增加，应在挤奶流程、挤奶设备性能、牛舍状况及环境方面找原因。

⑤定期检测隐性乳房炎，及时隔离、治疗临床乳房炎。

⑥夏季做好牛群热应激管理，减少蚊蝇及寄生虫的滋生。

⑦对于体细胞数>200万个/mL的牛只，应诊断其是否有全身感染症状，综合治疗。

⑧及时治疗新感染牛只，及时淘汰患慢性乳房炎久治不愈的牛只。

⑨添加中草药添加剂等产品促进牛群乳房健康。

⑩加强卧床管理，及时消毒、补充垫料，保证卧床环境清洁、干燥。

推荐标准：全群平均理想体细胞数≤20万个/mL。

## 本章小结

牧场的DHI报告包含牧场生产管理的各个方面，通过报告数据的解读，能够帮助牧场开展饲粮配方调整与分群管理，及时发现牧场繁殖和牛群健康方面出现的问题，而且DHI数据是牧场建立优劣势牛群和精准选配的数据基础。通过本章的学习，从评估数据关键点着手，发现牧场问题，帮助牧场提升管理水平。

## 思考题

1.如果一个牛群上月泌乳牛平均产奶量为32.9 kg，平均泌乳天数为173 d；本月平均产奶量为31.9 kg，平均泌乳天数为193 d，牛群产量是提升了还是下降了？

2.如何通过奶牛生产性能测定结果对奶牛群常见疾病（乳房炎、代谢性疾病、繁殖疾病、蹄病等）进行防治？

3.通过推荐阅读书目学习国外奶牛生产性能测定，与国内奶牛生产性能测定有何区别？

# 第 9 章
# 奶牛场评估案例

前8章从牧场规划设计、遗传育种、繁殖性能、饲养管理、健康管理、奶厅管理、舒适度管理及DHI报告解读等多视角详细介绍了如何开展牧场评估。本章将以往届牛精英挑战赛的优秀评估案例为示范，呈现牧场评估的具体流程及方案。

为了全面了解牧场情况，做出合理的牧场评估方案，提出有效的解决措施，与牧场经理沟通获得牧场基础信息是非常必要的。针对该牧场的基本情况，评估团队首先进行牧场基本信息的解读与探索。牧场基本信息大致分为5个部分，即牛群结构、泌乳牛信息、饲养管理信息、繁殖信息、疾病与淘汰信息，如图9-1所示。

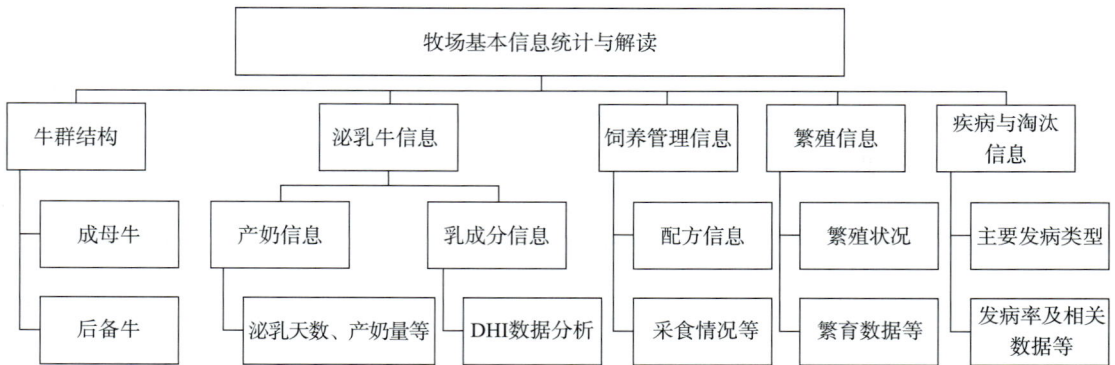

**图9-1　牧场评估思维导图**

## 9.1　牧场基本信息统计与解读

在获得某牧场基本信息后，需要根据相关信息进行数据挖掘，并对数据进行整理分析，从中发现问题、挖掘潜在的机遇与挑战。

### 9.1.1　奶牛存栏信息

该牧场总存栏头数为19 480头，其中泌乳牛9 204头，干奶牛1 193头和后备牛8 083头。有报道指出，当成母牛占总存栏量的60%时获得的经济效益最大。成母牛是指初产以后的牛，包括产奶牛群、干奶牛群和待产牛群。由该牧场的存栏信息可知成母牛占总存栏量的53%，略低于最佳占比。

### 9.1.2　泌乳牛信息

据2020年5月来自《荷斯坦HOLSTEINFARMER》信息，有23家国内规模牧场头年单产达到12 t，泌乳期按305 d计算，单产为39.3 kg/（d·头）。而该牧场单产为37.2 kg/（d·头），与单产靠前的规模化牧场差距较小。平均泌乳天数的理想数值为150～170 d，牛群平均胎次2.8胎较为合理。该牧场中奶牛泌乳天数略高于理想数值，而平均胎次低于理想值（表9-1）。

表9-1　牧场泌乳牛信息

| 项目 | 数据 | 项目 | 数据 |
| --- | --- | --- | --- |
| 单产/[kg/（d·头）] | 37.2 | 细菌总数/（万个/mL） | 0.6 |
| 平均胎次 | 2.5 | 体细胞数/（万个/mL） | 12.5 |
| 平均泌乳天数/d | 177 | 剩料比例/% | 2.0 |
| 每千克饲料成本/元 | 1.8 | 挤奶次数及时间 | 3次；05:00～11:00、12:30～18:30、20:00～02:00 |
| 平均奶价/（元/kg） | 4.0 | 饲喂次数及时间 | 3次；04:00、11:00、19:00 |
| 乳脂率/% | 3.5 | 推料次数及时间 | 1次/h |
| 乳蛋白率/% | 3.3 | | |

根据牧场管理经验并结合当下的牛奶市场营销情况，全群泌乳牛每千克奶饲料成本在1.7～2.1 元/kg较为合理。该牧场的每千克奶饲料成本为1.8元/kg，处于理想值范围内。

荷斯坦奶牛的全群乳脂率在3.6%以上较为理想。该牧场的乳脂率为3.5%，低于理想值。平均乳蛋白率在3.2%以上较为理想，该牧场乳蛋白率为3.3%，属于正常范围内。健康奶牛牛奶中的体细胞数＜20万个/mL，该牧场中体细胞数为12.5万个/mL，属于健康奶牛标准范围内。牛奶细菌总数＜1万个/mL为宜，该牧场牛奶中细菌总数为0.6万个/mL，处于适宜水平。一般TMR剩料在3%～5%都属于正常范围，该牧场中剩料量为2%，优于推荐范围。

### 9.1.3　繁殖信息

奶牛产后70～90 d开始配种，到380～400 d再次分娩，会产生比较理想的生产性能和经济效益。该牧场中产犊间隔为398 d，处于正常范围内。21 d妊娠率的目标值是40%，该牧场21 d妊娠率为42%，处于较好水平。头胎牛理想的平均产犊月龄为24月龄，该牧场头胎牛产犊月龄为23.5，处于较好水平（表9-2）。

表9-2　牧场繁殖信息

| 项目 | 数据 | 项目 | 数据 |
| --- | --- | --- | --- |
| 产犊间隔 | 398 d | 21 d妊娠率 | 42% |
| 21 d发情揭发率 | 85% | 头胎平均产犊月龄 | 23.5 |

### 9.1.4 疾病与淘汰信息

泌乳牛乳房炎月发病率的目标值<2%，该牧场乳房炎发病率为1.2%。胎衣不下发生率目标值<5%，该牧场胎衣不下发病率仅为2.2%。真胃移位发病率的目标值<2%，而该牧场真胃移位发病率为0.7%，处于较低的发病率水平。牧场中成母牛的死淘率标准值为平均23%，该牧场中总死淘率为21%，低于标准值。产后瘫痪的发病率<2%属于较好的状况，该牧场中产后瘫痪发病率为1.8%，说明该牧场围产期管理良好。子宫炎的发病率目标值<5%，该牧场中子宫炎发病率为1.1%，远低于目标值，说明该牧场奶牛产后管理良好。一般来讲，牧场中蹄病发病率要控制在2%以内，该牧场蹄病发病率为5%，高于标准值。一般牧场中新生犊牛成活率的理想值>98%，该牧场中新生犊牛死亡率仅1%，成活率达到99%，表明犊牛培育状况良好（表9-3）。

**表9-3　牧场疾病与淘汰信息**　　　　　　　　　　　　　　　　　　　　　%

| 项目 | 数据 | 项目 | 数据 | 项目 | 数据 |
|------|------|------|------|------|------|
| 乳房炎 | 1.2 | 总死淘率 | 21.0 | 蹄病 | 5 |
| 胎衣不下 | 2.2 | 产后瘫痪 | 1.8 | 新生犊牛死亡率 | 1.0 |
| 真胃移位 | 0.7 | 子宫炎 | 1.1 | | |

### 9.1.5 其他信息

除了上述基本信息外，还可按阶段或牧场管理模块收集犊牛、育成牛、青年牛、围产牛、干奶牛、挤奶厅、饲喂、饲养、环境、品种、财务等其他相关信息，进行深入的分析和数据挖掘，从而寻找牧场痛点。

### 9.1.6 与牧场经理沟通

基于已知的牧场信息，为了更加准确了解牧场情况，提出合理的评估方案和解决措施，需再次与牧场经理进行深入的沟通，了解牧场现状，确认是否存在分析中存在的问题。

本案例中发现该牧场存在乳脂率低和蹄病发病率高的问题。与牧场经理进一步沟通得知，冬季是该牧场哺乳犊牛肺炎高发的季节，发病率高达18%，而哺乳犊牛肺炎发生率理想值≤2%。

## 9.2 牧场潜在问题评估

针对该牧场乳脂率较低、蹄病发病率较高和哺乳犊牛肺炎发病率较高的情况进行评估。

### 9.2.1 乳脂率偏低的分析与评估

通过牧场基本信息分析，发现该牧场的乳脂率较低，为3.5%，荷斯坦奶牛的全群乳脂率在3.6%以上较为理想，评估团队计划围绕饲养管理、环境管理、疾病控制3个方面进行分析，具体评估方案的思维导图如图9-2所示。

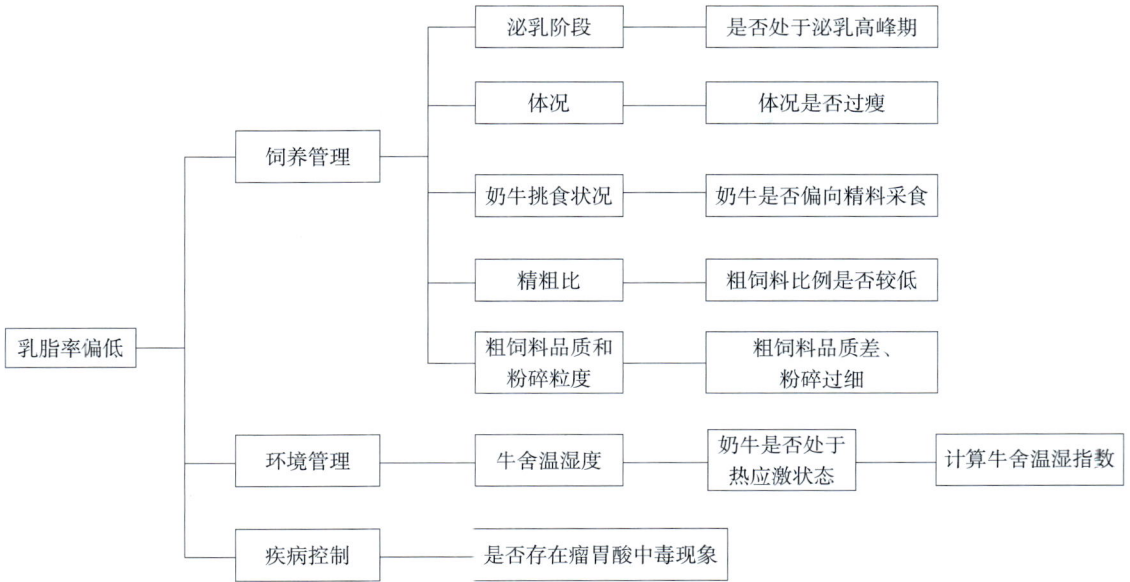

图9-2　乳脂率评估方案的思维导图

## 9.2.1.1　饲养管理

在饲养管理方面，评估团队从图9-2所示的5个方面进行评估。首先，推测是否由于泌乳牛处于泌乳高峰期，导致乳脂率降低，调查后发现乳脂率低的群体并非处于泌乳高峰期。其次，对该牧场200头泌乳中期奶牛进行体况评分，如图9-3所示，发现2.5分的奶牛占比达到11.5%，而目标评分范围应为2.75~3.0。另外，该牧场饲喂次数为3次，其新料与剩料宾州筛各层比例相差<2%，表明在挑食管理这方面做得比较好（表9-4），因此由挑食造成乳脂率降低的可能性较低，此时重点应放在配方精粗比上，进一步调研发现，该牧场泌乳高峰期的精粗比为53∶47，较为合理，但是泌乳中期、后期分别为50∶50、36∶64，均高于目标精粗比。在粗饲料品质及其粉碎粒度上，我们发现该牧场粗饲料的相对饲喂价值符合要求。进一步使用宾州筛对玉米青贮颗粒长度进行筛分，发现各层比例均在标准范围内，表明粗料粉碎较好（表9-5）。因此，通过以上分析可以判断精粗比过高是该牧场乳脂率降低的主要原因之一。

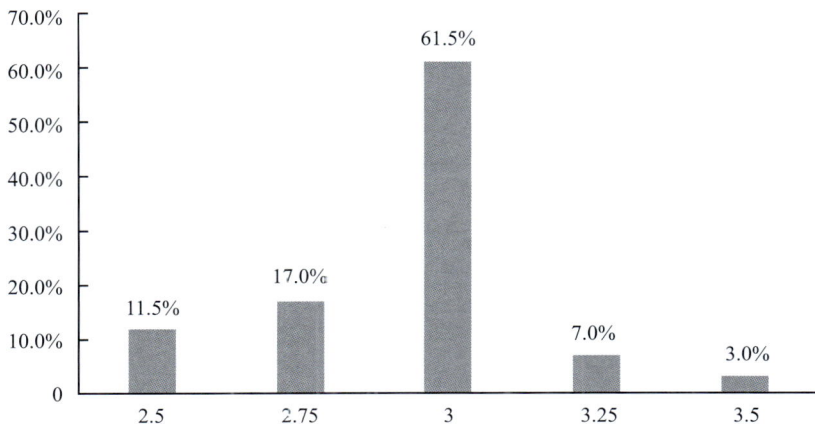

图9-3　体况评分占比

表9-4　奶牛TMR采食前后对比　　　　　　　　　　　　　　　　　　%

| 筛层 | 采食前 | 剩料 | 筛层 | 采食前 | 剩料 |
|------|--------|------|------|--------|------|
| 第一层 | 5 | 6 | 第三层 | 16 | 17 |
| 第二层 | 43 | 43 | 底层 | 36 | 34 |

表9-5　牧场玉米青贮各层比例

| 筛层 | 孔径/mm | 颗粒大小/mm | 玉米青贮/% | 筛层 | 孔径/mm | 颗粒大小/mm | 玉米青贮/% |
|------|---------|-------------|------------|------|---------|-------------|------------|
| 第一层 | 19 | >19 | 5 | 第三层 | 4 | 4~8 | 15 |
| 第二层 | 8 | 8~19 | 62 | 底层 | — | <4 | 8 |

### 9.2.1.2　环境管理

奶牛热应激会导致乳汁中的非脂固形物含量、乳蛋白率和乳脂率等指标降低。因此，在环境管理评估方面，我们主要对牛舍的温湿指数进行了分析。通过温湿度仪测量出泌乳牛舍的温度与相对湿度分别为25℃和65.6%，即温湿指数为72.3，超过68的临界值，说明奶牛存在热应激问题。进一步对该牧场风扇和喷淋等设施设备进行评估发现风扇的距离不合理，两个风机的距离为20 m，超过了风机的最大有效距离（18 m），虽然喷淋设施的水幕有交集，但是所处位置超出风机最大距离的牛只得不到有效的蒸发散热，全身的水珠在无风的情况下可能反而会抑制热量散发。因此，热应激可能是造成乳脂率降低的原因之一。

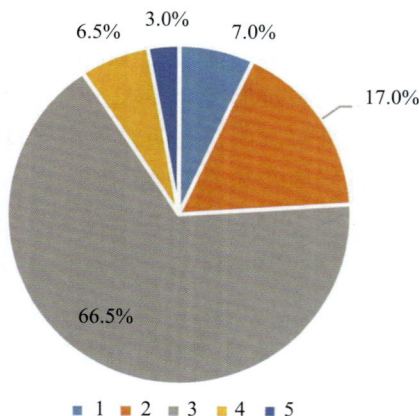

6.5%　3.0%　7.0%
17.0%
66.5%
■ 1 ■ 2 ■ 3 ■ 4 ■ 5

**图9-4　泌乳高峰期奶牛粪便评分**

### 9.2.1.3　疾病控制

由于饲料精粗比的升高可能会导致瘤胃酸中毒的发生。因此，在疾病控制方面，评估团队主要从瘤胃酸中毒方面进行评估。通过对休息奶牛反刍比例的判断发现其比例<50%，同时对200头泌乳高峰期奶牛的粪便进行评分（图9-4），发现1分和2分的牛只比例达到24%。另外，通过蹄病的发生率也可反应酸中毒的状况，该牧场整体蹄病的发生率为5%，其中蹄叶炎和非感染性蹄病的发病占比较高。因此，该牧场可能存在瘤胃酸中毒现象，该现象可能是导致乳脂率降低的原因之一。

除上述评估外，还可以进一步跟踪日粮配方、粪筛分析、粪便淀粉检测，查看日粮淀粉水平是否过高导致瘤胃酸度过大，或日粮非饱和脂肪酸水平是否过高使乳脂抑制发生。例如，本案例中通过随机采取10头奶牛的新鲜粪便，将粪样混合均匀冷冻保存送至第三方实验室进行检测，结果显示粪便淀粉含量为6%（DM基础），最终判定高产奶牛粪便存在淀粉偏高问题（表9-6）。

表9-6　粪便淀粉实验室检测结果情况

| 粪便淀粉含量/% | <3 | 3~5 | >5 |
|---|---|---|---|
| 结果分析 | 理想 | 良好 | 较差 |

注：引自USDA饲料研究中心。

### 9.2.1.4　潜在问题

综上所述，该牧场乳脂率较低的原因有以下几个方面。

①奶牛体况过瘦：若体况较低，可动员的体脂较少，加上精料采食过多，用于从头合成的短链脂肪酸较少，所以此时奶牛的乳脂率较低。

②日粮精粗比过高：一方面，会导致日粮中的物理有效纤维含量降低，不足以刺激奶牛反刍和唾液分泌，较高的瘤胃pH值不利于纤维分解菌的增殖，乙酸产生较少；另一方面，瘤胃发酵模式偏向于丙酸发酵。所以，较高的精粗比不利于乳脂的合成，会导致乳脂率降低，精粗比是造成乳脂降低的主要原因。

③奶牛存在热应激现象。

④奶牛可能存在瘤胃酸中毒现象。

### 9.2.1.5　改进建议

①泌乳期为避免出现能量负平衡，需最大程度地提高奶牛的采食量，在避免体况过肥的前提下，合理提供能量。泌乳前期体况分的下降差值比体况分本身更重要，下降超过0.75分会严重影响采食性能，进而影响生产性能和繁殖性能。

②泌乳高峰期的关键点是提高奶牛的采食量，此时的精粗比要控制在50∶50左右，保证有足够的可消化养分；泌乳中期伴随着产奶量的下降和体重的恢复，应适当降低日粮中的能量和蛋白质，提高粗饲料的供给，控制精粗比40∶60。泌乳后期的奶牛营养需求除了维持、泌乳外，还增加了妊娠与胎儿生长上的需要，应尽快恢复母牛的体况，但又不能使奶牛过肥，日粮精粗比应维持在30∶70；另外，泌乳后期恢复母牛膘情比干奶期更加经济和安全。

③改善喷淋设施与通风设备：卧床上方的循环风机要保证风机的覆盖区域为整个卧床，并且相邻两个循环风机距离不应超过风机的有效最远覆盖距离，建议间隔距离不超过18 m；喷淋设备安装位置为颈夹上方，喷嘴的立为大粒径水滴，保证短时间内将牛背彻底打湿。通过风机配合喷淋可加速奶牛体表蒸发散热，达到快速降低奶牛体表温度的效果，减少或避免热应激带来的危害。

④平衡日粮，合理调配日粮，围产期日粮配方尽量不要由低精料高粗料日粮快速变为高精料低粗料日粮；加强日粮制作管理和投料管理，使用宾州筛评估日粮制作及撒料的均匀度；改善饲槽管理，避免出现饲槽竞争；为奶牛提供清洁、足量的饮水。

### 9.2.1.6　经济效益分析

根据生鲜乳计价体系，乳脂率每±0.1%，奶价±0.02元。

（1）粗饲料使用量增加带来的收益

降低精料比例，提高粗料比例调控成本，同等质量的粗料要比精料便宜（表9-7）。所以，乳脂率改善之后不考虑产奶量的变化，每头牛在泌乳期间每天能多赚6元左右。

（2）增加TMR颗粒度带来的收益

①收获时收割机转速频率过快，一方面耗油耗电，另一方面会减少收割机的寿命，维修收割机的频率也会增加。维修的人工成本也很高，这些都是不必要的投入，可以减少或避免。

表9-7　通过精粗比调控经济效益分析

| 指标 | 改进前 | 改进后 |
|---|---|---|
| 精粗比 | 50：50 | 40：60 |
| 每吨饲料价格/（元/t） | 2 500 | 2 400 |
| 饲料成本/（元/kg） | 1.80 | 1.72 |
| 乳脂率/% | 3.6 | 4.0 |
| 奶价/（元/kg） | 4.00 | 4.08 |
| 饲料成本外收益/（元/d） | 37.20×（4.00-1.80）=81.84 | 37.20×（4.08-1.72）=87.79 |

②TMR搅拌车刀片长时间未收起，搅拌时间过长，对刀片的磨损较严重，更换刀片会增加成本，目前市场上TMR搅拌车刀片的价格普遍在200元左右甚至更高。

（3）控制奶牛疾病带来的收益

瘤胃酸中毒：向牧场提出建议，预防大于治疗，与治疗所带来的成本相比，预防的投入更加经济（表9-8）。此外，当奶牛需要治疗时就表明此时已经产生了乳脂率的下降与产奶量的降低等所带来的经济损失。

表9-8　瘤胃酸中毒预防调控成本

| 预防 | 成本 | 治疗 | 成本[6] |
|---|---|---|---|
| 选择适当的碳水化合物饲料 | — | 5%碳酸氢钠注射液[1] | 约64元/L |
| 增加日粮中物理有效中性洗涤纤维 | — | 5%葡萄糖生理盐水[2] | 约20元/L |
| 日粮添加缓冲剂 | 1.4~1.6元/kg | 庆大霉素或四环素[3] | 约22.5元/100 mL 或130元/kg |
| — | — | 山梨醇[4] | 12元/kg |
| — | — | 洗胃疗法[5] | 人工成本 |

注：①解毒。5%碳酸氢钠注射液1 000~1 500 mL静脉注射，12 h再注一次。当尿液pH值在6.6时即停止注射。
②补充水和电解质。5%葡萄糖生理盐水2 000~2 500 mL，静脉输液，病初量可稍大。
③防止继发感染。可用庆大霉素100万U或四环素200万~250万U静脉注射，2次/d。
④降低颅内压，解除休克。当病牛兴奋不安或甩头时，可用山梨醇250~300 mL静脉注射，2次/d。
⑤洗胃疗法。用内径25~30 mm的塑料管（管头连接双口球，用于抽出胃内容物和向胃内打水）经鼻洗胃，应用大量水洗出谷物及酸性产物。
⑥所有药物价格都是厂商批发价，价格需看各牧场实际需求量。

（4）环境控制带来的收益

①热应激：当奶牛处于热应激时，采食量降低，乳脂率下降。假设该牧场此时泌乳牛舍温度为25℃，相对湿度为65%：

$$THI=0.81 \times T_d + （0.99 \times T_d-14.3）\times RH+45.3=72.34$$

温湿指数超过68的临界值，说明存在热应激现象。

②牧场风扇间隔大，减少间隔，虽然会增加风扇数量，增加投入成本，但从长期来看，收益会越来越大（表9-9）。

表9-9　热应激控制经济效益分析

| 指标 | 改进前 | 改进后 |
|---|---|---|
| 风扇数量/台 | 16 | 20 |
| 风扇成本/元 | — | 4 × 4 000=16 000 |
| 产奶量/（kg/d） | 37.20 | 39.92 |
| 乳脂率/% | 3.6 | 4.0 |
| 奶价/（元/kg） | 4.00 | 4.08 |
| 饲料成本外收益/（元/d） | 37.20 ×（4.00-1.80）=81.84 | 39.92 ×（4.08-1.80）=91.02 |
| 以泌乳中期（100 d）的100头奶牛的产奶收益计算/元 | 81.84 × 100 × 100=818 400 | 91.02 × 100 × 100-16 000=894 200 |

　　改善之后，增加风扇虽然短暂增加投入，但是不到100 d收益便能超过改善前的收益约8万元（未考虑人工、电费成本）。

　　（5）总经济效益分析（表9-10）

表9-10　总经济效益分析

| 指标 | 改进前 | 改进后 |
|---|---|---|
| 精粗比 | 50：50 | 40：60 |
| 每吨饲料价格/（元/t） | 2 500 | 2 400 |
| 每千克奶饲料成本/（元/kg） | 1.8 | 1.72 |
| 风扇数量/台 | 16 | 20 |
| 风扇成本/元 | — | 4 × 4 000=16 000 |
| 产奶量/（kg/d） | 37.2 | 39.92 |
| 乳脂率/% | 3.6 | 4.0 |
| 奶价/（元/kg） | 4.0 | 4.08 |
| 饲料成本外收益/（元/d） | 37.20 ×（4.00-1.80）=81.84 | 39.92 ×（4.08-1.72）=94.21 |
| 以泌乳中期（100 d）的100头奶牛的产奶收益计算/元 | 81.84 × 100 × 100=814 800 | 94.21 × 100 × 100-16 000=926 100 |

　　综上所述，在改善了乳脂率之后，一个泌乳中期的100头奶牛就能比原来多赚约11万元。

## 9.2.2　蹄病的分析与评估

　　该牧场的蹄病发病率较高，评估团队计划从常见的蹄病症状及奶牛反应等方面进行分析。

　　从步态评分的角度开始，确定该牧场奶牛蹄病的严重程度。一般在奶牛挤完奶，从奶厅回到牛舍的通道处（或其他平坦地面），观察每一头奶牛的行走步态。步态评分参见第五章"奶牛健康管理评估"。

　　有报道指出，与步态评分1分的牛只相比，步态评分2分的牛只产奶量下降1%左右，步态评分3分的牛只干物质采食量和产奶量分别下降约5%和3%，步态评分4分的牛只干物质采食量和产奶量分别下降约17%和7%，步态评分5分的牛只干物质采食量和产奶量分别下降约36%和16%。在评估了100头牛的步态以后发现，有18头步态评分为2分，9头步态评分为3分，2头步态评分为4分，其余评分为1分，未见步态评分为5分的牛只。即该牧场奶牛轻度跛行的比例为27%，重度跛行的比例为2%，说明该牧场奶牛蹄病确实较为严重。需要从营养管理、环境卫生与舒适度、蹄浴管理、疾病与修蹄管理等角度分析导致蹄病高发的原因。

### 9.2.2.1　营养管理

　　本次宾州筛数据见表9-11所列。

表9-11　宾州筛数据　　　　　　　　　　　　　　　　　　　%

| 筛层 | 采食前 | 正常范围 | 剩料 | 筛层 | 采食前 | 正常范围 | 剩料 |
|---|---|---|---|---|---|---|---|
| 第一层 | 5 | 2~8 | 10 | 第三层 | 15 | 10~20 | 20 |
| 第二层 | 40 | 30~50 | 60 | 底层 | 40 | 30~40 | 10 |

　　宾州筛筛分的各层比例均在合理范围内，但是奶牛存在挑食现象，偏向于采食精料（第三、四层剩料少）。喂食精料过多，导致奶牛瘤胃酸中毒，继发蹄病。

　　考察TMR制作的流程，评估团队发现TMR搅拌时间过短，精料没有搅拌均匀。此外，不均匀的搅拌，导致维生素和矿物质元素等添加量小的"原料"不能均匀分散，导致个别奶牛维生素或矿物质缺乏，引发蹄病。

### 9.2.2.2　环境卫生与舒适度

　　刮粪板运行不畅，个别区域粪尿堆积。潮湿的环境很容易引起病原菌生长，而且会导致牛蹄的角质变软，破坏皮肤屏障，使牛蹄处于易感状态。引起奶牛蹄病的病原体（坏死梭杆菌、化脓隐秘菌、螺旋体、葡萄球菌、链球菌、真菌、病毒等）常隐藏在污染的土壤和粪水中。

　　本场泌乳牛舍地面多使用水泥铺就，硬度大。长时间站在硬度大的地面上，造成蹄部机械性摩擦、压迫跗关节，引起挫伤、炎症。石子、铁钉等硬物可能会嵌入牛蹄，引起奶牛疼痛、跛行。

　　卧床舒适度适中，落膝测试通过。不舒适的卧床会减少奶牛躺卧时间，导致奶牛长时间站立，影响奶牛生产性能。

### 9.2.2.3　蹄浴管理

　　蹄浴管理有多方面可以改善。牧场可参考以下推荐标准，根据本场经济状态改善奶牛蹄浴。注意要满足当地环保部门的要求。

　　①蹄浴应每周进行2~3次。根据牛蹄卫生，决定蹄浴液更换频率。

　　②5%硫酸铜或3%~5%福尔马林蹄浴可以有效预防感染性蹄病。警惕蹄浴液浓度是否过大，浓度过大，会灼伤皮肤。奶牛不愿意踏入浓度过大的蹄浴液中。

　　③温度<13℃时，福尔马林蹄浴液不起作用，硫酸铜不受影响。本次评估是在夏季，不存在此问题。

　　蹄浴池长度决定牛踩蹄浴液的次数，宽度宜方便牛只通行，不引起拥堵。蹄浴液深度以淹没牛蹄为宜。推荐长3 m×宽90 cm×深15 cm的蹄浴池。

#### 9.2.2.4　疾病与修蹄管理

　　子宫内膜炎、乳房炎、产后综合征等疾病可继发蹄病，本次评估看到的跛行牛均是处于泌乳中期的奶牛，可以暂时排除继发蹄病这个因素。牧场在检查新产牛舍的奶牛时，需要注意新产牛蹄病发病缘由，应从原发疾病入手解决。

　　该场每年2次集中修蹄，蹄部保健工作做得比较规范。日常巡查时，发现蹄部变形的奶牛，会及时处理。需避免过度修蹄导致奶牛蹄底过薄，承重力差。

### 9.2.3　犊牛肺炎的分析与评估

　　针对该牧场哺乳犊牛肺炎发病率较高的问题，如图9-5所示，评估团队计划从应激、环境管理、饲养管理和初乳管理4个方面进行分析。

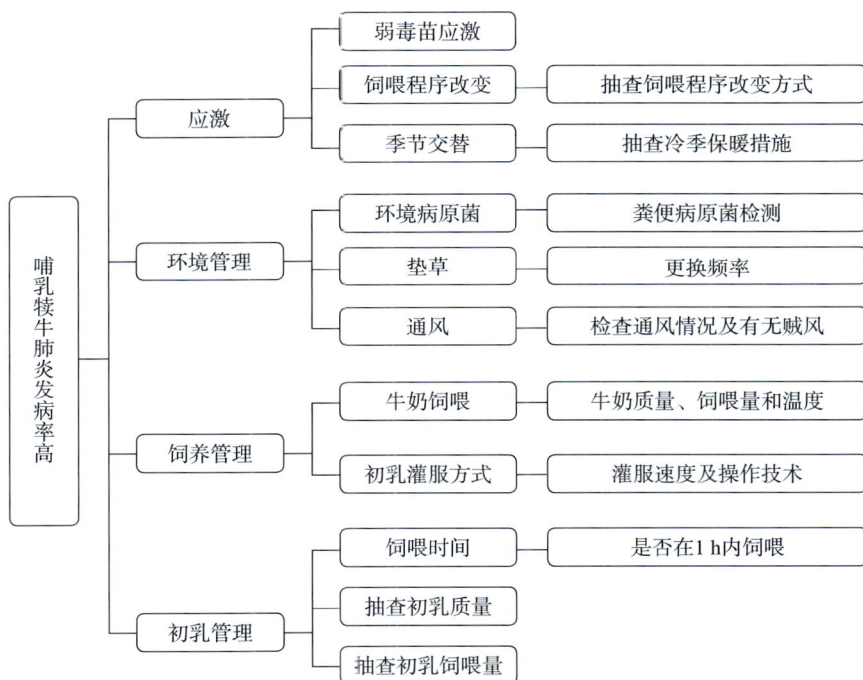

**图9-5　犊牛肺炎评估方案思维导图**

#### 9.2.3.1　应激情况

　　应激主要包括弱毒苗应激、季节交替、饲喂程序改变等。在向兽医及牧场工作人员咨询后得知未发现弱毒苗应激现象，也未发现由于更换饲喂程序（人工灌服过渡到在奶桶中喝奶）引起的应激。发现犊牛岛内垫草稀薄，可能存在由于季节交替引起的环境应激情况。

#### 9.2.3.2　环境管理

　　犊牛岛放置于空间宽大的舍内，舍内采用正压通风，但是该场用于通风的设备存在漏气情况，导致通风情况不良，舍内氨味较重，分析推测可能由于通风不良，提高了哺乳犊牛患肺炎的风险。我们根据威斯康星大学犊牛评分标准做了犊牛躺卧舒适度评分，发现有36%的犊牛躺卧舒适度评分为2分，这些犊牛在躺下时肢蹄完全可见，垫料厚度在3~6 cm，而标准是>15 cm，说明垫料严重不足。而如果垫草厚度不够且潮湿肮脏，舍内空气中细菌数会严重超标，极易引起呼吸道疾病。

### 9.2.3.3 饲养管理

本场自犊牛第8天起开始使用代乳粉替代牛奶饲喂犊牛，每天定时饲喂3次，每天、每次的喂量按饲喂计划进行合理分配，同时按犊牛的个体大小、健康状况灵活掌握。奶温度控制在35~40℃，但评估团队发现奶桶外侧较脏，可能由此导致乳中细菌数增高，增加患病率。

新生犊牛初乳灌服速度过快、灌服操作技术不佳、奶嘴渗漏、奶嘴的位置过高和桶式饮奶训练不到位都可能导致过多的牛奶或初乳进入呼吸道，引发呼吸道炎症，也会导致食物中的细菌在肺部定植，犊牛会出现吸气时有初乳或牛奶从鼻子里流出，气管发出噪声或"嘎嘎"声，喝水时或喝完水稍后出现咳嗽的症状。观察发现工作人员灌服初乳操作准确，桶式饮奶训练效果好，没有因灌服操作不当引起犊牛肺炎情况的发生。

### 9.2.3.4 初乳管理

初乳饲喂采用4+2模式，1 h内饲喂4 L，6 h内再饲喂2 L。该牧场的初乳灌服流程完全符合标准。经过抽查检测，IgG含量>50 mg/mL，初乳质量较优。

### 9.2.3.5 潜在问题

除上述问题之外，我们发现，部分犊牛存在精神萎靡、食欲减退、喜卧、鼻孔有黏液流出且腹式呼吸明显等现象。根据威斯康星大学犊牛评分标准，我们做了咳嗽评分、鼻子评分、眼睛评分、耳朵评分，发现22%的犊牛存在咳嗽情况；23%的犊牛双侧鼻孔都有黏液流出，且5%的犊牛有双侧鼻孔有大量的脓性黏液流出；19%的犊牛眼睛两侧均有一定量的分泌物存在，其中4%的犊牛眼睛两侧有大量分泌物，遮挡视线；26%的犊牛存在耳朵下垂现象，这些犊牛中有一半犊牛头部呈倾斜或双侧耳朵均下垂现象。

综上所述，该场犊牛肺炎率高的可能原因如下：

①垫料不足、不够保暖，粪尿堆积且垫料更换不及时导致氨味浓郁。

②通风不良导致空气污浊，氨气不能消散。

③饲喂的代乳粉中细菌含量高，引起支气管肺炎。

### 9.2.3.6 改进意见

①加强牛舍清理与铺垫工作，保证垫料干燥卫生，若牧场铺垫方式为每天添加、定期清垫，则每头犊牛每天垫料不得少于2 kg，若牧场铺垫方式为一次性添加足量垫料，则需保证垫料厚度在15 cm以上，冬季可以更高。

②合理通风，修缮通风设备，采用正压通风与自然通风相结合的办法，但同时冬季要注意保暖，给犊牛配备保暖马甲，防止贼风。

③安排人每天定时清理粪便，定期更换垫料，建议一周一次，定期检测氨气浓度。

④及时清洗、消毒奶桶。

⑤对于患病的犊牛采取隔离治疗措施，避免传染。

### 9.2.3.7 效益分析

犊牛肺炎经过治愈后复发比例高，且淘汰比例高，每头哺乳犊牛肺炎治愈的药物成本大概95元，复发率60%。哺乳犊牛共1 330头，暂不考虑淘汰的情况下效益分析见表9-12所列。

表9-12　经济效益分析

| 指标 | 改进前 | 改进后 |
| --- | --- | --- |
| 月发病率/% | 18 | 2 |
| 发病犊牛数/头 | 1 330×18%=240 | 1 330×2%=27 |
| 复发犊牛数/头 | 240×60%=144 | 27×60%=16 |
| 药物治疗/元 | （240+144）×95=36 480 | （27+16）×95=4 080 |
| 人力成本/元 | 3.00×4 000=12 000 | 1.00×4 000=4 000 |
| 总成本/元 | 48 480 | 8 080 |

在患病率为18%的时候，由于患病犊牛数量庞大，需要3名及以上兽医经常巡查牛舍并治疗病牛，若患病率降低到2%，则仅需1名兽医（若仅考虑肺炎）。经过改进之后，在不考虑淘汰的情况下，可省48 480-8 080=40 400元。

## 9.3　牧场基本情况总结

### 9.3.1　优点

①该牧场的饲料成本为1.8元/kg，处于理想值范围内。这表明该牧场饲料成本控制方面做得较好。初乳灌服操作流程正确。

②该牧场中TMR剩料量为2%，优于推荐范围。这表明该牧场TMR制作水平较好，可以避免饲料浪费。

③从该牧场产犊间隔，21 d妊娠率、平均产犊月龄和头胎牛产犊月龄等信息中发现，该牧场繁殖状况良好。

### 9.3.2　不足

①该牧场乳脂率较低。
②蹄病发生率较高。
③哺乳犊牛肺炎发病率较高。

## 9.4　建议

### 9.4.1　短期建议

针对该牧场乳脂率低的现象，建议首先核查低乳脂牛在全群的数量、比例及所处的牛群、牛舍信息，当各个别牛出现乳脂偏低时。关注这些牛的泌乳阶段、体况、健康状况、挑食行为。然后，重点检查精粗比、粗饲料品质和粉碎粒度，并做出及时调整。

针对该牧场蹄病发病率较高的现象，建议在挤奶台的过道上建造长5 m、宽2~3 m、深10 cm的药浴池，用3%~5%硫酸铜溶液或3%福尔马林溶液进行蹄浴，注意经常更换药液。蹄浴使牛蹄角质和皮肤坚固，防止趾间皮炎及蹄变形等。蹄浴应每周进行2~3次，但患有深度蹄底溃疡和已穿透皮肤趾间蜂窝织炎的病牛不能蹄浴。

针对该牧场哺乳犊牛肺炎发病率较高的现象，建议在牛棚里铺上垫料，使犊牛在寒冷期间能够充分保暖。增加正压通风系统，为每头犊牛提供大约0.42 m³/min的空气，以帮助改善空气质量、控制疾病的发生，并为员工提供舒适的工作环境。通风系统的设计可限制微生物、灰尘颗粒、有害气体、热量和湿度的积聚。在冬季可以给犊牛穿犊牛马甲，防止犊牛受冻引起抵抗力下降，从而感染呼吸系统综合疾病。此外，尽量给哺乳犊牛饮用温水（在水槽中安置恒温设备）。

### 9.4.2　长期建议

根据该牧场中出现的乳脂率较低、蹄病发生率高和哺乳期肺炎发病率高的现象，建议从哺乳犊牛管理、日粮配方和牧场基础设施等方面进行改善。

哺乳犊牛管理方面，制订一套标准的管理流程，从初乳质量把关（Brix＞22%）到犊牛岛垫料厚度（15 cm）及定期更换（每周一次）等方面采取相应的措施。此外，遇到天气寒冷情况时要及时给犊牛穿犊牛马甲。

日粮配方方面，要定期对TMR的品质做检查（每3天用宾州筛检测TMR，并做好记录），以便及时对日粮配方做出相应的调整。

牧场基础设施方面，奶牛挤奶时必经的道路要保证平整，不能出现坑洼和石子等，避免损害奶牛肢蹄。此外，在挤奶台通道建造蹄浴池，并定期更换蹄浴液。

## 9.5　历年牛精英挑战赛奶牛场评估优秀案例

历年牛精英挑战赛奶牛场评估优秀案例见表9-13所列。

**表9-13　奶牛场评估优秀案例**

| 年份 | 届别 | 参赛高校 | 参赛队员 | 数字资源 |
|---|---|---|---|---|
| 2016 | 第一届 | 中国农业大学 | 肖鉴鑫、马佳莹、李璟辉、王靖俊 | |
| 2017 | 第二届 | 吉林农业大学 | 赵巍、陈小慧、李永强、高铎 | |
| | | 河南科技大学 | 陈欣、李振乾、邵琦、豆梦莹 | |
| 2018 | 第三届 | 河北农业大学 | 袁博、张一帆、任利圆、杨庚新 | |
| | | 华中农业大学 | 李想、刘深贺、王向明、钟慧敏 | |
| | | 浙江大学 | 谢云怡、孙雅璐、吴家劲、陈童 | |

（续）

| 年份 | 届别 | 参赛高校 | 参赛队员 | 数字资源 |
|---|---|---|---|---|
| 2021 | 第四届 | 中国农业大学 | 郑宇慧、彭容、魏家琳、欧阳潼 |  |
|  |  | 西北农林科技大学 | 陈晓东、杨云天、姜惺伟、王琪璘 |  |
|  |  | 南京农业大学 | 张磊、赵生威、吴淞哲、李梓豪 |  |
| 2023 | 第五届 | 中国农业大学 | 陈天宇、崔雯雯、刘广镭、邹少东 |  |
|  |  | 扬州大学 | 袁聪、刘翁博洋、宋涵、王可鑫 |  |
|  |  | 宁夏大学 | 刘乐、任文义、何丽丽、常帅飞 |  |
|  |  | 西北农林科技大学 | 张晨光、赵聪聪、王国艳、封林玉 |  |

# 参考文献

曹志军，史海涛，李德发，等，2015. 中国反刍动物饲料营养价值评定研究进展[J]. 草业学报（3）：1-19.

冯仰廉，陆治年，2007. 奶牛营养需要和饲料成分[M]. 北京：中国农业出版社.

李建斌，侯明海，仲跻峰，2016. DHI测定在牛群管理中的应用——以高峰奶、持续力和脂蛋白比指标为例[J]. 中国畜牧杂志，52（24）：39-43，49.

李胜利，范学珊，2011. 奶牛饲料与全混合日粮饲养技术[M]. 北京：中国农业出版社.

王封霞，曹志军，2019. 奶牛高（全）青贮日粮的设计与实践中国饲料学[J]. 中国乳业（208）：36-41.

周期，曹志军，2015. DHI测定中影响牛奶尿素氮含量的因素[C]//第六届中国奶业大会论文集. 北京：中国奶业协会：166-170.

HULSEN J，2017. 奶牛信号指导手册——致力于奶牛健康、生产和福利[M]. 李胜利，译. 武汉：湖北科学技术出版社.

NRC，2001. 奶牛营养需要[M]. 孟庆翔，主译. 北京：中国农业大学出版社.

HULSEN J，AERDEN D，2017. 饲喂信号——奶牛健康高效饲喂实用指南[M]. 李胜利，译. 武汉：湖北科学技术出版社.

National Academies of Sciences, Engineering, and Medicine，2021. Nutrient Requirements of Dairy Cattle[M]. 8th ed. Washington, DC: The National Academies Press.

National Research Council，2001. Nutrient Requirements of Dairy Cattle: Seventh Revised Edition[M]. Washington, DC: The National Academies Press.

# 附　录

## 附录1　宾州筛使用说明

### （1）宾州筛介绍

宾州筛于1996年发明，经过数次改良，2013年将第三层的筛孔孔径（附图1-1）由原来的1.18 mm增至4 mm。其由3个筛层（19 mm、8 mm和4 mm）和一个底盘组成。改良后的宾州筛，增加了其在评定物理有效中性洗涤纤维（peNDF）方面的功能，可以更好地评价粗饲料或TMR中可提供的物理有效纤维总量（%）。

宾州筛教学视频

宾州筛三层筛的作用分别为：

①19 mm筛可筛分浮在瘤胃上层的粒径较大的粗饲料和饲料颗粒，需要奶牛反刍才能消化，校正瘤胃pH值。

②8 mm筛可筛分粗饲料颗粒，不需要奶牛过多地反刍，可以在瘤胃中更快速地降解、更快被微生物分解利用。

③4 mm筛可筛分小颗粒饲料，通常（并非绝对）纤维含量较高，可以经由最小程度的反刍或微生物活动得到分解。

### （2）宾州筛使用方法

①准备宾州筛、托盘、电子秤、计算器、笔记本和笔。

②随机选取一定量的新鲜饲料（采食通道5点取样，若为青贮，则青贮面五点取样），用四分法取出400~500 g饲料样品放于第一层筛上。

③前后水平摇动筛子5次，动作幅度在17~20 cm，摇动频率1~2次/s；切勿垂直抖动。

④将分级筛水平逆时针旋转90°，然后重复上述动作，直至旋转2圈（7次）为止。

⑤将每层上的样品分别堆放、称重、记录。

⑥将所有样品的质量加起来，计算每层筛子上饲料的质量占整个样品总质量的百分比。

⑦农大筛的使用与宾州筛类似，每面水平移动合计10次，每次重复都要旋转90°（以提手为参考），要求做4个重复。

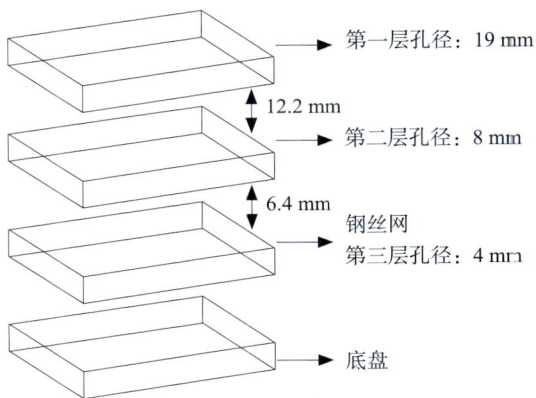

第一层孔径：19 mm

12.2 mm

第二层孔径：8 mm

6.4 mm

钢丝网
第三层孔径：4 mm

底盘

附图1-1　宾州筛孔径大小

## 附录2　粪便分离筛使用说明

（1）粪便分离筛介绍

粪便筛检是利用筛网评定牛粪物理颗粒大小，进而推断日粮组成和加工方式是否适当的技术。目前，常用嘉吉粪便分离筛，由三层筛组成（附图2-1），筛孔为4.76 mm（3/16英寸）、2.38 mm（3/32英寸）、1.59 mm（1/16英寸）。每一层筛为透明塑料材质，直径40 cm，每层高8 cm。

（2）粪便分离筛使用方法

准备好粪便分离筛、专用水桶、喷头、取样勺和盛杯。群体取样时，将不同阶段奶牛的粪样分开。取特定牛群存栏10%~15%牛的新鲜牛粪共2 L。每次取一勺粪便到第一层筛上，将喷淋枪调到喷淋状态，距第一层筛面20 cm处冲洗粪便，等到冲洗完全后再加第二勺。等到底层筛拥堵，将粪便分离筛放到水桶里上下提取，切忌用力过猛。等到没有堵塞时继续冲洗粪便。当从底层筛里流出的水变清时，将各个筛层样品取出，称重，计算其比例。或者可将每层粪样平铺成相同厚度的扇形，根据各层筛扇面大小，预估各层粪便的所占比例（附图2-2）。

附图2-1　嘉吉粪便分离筛

附图2-2　粪便分离筛使用

## 附录3　体况评分细则方法

（1）评分部位

体况反映奶牛在过去一个月内的营养状况，评分为1~5分制，0.25分为最小变化单位，1分奶牛为非常瘦弱，5分奶牛为非常肥胖。建议每月进行一次体况评分。

现场评分需要结合观察和触摸来完成。奶牛体况评分主要评分部位包括荐骨（腰角）、髋关节、坐骨、尾根韧带、腰部韧带、短肋和脊柱，如附图3-1所示。识别三角区位置，位于坐骨—髋关节—荐骨区域。

（2）评分步骤

①侧视奶牛三角区区域：如果三角区呈V形[附图3-2（a）]，体况分≤3.0分；三角区呈U形[附图3-2（b）]，体况分≥3.25分。

②如果体况分≤3.0分，则后视荐股形状。如果荐骨呈圆形[附图3-3（a）]，体况分为3.0分；如果荐骨呈折线形[附图3-3（b）]，体况

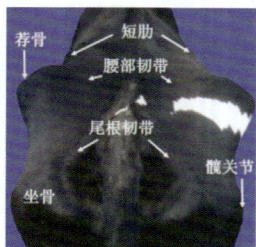

附图3-1　评分部位

分≤2.75分。

③如果体况分≤2.75分，则后视坐骨形状。如果坐骨呈圆形、手触有1 cm厚的脂肪垫层，体况分为2.75分[附图3-4（a）]；如果坐骨呈三角圆形、手触略有脂肪垫层，体况分为2.5分[附图3-4（b）]；如果坐骨呈三角形、手触无脂肪垫层，体况分≤2.25分[附图3-4（c）]。

④如果体况分≤2.25分，则侧视短肋上脂肪覆盖位置。如果短肋里侧骨头边缘在距离脊骨1/2位置处，体况分为2.25分[附图3-5（a）]；如果短肋里侧骨头边缘在距离脊骨3/4位置处，体况分≤2.0分[附图3-5（b）]。体况分≤2.0分，一般不用继续往下打分，记录为"≤2.0分"即可。

⑤如果体况分≥3.25分，则观察尾部韧带和腰部韧带（附图3-6）的显露程度。如果尾部

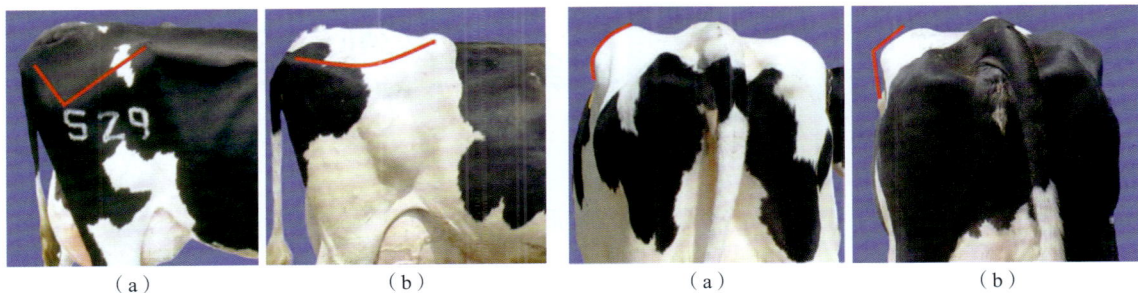

（a）　　　　　　　　（b）　　　　　　　　　　（a）　　　　　　　　（b）

附图3-2　奶牛三角区区域　　　　　　　　　　附图3-3　荐骨

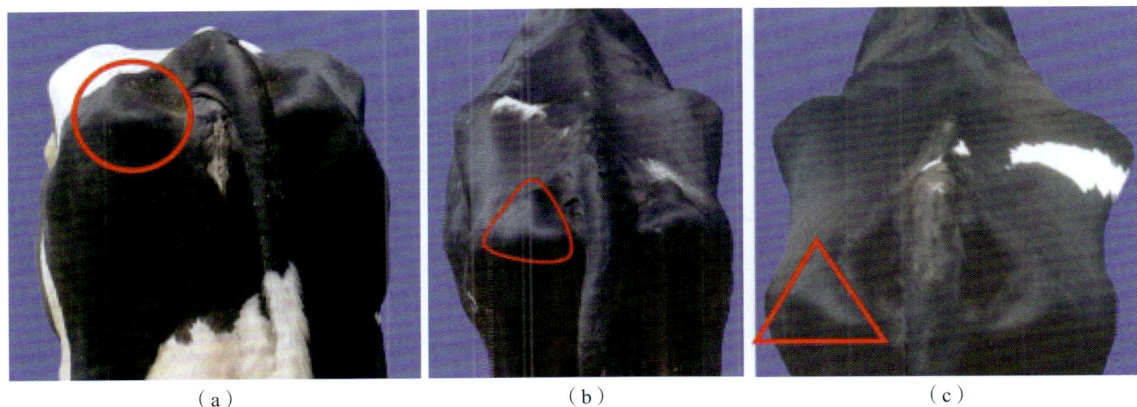

（a）　　　　　　　　　　　（b）　　　　　　　　　　　（c）

附图3-4　坐骨

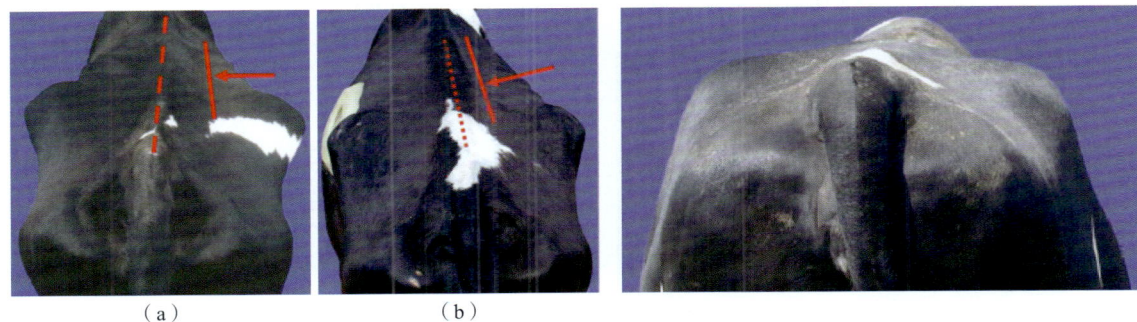

（a）　　　　　　　　（b）　　　　　　　　　　附图3-6　尾部韧带和腰部韧带

附图3-5　短肋

韧带和腰部韧带均明显可见，体况分为3.25分；如果腰部韧带可见，尾部韧带隐约可见，体况分为3.5分；如果腰部韧带隐约可见，尾部韧带不可见，体况分为3.75分；如果腰部韧带和尾部韧带均不可见，体况分为≥4.0分。体况分≥4.0分，一般不用继续往上打分，记录为"≥4.0分"即可。

（3）奶牛体况评分示例

①奶牛体况评分2分：奶牛较瘦，短肋末端可见，能够区分个体脊椎骨，荐骨和坐骨凸出，髋部凹陷明显，尾根窝凹陷明显（附图3-7）。

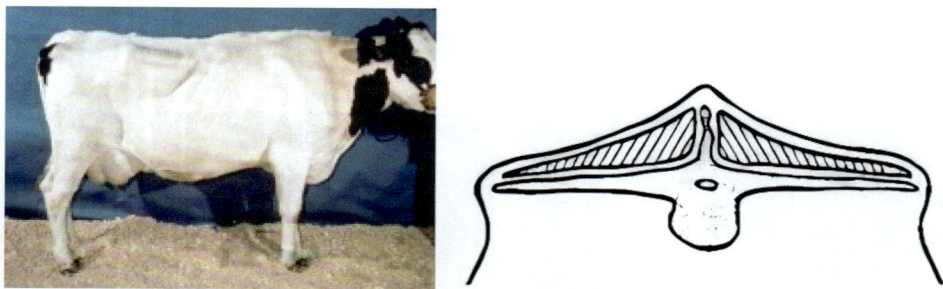

附图3-7　体况2分示例

②奶牛体况评分3分：奶牛处在中等膘情，三角区呈V形、荐骨呈圆形，脊柱、坐骨圆滑。轻轻压一下这些骨头，能摸到骨骼，其上有1 cm厚的脂肪垫层。尾根窝略有凹陷，但无明显脂肪沉积（附图3-8）。

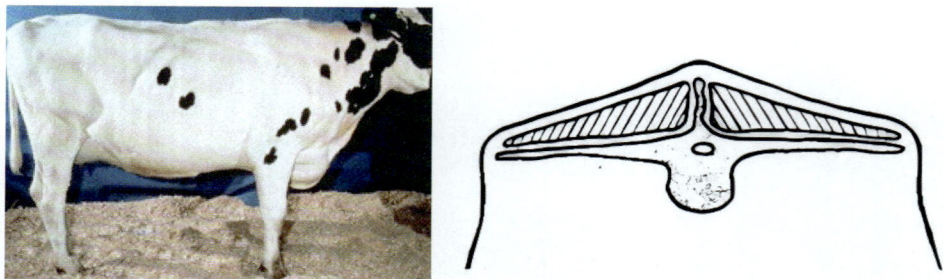

附图3-8　体况3分示例

③奶牛体况评分4分：奶牛偏肥，整头奶牛圆滑，只有重重压下去时才可摸到骨骼。在腰部至臀部脊柱以及荐骨间部位有大量脂肪沉积，腰部韧带、尾部韧带均不可见。坐骨部位也开始沉积大量脂肪。能看到短肋末端，坐骨、荐股可见（附图3-9）。

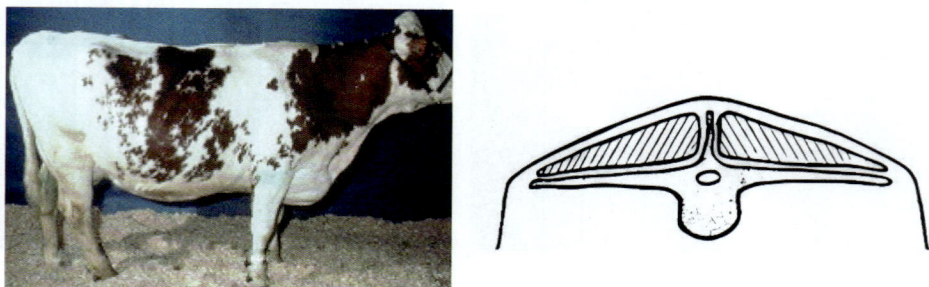

附图3-9　体况4分示例

④推荐标准：高产牛评分为2.5~3.25分，中、低产牛最适评分为3.0~3.5分，干奶牛评分为3.0~3.25分，围产前期牛不宜超过3.5分；体况合格率≥85%。

## 附录4　瘤胃充盈度评分方法

瘤胃充盈度是反映奶牛在过去2~6 h的采食情况，评估时间为挤奶前或投料前1~2 h（最低瘤胃充盈度）及采食后1~2 h（最高瘤胃充盈度），评分为1~5分制，0.5分为最小变化单位，1分表示采食差，瘤胃内缺乏食物填充，评分5分时瘤胃最充盈。

①1分：肷窝深陷，脊椎横突和肋骨后缘的皮肤向内凹陷，凹陷程度大于一个拳头。荐骨下方的皮肤垂直向下（附图4-1）。

②2分：肷窝凹陷，脊椎横突和肋骨后缘的皮肤向内凹陷，凹陷程度略相当于一个拳头。荐骨下方的皮肤皱褶向前下方延伸（附图4-2）。

③3分：肷窝无明显凹陷，脊椎横突下的皮肤先垂直向下，再向外扩展。肋骨后缘略有凹陷。荐骨下方皮肤略有突起（附图4-3）。

④4分：看不到肷窝，脊椎横突下的皮肤向外扩展。能辨识最后一根肋骨位置，但无明显凹陷。荐骨下方无明显皮肤皱褶（附图4-4）。

⑤5分：看不到肷窝，整个腹部皮肤紧绷。无法明显辨识脊椎横突、肋骨和荐股的明确位置（附图4-5）。

⑥瘤胃充盈度评分推荐标准：泌乳牛3.0~4.0、干奶牛≥4.0；泌乳牛评分<3分的奶牛低于20%。

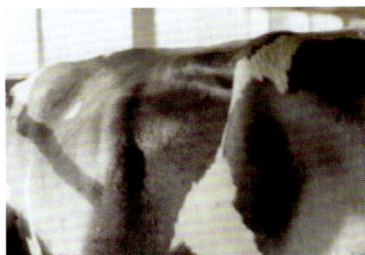

附图4-1　瘤胃充盈度1分示例

附图4-2　瘤胃充盈度2分示例

附图4-3　瘤胃充盈度3分示例

附图4-4　瘤胃充盈度4分示例

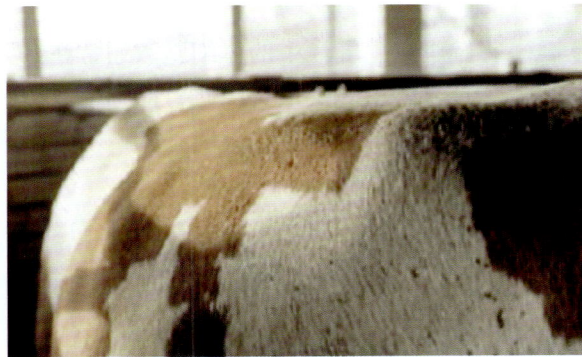

附图4-5　瘤胃充盈度5分示例

## 附录5　粪便评分方法

　　从粪便外形和高度进行粪便评分。粪便评分反映这头牛的采食消化情况及健康状况。注意：犊牛和成母牛的评分系统不同，犊牛为0~3分制，分值越高，粪便越稀，犊牛0~1分为宜；成母牛为1~5分制，分值越高，粪便越干。两个评分系统均以0.5分为最小变化单位。

　　评估方法：随机选取牛群10%~15%牛粪便情况按附图5-1和附图5-2进行评分。

　　推荐标准：犊牛2~3分，干奶牛3.5~4.0分；围产前期牛3.0~3.5分，围产后期牛2.5~3.0分；高产牛2.5~3.5分，中、低产牛3.0~3.5分。

0分：正常成型　　　　1分：半成型，饼状　　　2分：稀散，但仍停留在垫草上　　3分：水样，渗到垫料下

**附图5-1　犊牛牛粪便评分**（威斯康星大学犊牛健康评分表）

1分：粪便呈弧线从肛门喷出。粪便呈水样粪、稀粪或血样便，有流动性，多为淡绿色

2分：粪便偏稀，落地散开，高度<2.5 cm。粪堆顶部通常平坦，周围有散点，流动性差

3分：粪便落地有声成形良好，呈圆盘状，顶部凹陷，有2~4个同心环，粪堆高度<5 cm

4分：粪便呈堆积状，粪堆>5 cm

5分：粪便呈多个堆积状，高度>10 cm

**附图5-2　成母牛粪便评分**（Hughes，2001）

## 附录6　加州乳房炎测试工具包

　　一头健康母牛乳汁中的体细胞数通常在20万个/mL以下。如果体细胞数增加，意味着乳房被感染或乳腺组织受损。因此，体细胞数是一种准确测定奶牛乳房健康状况的指示。加州乳房炎测试可诊断出每个感染的乳区，及时提供奶牛健康状况的信息。整个检测过程非常简单，平均每头牛只需1 min。

　　加州乳房炎测试用途：
- 定期检测感染乳房与乳区。
- 乳房炎治疗以后检测效果。
- 产犊后监测奶中的体细胞数。
- 买卖奶牛时检查奶牛乳房的健康状况。

加州乳房炎测试方法（附图6-1）：

①先将头2把奶弃掉，再取少量奶样，分别挤入每个对应的测试盒中。注意不要有沫。

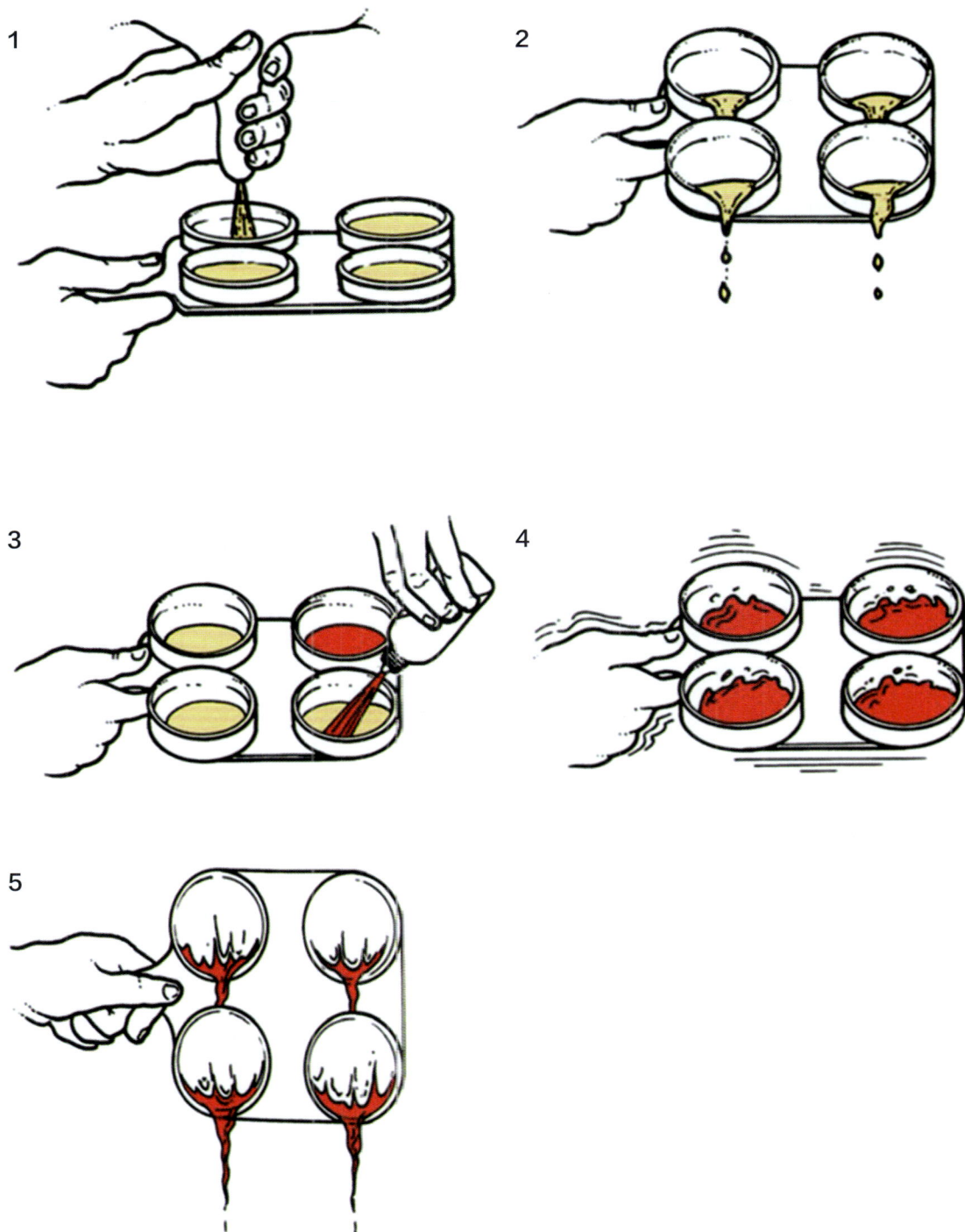

附图6-1　加州乳房炎测试（IHMC Pubic Cmaps）

1.弃掉前几把奶，每个乳区挤1~2把牛奶到反应板内；2.弃掉过多的牛奶；3.加入等量的CMT溶液；4.混合牛奶和CMT溶液；5.阳性凝胶反应

②倾斜测试板，倒掉多余奶样直至可见每个圆盘底部的刻度线。注意勿混淆奶样。

③每按动加液器一次，可喷出3 mL测试液。用此加液器向测试盒各区分别加入3 mL测试液。

④顺时针小心回转摇动测试板，使奶和测试液充分混合，观察结果。

⑤继续下一头牛检测前冲洗干净反应板。

判断结果：

● -　阴性：奶中体细胞数<20万个/mL。奶和测试液混合后保持不变或未见任何增稠迹象。表明乳房健康。

● +　弱阳性：奶中体细胞数在15万~50万个/mL。混合液稍显黏性，晃动过程中出现条纹状。产奶量开始受影响。

● ++　阳性：奶中体细胞数在40万~150万个/mL。混合液明显增稠，但未形成凝胶状。晃动中混合液比测试板的晃动速度稍慢。产奶量下降。

● +++　强阳性：奶中体细胞数在80万~500万个/mL。出现轻微凝胶状。晃动中凝胶状混合液的晃动速度明显比测试板慢。产奶量显著下降。

● ++++　特强阳性：奶中体细胞数在500万个/mL以上。凝胶状混合液形成固态黏附在盒底，随测试板回转摇动极慢并向中央集中。产奶量下降很大。怀疑乳房感染相当严重，需与兽医联系。

建议发现一个或多个乳区体细胞数增高时，如有条件可再取新样送有关部门化验分析，鉴定感染原因，并请兽医根据此结果制订治疗方案。

注意：应存放在儿童不可及的地方。测试液应储存在原容器中，并将盖拧紧。避光存放。防止结冰。